教科書ガイド

教育出版版●準拠

小学算数

5年

JN015005

文理

この本の使い方

はじめに

　この教科書ガイドは、あなたの教科書にピッタリ合わせて、教科書の問題の解き方と答えをのせています。解き方や考え方は、問題ごとになるべく詳しくなるようにくふうしてあります。
　教科書を使って勉強するとき、この教科書ガイドが、親切な家庭教師のかわりをしてくれますので、予習、復習はもちろん、宿題や学校のテスト対策に大いに活用してください。

●教科書の問題●

　教科書にのっている問題です。章末問題や、教科書の図などは、スペースの関係で、省略している場合があります。問題文や教科書の図が必要なときは、もう一度、教科書に戻って確認してください。

考え方

　答えをまちがえたときに、どうしてまちがってしまったかを「考え方」を読みながら確認してください。教科書にのっている問題は、どれも重要な問題ばかりなので、まちがえた問題を中心に、何度もくりかえして解くと効果的です。筆算のしかたなども、詳しくのせているので、自分が計算まちがいをしやすいところを確認しておきましょう。解くためのヒントや、豆知識をのせている部分もあるので、勉強の参考にしてください。

答え

　答えは、答え合わせをするのに便利なように、太い字にしてあります。

　教科書の問題を、まず、自分の力で解いてみましょう。そして、答えが合っているかどうかをこの本で確かめます。
　わからない問題にぶつかったときや答えがまちがっていたときは、この本の答えをそのまま書きうつすのではなく、解説を読んで考えながら、自分の力で解きましょう。
　学習指導要領が新しくなって、教科書の問題も大幅に増えていますが、教科書にのっている問題は、重要な問題ばかりなので、教科書の問題をしっかり学習することがとても重要です。教科書ガイドを使いながら、教科書のかんぺきな理解を目指してがんばってください。

もくじ

お子様へのアドバイス

教育出版版　小学算数　５年

イキイキ家庭学習ガイド

お子様へのアドバイスの内容

この「お子様へのアドバイス」は、お子様の家庭での学習のしかたや５年の内容でつまずきやすい内容を、指導される方に対して解説したものです。

毎日の勉強は、こんなふうに

1　まずは、なにから始めたらいい？

「うちの子は勉強がきらいです。机に座ってもぼんやりしているだけで、なかなか気乗りがしないようです。どうしたらよいでしょう？」

家での勉強が苦手なお子様のお母さんからよく受ける質問です。そんな場合は、まずドリルのおさらいから始めてみませんか。計算ドリルでも漢字ドリルでもよいと思います。初めはだれでも調子が出ないものです。まずは問題数を少なめにして、ドリルのようなシンプルなものから始めてみてはいかがでしょうか。

2　予習と復習、どっちが大切？

今日は宿題に手間取って、予習も復習も両方やる時間がない、そんなとき、予習と復習、どっちをやったらよいでしょう。

それは復習です！

おさらいをすることにより、基礎・基本の確認ができるので、しっかりやっておきたいものです。

また、学校で今日習ってきたことを、その日のうちに再度学習するということは、脳の記憶のメカニズムの上からいっても、重要なことです。たくさん問題をやる必要はありません。

教科書の問題を数題やり直してみたり、ドリルやワークの問題をやってみたりするのもよいでしょう。

3 予習をすると、自信がつきます。

復習を終えてまだ時間があったら、予習をしましょう。

次の日の学校での授業の内容を頭に入れておくのとおかないのでは、授業の理解に大きな差が出ます。大事なことを聞き逃す割合も、ぐんと減ります。「わかった人？」と先生が聞いたとき、手をあげる回数も必ず増えます。授業が楽しくなり、なによりも、お子様に自信がつくでしょう。そして、授業が充実すると、学校生活がより有意義なものになることでしょう。

でも、あまり無理をさせないように……。

4 お子様の勉強が終わるまで、じっと、がまん！がまん！

お子様が勉強しているとき、ゆっくりやっていたりすると、おうちの方はつい、「早くやりなさい！次はどうするの？」と、口を出してしまいます。

このひと言はお子様のやる気を失わせ、集中力も育ちません。お子様の自主性や考える力を養うためにも、もうちょっとがまんして、お子様がやり終わるのを待ちましょう。

やり終わったら、答え合わせをしながら親子でいっぱい会話をすればよいのです。

まずは、お子様がひとりで問題に挑戦してみる、そんなとき「**教科書ガイド**」は、解き方や考え方が詳しく書いてあるので、きっとお子様の役に立つことでしょう。

5 わからないことにぶつかったら、前へもどってみましょう。

「今取り組んでいる単元の問題が解けない」というとき、その原因をさぐってみると、過去に学んできたことがらが理解されていない、ということがよくあるものです。

前にさかのぼって、その単元に関係が深いことがらについて、前学年の教科書で勉強してみるというのも、一つの方法です。

ですから、前学年の教科書はしばらく保存しておくことをお勧めします。今まで学んできたことが十分理解できているかどうか、どこがウィークポイントになっているかを、前学年の教科書で、もう一度チェックしてみてください。

テストの前と後、勉強はどうしたら

1 テストの前に、予想問題をやってみましょう。

各単元が終わった後などに行われるテストのために、どんな勉強をしたらよいでしょう。まず、教科書をおさらいするのは最低限必要です。その上で、実際どんな形で出題されるかを知るために、ワークやドリルなどの問題集をやりましょう。似た問題が出たりすると、勉強することの意味をお子様が実感するはずです。

また、お子様といっしょに予想問題を作って、それを解いてみるというのはどうでしょう。ヤマを張るのではなく、テストの範囲全部について問題を作ってみるのです。そして、お子様がそれを解いた後、またいっしょに答え合わせをします。

これがきちんとできれば、本番のテストも大丈夫です。

2 「まちがえる」ということは、とっても大きな意味があります。

お子様がまちがえたりすると、つい、「どうして、そんな簡単なことができないの？」と言ってしまいがちです。でも、まちがえることは確実な理解への近道なのです。一度まちがえたところは、お子様の脳の中にはっきり記憶されます。このとき、お子様がどんなところをまちがえたのか、どうしてまちがえたのかを冷静に判断して、いっしょに解決していくという前向きな気持ちで接してあげてください。

お子様が、自分の力で解決しようとするとき、強い味方になるのが「**教科書ガイド**」です。

そのときは、ちょっとしたお手伝いをしてあげようというぐらいの気持ちで、見守っていることも必要です。

5年の算数、こんなところに気をつけて

小さなつまずきを、大きな失敗にしないために

算数は積み重ねの教科です。一か所わからなくなると、それからずーっと尾を引きます。このつまずきをしっかり補強しておかないと、先に進んでますますわからなくなります。

では、どんなところでつまずくのでしょう。

つまずくところは似かよっています。そして、テストで×をもらったところを見れば、「ああ、こんなところでひっかかっているんだな」ってわかります。お子様は、次のようなところでつまずいていることが多いのです。いっしょに考えてみましょう。

約数・倍数で、0や1はどう扱うの？

教科書では……
7　整数の見方

◎17の約数は？「うーん、ないです。」

そうでしょうか。実は、17の約数は1と17です。

7と13の公約数は？　そうです、1だけです。

では、20以下の数で3の倍数は？

「0と、3、6、9、12、15、18」かな？

ふつう、倍数の中には0は入れません。

正しくは、「3、6、9、12、15、18」です。

約数・倍数は、分数の計算につながります。

指導のポイント ➡ **1は約数に入れること、0は倍数に入れないことを覚えておきましょう。**

約分するときは、できるところまで

教科書では……
8　分数の大きさとたし算、ひき算

◎$\frac{\overset{9}{\cancel{18}}}{\underset{12}{\cancel{24}}}=\frac{9}{12}$　この約分は、正しいでしょうか。たしかに、分母と分子を同じ2でわっていますので、これでよいように思われます。

けれども、$\frac{9}{12}$は、まだ分母と分子を3でわることができます。

つまり、$\frac{\overset{\overset{3}{\cancel{9}}}{\cancel{18}}}{\underset{\underset{4}{\cancel{12}}}{\cancel{24}}}=\frac{3}{4}$ が答えになります。

このように約分はふつう、分母と分子が同じ約数をもたなくなるまでやって、分母をできるだけ小さくします。

指導のポイント ➡ **答えが分数のときは、分母と分子に公約数がないか必ず確認しましょう。**

分数のたし算・ひき算は、通分から

教科書では……
8　分数の大きさとたし算、ひき算

◎分母のちがう分数どうしのたし算、ひき算で、

$$\frac{1}{2}+\frac{1}{3}=\frac{1+1}{2+3}=\frac{2}{5}$$

という計算をしてしまうことがあります。この方法はまちがいです。

右の図のように、同じ大きさのものを２つに分けたうちの１つ分と、３つに分けたうちの１つ分は、分け方がちがうので、このままでは計算できません。

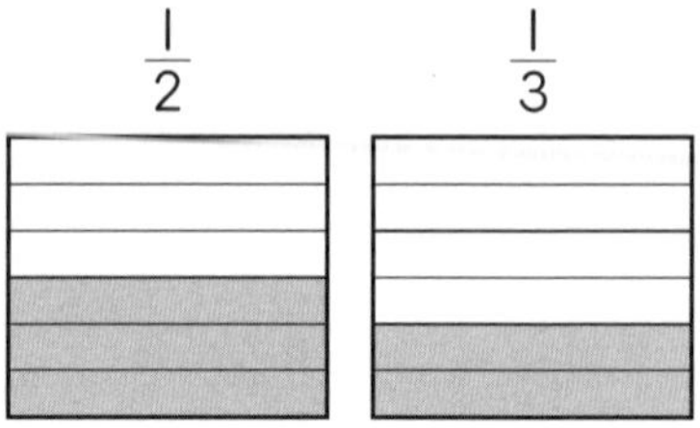

これを計算するには、同じ分け方をする必要があります。それが通分です。

つまり、この計算は $\frac{1}{2}+\frac{1}{3}=\frac{1\times3}{2\times3}+\frac{1\times2}{3\times2}=\frac{3}{6}+\frac{2}{6}=\frac{5}{6}$ となります。

指導のポイント ➡ **分数のたし算とひき算は必ず通分をして、その後に分子の数だけを計算します。**

平均の求め方は？

教科書では……
9　平均

◎ある児童の国語と算数の１年間のテストの得点の平均点を教科別に求めると、右の表のようでした。

	回数	平均点
国語	14 回	69 点
算数	16 回	66 点

１年間のテストの平均点を求めるのに、

(69＋66)÷2＝67.5　　67.5 点

としたとします。正しいでしょうか。平均の意味にもどって考えてみましょう。

(平均)＝(合計)÷(個数)　で求めます。

だから、この表で国語と算数の平均点は、それぞれ次のようにして求めています。

(国語の合計点)÷14＝69

(算数の合計点)÷16＝66

１年間のテストの平均点を求めるには、(テストの合計点)÷(テストの回数)　で求めます。

(テストの合計点)＝(国語の合計点)＋(算数の合計点)　です。

(国語の合計点)＝69×14＝966

(算数の合計点)＝66×16＝1056

だから、　(平均)＝(966＋1056)÷30＝67.4

つまり、この場合の平均点は、67.4 点です。

指導のポイント ➡ **平均するものの合計を求めてから、等分しましょう。**

割合の問題は、１つの式に数値をあてはめる

教科書では……
12　割合

◎136 m^2 のじゃがいも畑があります。これは田中さんの家の畑全体の 40% にあたります。田中さんの家の畑全体の広さを求めましょう。

割合についての問題では、式をたてるのがむずかしかったり、それぞれの数値の関係をつかむのが困難だったりして、立ち止まってしまうお子さんがけっこういます。上の問題でも、すぐに、136÷0.4 と、式が立てられるお子さんは少ないと思います。

割合の問題を解くには、1 つの式「割合＝比かく量÷基準量」を覚えます。これに、上の数値をあてはめていきます。

割　合	＝	比かく量	÷	基準量
40%		136 m^2		□ m^2

40%＝0.4 なので、

0.4＝136÷□

□＝136÷0.4＝340　　答　340 m^2

わからない数(もとめる数)を□とし、問題文の数値をあてはめていきましょう。

指導のポイント ➡ **覚える式は１つにして、その式に数値をあてはめて式をたてましょう。**

底辺はいつも下にあるとは限らない

教科書では……
14　四角形や三角形の面積

◎平行四辺形の面積を求めようと思って、右のように、いろいろな部分の長さを測りました。どの数値を使ったらよいでしょう。

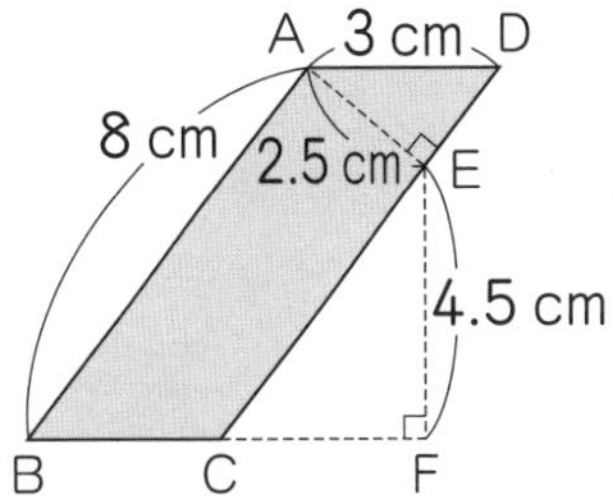

平行四辺形の面積を求める公式は、

底辺　×　高さ

です。底辺は、右の図より 3 cm(辺 BC)、では高さは？

底辺と高さは垂直に交わっていなければなりません。

右の図の辺 BC(辺 BC の延長)に垂直に交わっているのは EF ですが、これは平行四辺形 ABCD の高さにはなりません。

底辺がいつも下にあるとは限りません。

図をななめにして、底辺を辺 CD と考えると、高さは AE になります。

平行四辺形 ABCD の面積は、

8(cm)×2.5(cm)＝20(cm^2)

となります。

指導のポイント ➡ **高さの値がわかる辺を底辺と決めて、面積を求めましょう。**

算数が好きになる　はじめの一歩

教科書7〜9ページ

2つに分けよう

考え方 2 3 全体の面積を2でわった1つ分の面積は、12÷2=6 より、6 cm^2 なので、1つの形が6 cm^2 になるように、いろいろな分け方をノートにかいてみましょう。向きを変えると同じ形になるものをのぞくと、5種類あります。

4 全体が18 cm^2 だから、2つに分けた1つ分の面積が9 cm^2 になるように考えます。

答え 1 省略

2 うら返しにしてぴったり重なるものも同じ形と考えます。

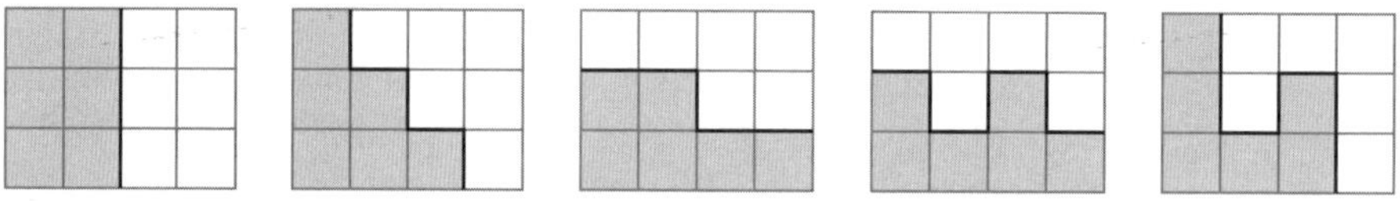

〔分け方〕5種類

3 まん中の線で同じ形の2つの長方形に分けられるので、1ます分をへこませたり飛び出させたりして、別の分け方を見つけていきます。

4

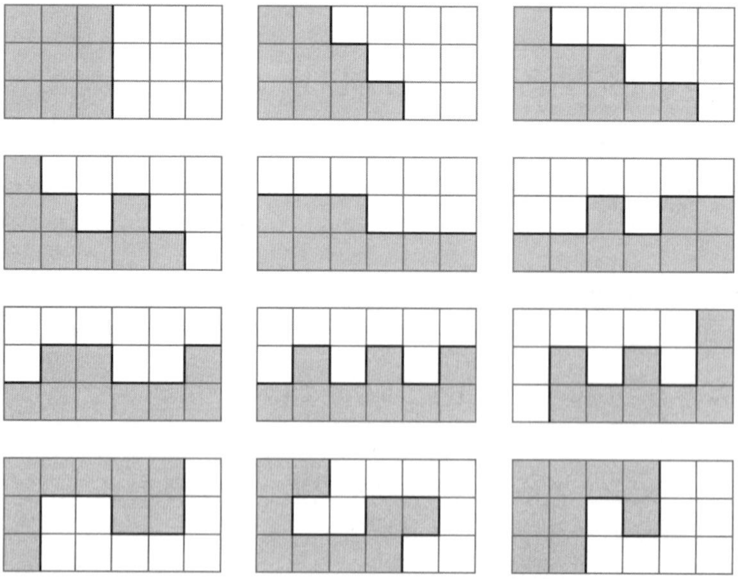

1 整数と小数

教科書13〜14ページ

1 42195 と 42.195 の数のしくみについて調べましょう。

1 42.195 の 4、2、1、9、5 はそれぞれ何の位の数字でしょうか。
上の□にあてはまる数を書きましょう。

2 それぞれの位の数字は、どんな大きさの数が何個あることを表しているでしょうか。

3 42.195 を、位ごとの数をもとにして 1 つの式に表しましょう。

$10\times4+1\times\square+0.1\times\square+0.01\times\square+0.001\times\square$

考え方 十の位の 4 は、10 が 4 個あることを表しています。小数の場合も、0.09 は 0.01 が 9 個あるといえます。このようにして整数と同じように考えます。

答え

1 十の位、一の位、$\frac{1}{10}$ の位、$\frac{1}{100}$ の位、$\frac{1}{1000}$ の位

2 10 が 4 個
1 が 2 個
0.1 が 1 個
0.01 が 9 個
0.001 が 5 個

10 が 4 個で	4	0			
1 が 2 個で		2			
0.1 が 1 個で		0.	1		
0.01 が 9 個で		0.	0	9	
0.001 が 5 個で		0.	0	0	5

3 2、1、9、5

教科書14ページ

1 9.95 を、位ごとの数をもとにして 1 つの式に表しましょう。

考え方 一の位の 9 は、1 が 9 個あることを、$\frac{1}{10}$ の位の 9 は、0.1 が 9 個あることを、$\frac{1}{100}$ の位の 5 は、0.01 が 5 個あることを表しています。

答え $1\times9+0.1\times9+0.01\times5$

それぞれの位の数が
何を表しているか考えよう。

教科書14ページ

2 下の□に、[1]、[2]、[7]、[8]、[9]の数字を1回ずつあてはめて、いちばん大きい数と2番めに大きい数をつくりましょう。

□□.□□□

考え方 いちばん大きい数をつくるには、まず、いちばん大きい位に、いちばん大きい数字をあてはめます。次に、2番めに大きい位には2番めに大きい数字をあてはめ、3番めに大きい位には、3番めに大きい数字をあてはめていきます。つまり、数の大きい順にならべることになります。

また、2番めに大きい数をつくるには、いちばん小さい位に、2番めに小さい数字をあてはめ、2番めに小さい位にはいちばん小さい数字をあてはめます。3番めに大きい位からは、残りの数を大きい順にならべていきます。

答え 〔いちばん大きい数〕 **98.721**　〔2番めに大きい数〕 **98.712**

教科書15ページ

2 3.048を何倍すると、30.48になるでしょうか。

1 整数や小数を10倍、100倍、1000倍すると、位はどのように変わるでしょうか。

また、$\frac{1}{10}$、$\frac{1}{100}$、$\frac{1}{1000}$にすると、位はどのように変わるでしょうか。

2 30.48を100倍するといくつになるでしょうか。

また、$\frac{1}{100}$にするといくつになるでしょうか。

考え方 整数や小数を10倍すると、位が1けた上がって小数点は右へ1けた移(うつ)り、100倍すると、位が2けた上がって小数点は右へ2けた移り、1000倍すると、位が3けた上がって小数点は右へ3けた移ります。だから、

3.048×[10]=30.48 とわかります。

整数や小数を$\frac{1}{10}$にすると、位が1けた下がって小数点は左へ1けた移り、$\frac{1}{100}$にすると、位が2けた下がって小数点は左へ2けた移り、$\frac{1}{1000}$にすると、位が3けた下がって小数点は左へ3けた移ります。

答え 10倍

1 〔10倍、100倍、1000倍〕

位はそれぞれ 1 けた、2 けた、3 けた上がり、小数点はもとの位置からそれぞれ右へ 1 けた、2 けた、3 けた移ります。

$\left(\frac{1}{10}、\frac{1}{100}、\frac{1}{1000}\right)$

位はそれぞれ 1 けた、2 けた、3 けた下がり、小数点はもとの位置からそれぞれ左へ 1 けた、2 けた、3 けた移ります。

2 〔100倍した数〕 **3048**　$\left(\frac{1}{100}\text{にした数}\right)$ **0.3048**

教科書16ページ

3 次の数を書きましょう。

① 0.614 の 10 倍の数　② 104.6 の 100 倍の数

③ 48 の $\frac{1}{10}$ の数　④ 1.73 の $\frac{1}{100}$ の数

考え方 整数や小数を 10 倍、100 倍すると、小数点はそれぞれ右へ 1 けた、2 けた移り、整数や小数を $\frac{1}{10}$、$\frac{1}{100}$ にすると、小数点はそれぞれ左へ 1 けた、2 けた移ります。

答え ① **6.14**　② **10460**　③ **4.8**　④ **0.0173**

教科書16ページ

4 0.23×4 の計算のしかたを説明します。

□にあてはまる数を書きましょう。

考え方 小数×整数の計算は、小数を 10 倍、100 倍、…して整数のかけ算と同じように計算します。

答え 0.23 を [100] 倍して、23 とみます。

23×4 の積を求めます。

その積を $\frac{1}{[100]}$ にすると、0.23×4 の積が求められます。

0.23×4＝[0.92]

↓ [100] 倍　　$\frac{1}{[100]}$

23×4＝92

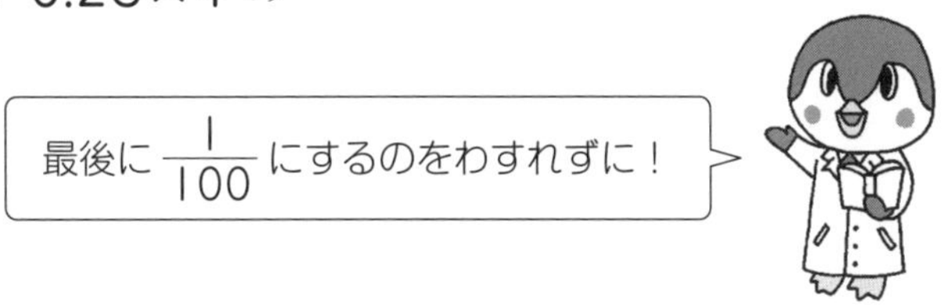

最後に $\frac{1}{100}$ にするのをわすれずに！

教科書16ページ

5 下の数直線で、(あ)、(い)のめもりが表す数はいくつでしょうか。

また、数直線の[1]のところを[10]、[0.1]に変えると、(あ)、(い)のめもりが表す数はそれぞれいくつになるでしょうか。

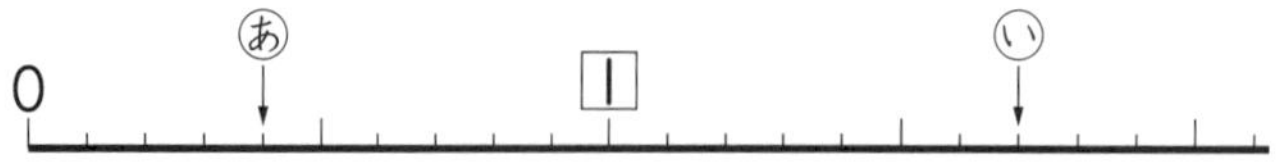

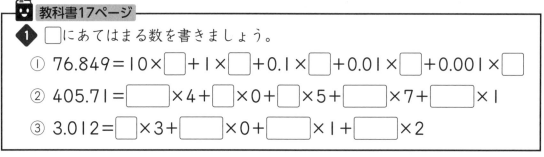

考え方 1めもりは1を$\frac{1}{10}$にした数なので0.1、(あ)は4めもりなので0.4、(い)は17めもりなので1.7とわかります。また、小数を10倍したときや$\frac{1}{10}$にしたとき、小数点がどのように移るか考えましょう。

答え (あ) 0.4　　(い) 1.7

〔1 → 10〕 (あ) 4　　(い) 17

〔1 → 0.1〕 (あ) 0.04　　(い) 0.17

まとめ

教科書17ページ

1 □にあてはまる数を書きましょう。

① 76.849＝10×□＋1×□＋0.1×□＋0.01×□＋0.001×□

② 405.71＝□×4＋□×0＋□×5＋□×7＋□×1

③ 3.012＝□×3＋□×0＋□×1＋□×2

考え方 ① 76.849を、70と6と0.8と0.04と0.009に分けて考えます。

② 405.71を、400と5と0.7と0.01に分けて考えます。

③ 3.012を、3と0.01と0.002に分けて考えます。

答え ① 7、6、8、4、9　② 100、10、1、0.1、0.01

③ 1、0.1、0.01、0.001

教科書17ページ

2 次の数を、（　）の中の大きさにした数を書きましょう。

① 596$\left(\frac{1}{100}\right)$　② 6.02（1000倍）

③ 8.42$\left(\frac{1}{10}\right)$　④ 0.256（100倍）

考え方 整数や小数を100倍、1000倍すると、小数点はそれぞれ右へ2けた、3けた移ります。また、整数や小数を$\frac{1}{10}$、$\frac{1}{100}$にすると、小数点はそれぞれ左へ1けた、2けた移ります。

① 整数である596は、596.0として小数点を移します。

答え ① 5.96　② 6020　③ 0.842　④ 25.6

教科書17ページ

3 計算をしましょう。

① 32.7×10　② 0.041×100　③ 7.9×1000

④ 51.6÷10　⑤ 24.85÷100　⑥ 90.52÷1000

考え方 整数や小数を10倍、100倍、1000倍すると、小数点はそれぞれ右へ1けた、2けた、3けた移ります。また、整数や小数を10、100、1000でわると、小数点はそれぞれ左へ1けた、2けた、3けた移ります。

答え ① 327　② 4.1　③ 7900

④ 5.16　⑤ 0.2485　⑥ 0.09052

10でわるのと$\frac{1}{10}$にするのは同じこと！

2 体積

教科書19〜20ページ

1 直方体(あ)と立方体(い)のかさは、どちらがどれだけ大きいでしょうか。

1 どんな大きさをもとにして考えるとよいでしょうか。

2 1辺が1cmの立方体の積み木で、(あ)、(い)の形を作りました。それぞれ、1辺が1cmの立方体の何個分の大きさでしょうか。

3 (あ)、(い)の体積は、それぞれ何cm^3でしょうか。また、どちらが何cm^3大きいでしょうか。

考え方 **1** 体積は、1辺が1cmの立方体が何個分あるかで表します。

2 (あ) 1だんにつき、たて2個、横6個で、5だん積まれています。

(い) 1だんにつき、たて4個、横4個で、4だん積まれています。

3 1辺が1cmの立方体の体積を$1cm^3$(1立方センチメートル)といい、1辺が1cmの立方体が□個分あることを、□cm^3と表します。また、64−60＝4 だから、(い)が$4cm^3$大きいことがわかります。

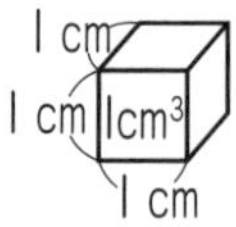

答え **1** **1辺が1cmの立方体の大きさ**

2 (あ) **60個分** (い) **64個分**

3 (あ) **$60cm^3$** (い) **$64cm^3$** **(い)が$4cm^3$大きい**

教科書21ページ

1 1辺が1cmの立方体を12個使って、いろいろな形を作りましょう。

考え方 立方体を1だんずつ積み重ねていきましょう。上下の形がちがったり、直方体になっていなくてもかまいません。

答え **省略**

教科書21ページ

2 次のような立体の体積は何cm^3でしょうか。

考え方 ① $1cm^3$の立方体を2個ならべた大きさ($2cm^3$)の直方体の高さを半分にした形なので、$2cm^3$の半分の体積になります。

② $1cm^3$の立方体をななめに半分にした大きさ($0.5cm^3$)の立体を2個ならべた形なので、$0.5cm^3$の2倍の体積になります。

答え ① **$1cm^3$** ② **$1cm^3$**

教科書21～23ページ

2 右のような直方体の体積の求め方を考えましょう。

1 上の直方体の体積を、計算で求める方法を考えましょう。

2 直方体の、どこの長さを使えば体積が求められるでしょうか。

3 直方体の体積の求め方を、言葉の式に表しましょう。

□×□×□＝体積

4 **1** の直方体㋐の体積を、計算で求めましょう。

5 学習をふり返りましょう。

考え方 1 ゆきさんは、手前側に積まれている積み木の数をかけ算で求め、それが4列あると考えています。はるさんは、1だんめにならべられている積み木の数をかけ算で求め、それが5だんあると考えています。

2 3 体積の求め方を1つの式で表すと、4×6×5＝120 となります。

4 直方体㋐は、たて2cm、横6cm、高さ5cmなので、3 で求めた公式にあてはめます。

答え 1 〔ゆきさんの考え〕 **手前側の1列は、5×6＝30 より、30cm^3 とわかります。これが4列あるので、30×4＝120 より、120cm^3 と求められます。**

〔はるさんの考え〕 **1だんめは、4×6＝24 より、24cm^3 とわかります。これが5だんあるので、24×5＝120 より、120cm^3 と求められます。**

2 **たて、横、高さ**

3 **たて×横×高さ＝体積**

4 **2×6×5＝60（cm^3）** 〔答え〕 **60cm^3**

5 **省略**

教科書24ページ

3 右のような立方体の体積の求め方を考えましょう。

1 立方体の体積は、どこの長さがわかれば求められるでしょうか。

考え方 1cm^3 の立方体が、1だんにつき、たて3個、横3個で、3だん積まれていると考えることができます。

答え **3×3×3＝27** 〔答え〕 **27cm^3**

1 **1辺の長さ**

立方体の体積は
1辺×1辺×1辺
で求められるよ！

教科書24ページ

3 次のような直方体や立方体の体積を求めましょう。

考え方 体積を求める公式にあてはめます。直方体の体積の公式は（たて）×（横）×（高さ）、立方体の体積の公式は（１辺）×（１辺）×（１辺）です。

① 7×8×5＝280

② 6×6×6＝216

③ 5×5×5＝125

答え ① 280cm³　② 216cm³　③ 125cm³

教科書24ページ

4 たて2cm、横4cmで、体積が56cm³の直方体があります。この直方体の高さは何cmでしょうか。

考え方 2×4×□＝56

8×□＝56

□＝56÷8

＝7

直方体の高さを□cmとして
考えよう！

答え 7cm

教科書25ページ

4 たて3m、横5m、高さ4mの直方体の体積の表し方を考えましょう。

1 上の直方体の体積は何m³でしょうか。

考え方 大きなものの体積は、１辺が１mの立方体が何個あるかで表します。１辺が１mの立方体の体積を１m³（１立方メートル）といいます。

体積を求める公式にあてはめて、3×5×4＝60

答え 60m³

教科書26ページ

5 １m³は何cm³でしょうか。

1 １m³の立方体のたて、横、高さには、１cm³の立方体がそれぞれ何個（こ）ならぶでしょうか。

考え方 $1\,cm^3$ の立方体を何個ならべることができるかを考えます。

$1\,m=100\,cm$ なので、1だんにつき、たて100個、横100個で、100だんあることになります。$1\,cm^3$ の立方体が1000000個あるので、$1\,m^3$ は $1000000\,cm^3$ です。

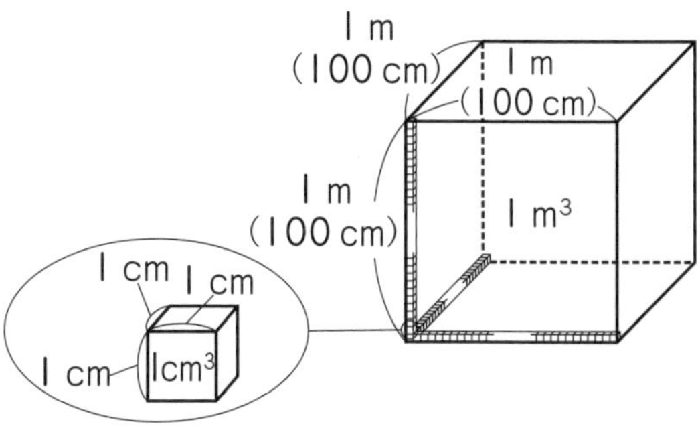

答え $1000000\,cm^3$

1 〔たて〕 100個　〔横〕 100個　〔高さ〕 100個

$\boxed{100}\times\boxed{100}\times\boxed{100}=\boxed{1000000}$

教科書26ページ

5 次の立体の体積は何 m^3 でしょうか。また、何 cm^3 でしょうか。

① たて2m、横3m、高さ2mの直方体の防災倉庫(ぼうさいそうこ)

② 1辺が4mの立方体

考え方 ① 体積を求める公式にあてはめて、$2\times3\times2=12$ より、$12\,m^3$

また、$1\,m^3=1000000\,cm^3$ より、$12\,m^3=12000000\,cm^3$

② $4\times4\times4=64$ より、$64\,m^3$

また、$1\,m^3=1000000\,cm^3$ より、$64\,m^3=64000000\,cm^3$

答え ① $12\,m^3$、$12000000\,cm^3$

② $64\,m^3$、$64000000\,cm^3$

$1\,m^3=100\,cm\times100\,cm\times100\,cm$
$=1000000\,cm^3$ だよ！

教科書27ページ

6 厚(あつ)さ1cmの板で作った、右のような直方体の形をした入れ物があります。この入れ物いっぱいに入る水の体積は何 cm^3 でしょうか。

1 入れ物いっぱいに入る水の体積を求めるためには、どこの長さがわかればよいでしょうか。

2 上の入れ物の内のりを調べて、容積(ようせき)を求めましょう。

考え方 1 入れ物の外側ではなく、内側にできる直方体を考えます。

2 入れ物の内側いっぱいの体積を、容積といいます。板の厚さが 1cm だから、内側のたてと横の長さは外側より 2cm 短く、高さは 1cm 短くなるので、内側は、たて 8cm、横 8cm、高さ 5cm の直方体です。

8×8×5＝320

答え 1 **入れ物の内側のたて、横、深さ**

2 [8]×[8]×[5]＝[320]　〔答え〕 320cm^3

教科書27ページ

6 右のような直方体の形をした厚さ 1cm の水そうがあります。この水そうの容積は何 cm^3 でしょうか。

考え方 水そうの容積は、たて 40cm、横 30cm、高さ 20cm の直方体の体積と等しいので、

40×30×20＝24000

答え 24000cm^3

教科書28ページ

7 体積の単位と水のかさの単位 L の関係を調べましょう。

1 たて 10cm、横 10cm の入れ物に 1L の水を入れると、高さが 10cm になります。1L は何 cm^3 でしょうか。

2 1m^3 は何 L でしょうか。

3 1mL は何 cm^3 でしょうか。

考え方 1 [10]×[10]×[10]＝[1000]

1L＝[1000]cm^3

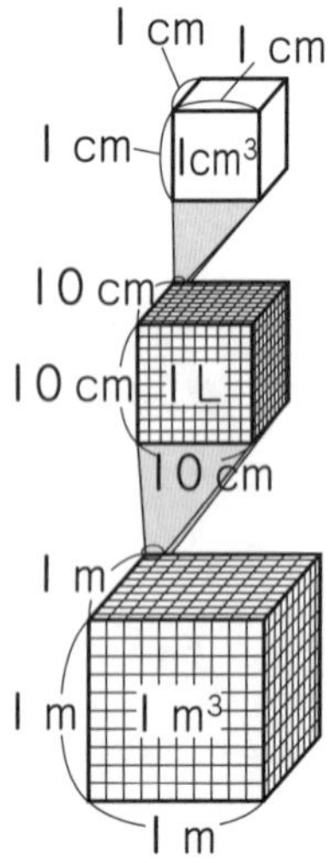

2 1 から、1L の水の体積は、1 辺が 10cm の立方体の体積と等しいので、1 辺が 10cm の立方体を何個ならべることができるかを考えます。

1m＝100cm なので、1 だんにつき、たて 10 個、横 10 個で、10 だんあることになります。

10×10×10＝1000 より、1000 個ならびます。

3 1 から、1L＝1000cm^3 で、1L＝1000mL なので、1000mL＝1000cm^3 です。

答え 1 1000cm^3

2 1m^3＝[1000]L

3 1mL＝[1]cm^3

教科書29ページ

8 長さや面積の単位をもとにして、体積の単位についてまとめましょう。

1 1 cm^2、1 m^2、1 cm^3、1 m^3 を下の表のあてはまるところに書きましょう。

2 1 mL、1 kL を上の表のあてはまるところに書きましょう。

3 1 m^3 は 1 cm^3 の何倍でしょうか。

考え方 **1** 1 cm^2 の正方形の 1 辺は 1 cm、1 m^2 の正方形の 1 辺は 1 m です。また、1 cm^3 の立方体の 1 辺は 1 cm、1 m^3 の立方体の 1 辺は 1 m です。

2 1 m^3＝1000 L＝1 kL より、1 m^3＝1 kL です。

3 1 m＝100 cm より、1 m^3＝1 m×1 m×1 m＝100 cm×100 cm×100 cm

＝1000000 cm^3

答え **1** **2**

立方体の 1 辺の長さ	1 cm	10 cm	1 m
正方形の面積	1 cm^2	100 cm^2	1 m^2
立方体の体積	1 cm^3	1000 cm^3	1 m^3
	1 mL	1 L	1 kL

3 1000000 倍

教科書29ページ

7 □にあてはまる数を書きましょう。

① 1000 cm^3＝□L　　② 2000 L＝□m^3

③ 5 mL＝□cm^3　　④ 4000 cm^3＝□mL

考え方 ① 1000 cm^3＝1 L

② 1000 L＝1 m^3 より、2000 L＝2 m^3

③ 1 mL＝1 cm^3 より、5 mL＝5 cm^3

④ 1 cm^3＝1 mL より、4000 cm^3＝4000 mL

答え ① 1　② 2　③ 5　④ 4000

教科書29ページ

石の体積を求めよう

考え方 水の入った水そうにしずめて、増(ふ)えた水の体積を調べましょう。

答え **石を水の入った水そうにしずめます。**

(石の体積)＝(水そうのたて)×(水そうの横)×(増えた水の高さ) で求められます。

教科書30ページ

9 右のような立体の体積の求め方を考えましょう。

1 図形をどのようにみれば求められそうか考えましょう。

2 2人の考え方を、それぞれ式に表して説明しましょう。

3 はるさんは、下のような式に表しました。
はるさんの考えを、図に表して説明しましょう。

考え方 1 直方体を組み合わせた形と考えると、体積を求められます。

2 〔みなとさんの考え〕 たて4cm、横4cm、高さ6cmの直方体と、たて4cm、横6cm、高さ3cmの直方体を組み合わせた形とみます。
〔かえでさんの考え〕 たて4cm、横10cm、高さ6cmの直方体から、たて4cm、横6cm、高さ3cmの直方体をひいた形とみます。

3 同じ立体を2つ組み合わせてできた直方体の半分の形とみます。

答え 1 **2つの直方体を組み合わせた形とみる**
直方体から直方体をひいた形とみる　など

2 〔みなとさんの考え〕
$4\times4\times6+4\times6\times3=96+72=168$ より、168cm³
〔かえでさんの考え〕
$4\times10\times6-4\times6\times3=240-72=168$ より、168cm³

3
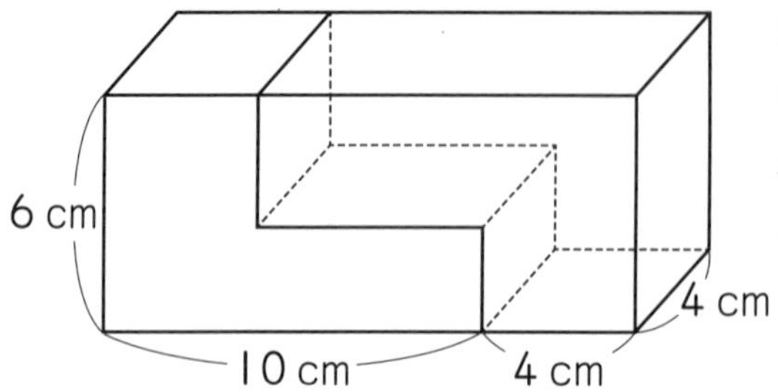

左の図のように、同じ立体を2つ組み合わせてできた直方体の体積の半分になると考えています。

$4\times(10+4)\times6\div2$
$=168$ より、168cm³

教科書30ページ

8 右のような立体の体積を求めましょう。

考え方 〔2つの立体に分けて考える〕 たて6cm、横15cm、高さ5cmの直方体と、たて3cm、横8cm、高さ5cmの直方体を組み合わせた形とみます。

$6\times15\times5+3\times8\times5=450+120=570$

〔一部をひいたとみる〕 たて9cm、横15cm、高さ5cmの直方体から、たて3cm、横2cm、高さ5cmの直方体と、たて3cm、横5cm、高さ5cmの直方体をひいた形とみます。

$9\times15\times5-3\times2\times5-3\times5\times5=675-30-75=570$

答え 570cm^3

教科書31ページ

学んだことを使おう

考え方 **1** ㋐、㋑、㋒の箱の体積をそれぞれ求めます。

㋐ $20\times24\times16=7680$

㋑ $20\times18\times22=7920$

㋒ $10\times30\times20=6000$

2 おかしをすべて同じ向きにつめたときに、すき間ができない箱は、㋐と㋒の箱です。

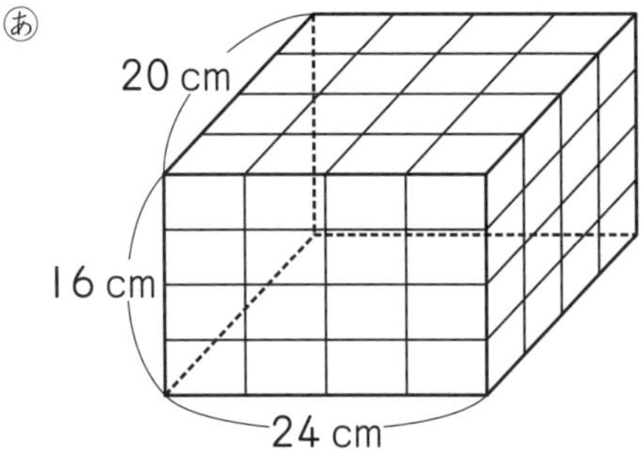

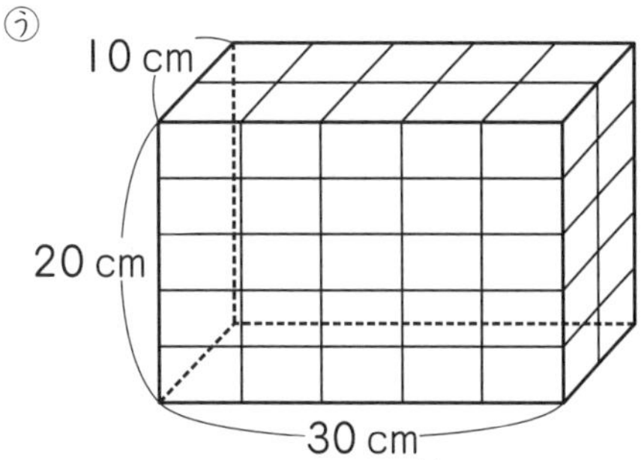

3 おかしをつめたときにすき間ができない㋐と㋒の箱の体積を比(くら)べると、㋐の箱の体積は、㋒の箱の体積より大きくなっています。

また、㋑の箱の高さは22cmだから、おかしをつめたときに2cmのすき間ができます。

$7920-20\times18\times2=7200$

となるので、㋑の箱につめられるおかしの体積は、㋐の箱の体積より小さくなります。

したがって、㋐の箱につめられるおかしの個数を求めます。

$4\times4\times4=64$

答え ❶ ㋑
❷ ㋐、㋒
❸ ㋐　〔個数〕 64 個

まとめ

教科書34ページ

◆1 次のような立体の体積を求めましょう。

考え方 直方体や立方体の体積を求める公式にあてはめます。

答え cm^3、6、5、3、90、m^3、8、8、8、512
〔直方体の体積〕 たて×横×高さ
〔立方体の体積〕 1辺×1辺×1辺

教科書34ページ

◆2 1 m^3 は何 cm^3 でしょうか。

考え方 1m＝100cm なので、100×100×100＝1000000 より、1000000 cm^3

答え 100、1000000

教科書35ページ

◆1 次の立体の体積を求めましょう。
① たて 6cm、横 3cm、高さ 2cm の直方体
② 1辺が 3m の立方体

考え方 ① 6×3×2＝36
② 3×3×3＝27

答え ① 36 cm^3　② 27 m^3

教科書35ページ

◆2 1辺が 6m の立方体があります。この立方体と体積が等しい、横 4m、高さ 6m の直方体のたての長さを求めましょう。

考え方 1辺が6mの立方体の体積は、6×6×6＝216 より、216m^3なので、

□×4×6＝216

□×24＝216

□＝216÷24

＝9

直方体のたての
長さを□mと
して考えよう。

答え 9m

教科書35ページ

3 (　)の中の単位で表しましょう。

① 6m^3 (cm^3)　　② 3L (cm^3)

③ 42000cm^3 (L)　　④ 700cm^3 (mL)

考え方 ① 1m^3＝1000000cm^3 より、6m^3＝6000000cm^3

② 体積の単位の関係を整理すると、1000cm^3＝[1000]mL＝[1]L

1L＝1000cm^3 より、3L＝3000cm^3

③ 1000cm^3＝1L より、42000cm^3＝42L

④ 1cm^3＝1mL より、700cm^3＝700mL

答え ① 6000000cm^3　② 3000cm^3　③ 42L　④ 700mL

教科書35ページ

4 右のような立体の体積を求めます。次の式に合う図を、下のㇵからㇷの中から選びましょう。

① 4×6×3−2×2×3　　② 4×(4＋6)×3÷2

考え方 ① たて4cm、横6cm、高さ3cmの直方体から、たて2cm、横2cm、高さ3cmの直方体をひいた形とみた式です。

② たて4cm、横(4＋6)cm、高さ3cmの直方体の体積の半分とみた式です。

答え ① い　② あ

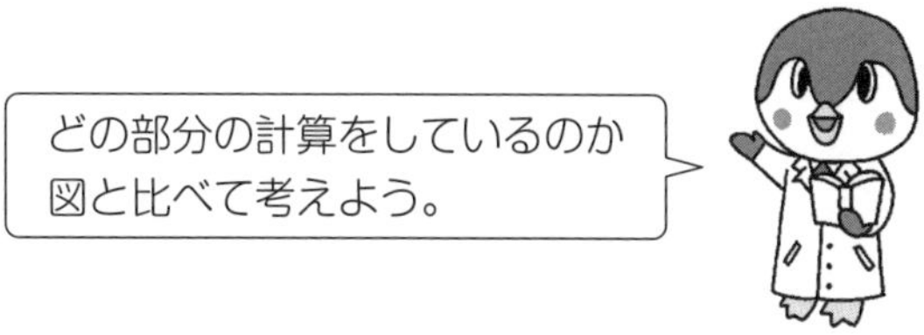
どの部分の計算をしているのか
図と比べて考えよう。

3 2つの量の変わり方

教科書37ページ

1 ⓘについて、正方形の数とストローの本数の関係を考えましょう。

1 正方形の数が1個、2個、……と増えると、ストローの本数はどのように変わるでしょうか。表を使って調べましょう。

考え方　正方形の数が1個増えると、ストローの本数は3本増えています。

1増える　1増える

正方形の数　(個)	1	2	3	4	5	6
ストローの本数(本)	4	7	10	13	16	19

3増える　3増える

答え　**4本、7本、10本、……と、3本ずつ増えていきます。**

教科書37～39ページ

2 ⓤについて、直方体の高さと体積の関係を考えます。

体積が1000cm³のときの、高さは何cmになるでしょうか。

1 高さが1cm、2cm、……と増えると、体積はどのように変わるでしょうか。表を使って調べましょう。

2 ゆきさんは、高さと体積の関係について、次のようなきまりに気がつきました。このきまりについて、くわしく調べましょう。

3 ⓤの直方体の体積が1000cm³のときの、高さの求め方を説明しましょう。

4 かえでさんは、1000cm³のときの高さの求め方を、次のように考えています。体積の値は、高さの値の何倍になっているでしょうか。

5 高さを○cm、体積を△cm³として、○と△の関係を式に表し、1000cm³のときの高さを求めましょう。

考え方　**1** 高さが1cm増えると、体積は20cm³増えています。

1増える　1増える

高さ (cm)	1	2	3	4	5	6
体積(cm³)	20	40	60	80	100	120

20増える　20増える

2 高さが2倍、3倍、……になると、それにともなって体積も2倍、3倍、……になっています。

〔れおさん〕
2倍の場合だけでなく、高さが3倍になると、体積も[3]倍に…。

(3倍 →)

1	2	3	4	5	6	
20	40	60	80	100	120	

(→ [3]倍)

〔つばささん〕
表のほかのところで調べてみても…。

(2倍 →)

1	2	3	4	5	6	
20	40	60	80	100	120	

(→ [2]倍)

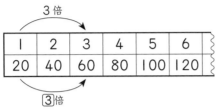

3 体積が○倍になると、高さも○倍になっています。

〔はるさん〕
体積が20cm³から1000cm³と[50]倍になると、高さも…。

([50]倍 →)

1	2	3	4	5	6	…	?
20	40	60	80	100	120	…	1000

(→ [50]倍)

〔ゆきさん〕
体積が100cm³から1000cm³と[10]倍になると、高さも…。

([10]倍 →)

1	2	3	4	5	6	…	?
20	40	60	80	100	120	…	1000

(→ [10]倍)

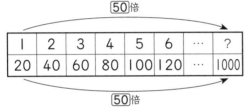

4 表より、体積は高さの20倍になっています。

高さ（cm）	1 ↓[20]倍	2 ↓[20]倍	3 ↓[20]倍	…	? ↓[20]倍	
体積（cm³）	20	40	60	…	1000	

5 高さが○cmのとき、体積△cm³は20×○(cm³)で表せます。
20×○＝1000 なので、○＝1000÷20＝50

答え

1 20cm³、40cm³、60cm³、……と、20cm³ずつ増えていきます。

2 高さが2倍、3倍、……になると、体積も2倍、3倍、……になります。

3 考え方 の **3**

4 20倍

5 〔式〕 20×○＝△　〔答え〕 50cm

教科書41ページ

1 下のか、きについて、2つの量が比例(ひれい)の関係にあるものを選びましょう。

Ⓚ 100gの箱に10gの消しゴムを入れるときの、消しゴムの数と全体の重さ

Ⓚ 1Lのガソリンで15km走る自動車の、ガソリンの量と進む道のり

考え方 か　消しゴムの数を○個、全体の重さを△gとすると、10×○+100=△になります。

き　ガソリンの量を○L、進む道のりを△kmとすると、15×○=△になります。

一方の値(あたい)が2倍、3倍、………になると、もう一方の値も2倍、3倍、………になるのはきなので、比例の関係にあるのはきとわかります。

答え き

教科書42～43ページ

3 ともなって変わる２つの量の関係について、式に表して考えましょう。

1 下のⓢからⓢeについて、○と△の関係を式に表しましょう。また、式をもとにして、○と△の変わり方を表に整理しましょう。

㋚　１ｍのねだんが80円のリボンを買うときの、買う長さ○ｍと代金△円

㋛　100gの箱に80gのケーキを入れるときの、ケーキの個数(こすう)○個と全体の重さ△g

㋜　誕生日(たんじょうび)が同じで年令が２才ちがう弟と姉の、弟の年令○才と姉の年令△才

㋝　80まい入りの折り紙の、使ったまい数○まいと残りのまい数△まい

2 それぞれの場面について、○と△の関係を調べて、次の①から③の関係にあるものを選びましょう。

①　○が増(ふ)えると△も増える。

②　○が増えると△は減(へ)る。

③　△は○に比例(ひれい)する。

考え方 **1** ㋚　１ｍのねだん80円の○倍が△円になります。

㋛　100gの箱に80gのケーキを○個入れたと考えると、全体の重さは、80×○＋100となります。

㋜　弟の年令○才に２をたすと、姉の年令△才になります。

㋝　80まいから使ったまい数○まいをひくと、残りのまい数△まいになります。

2 表より、○が増えると△も増えるのは㋚、㋛、㋜です。また、○が増えると△が減るのは㋝、△が○に比例するのは㋚です。

答え **1** ㋚　〔式〕 80×○＝△

買う長さ　○(m)	1	2	3	4	5	6
代金　△(円)	80	160	240	320	400	480

㋛　〔式〕 80×○＋100＝△

ケーキの個数　○(個)	1	2	3	4	5	6
全体の重さ　△(g)	180	260	340	420	500	580

㋜　〔式〕 ○＋2＝△

弟の年令　○(才)	1	2	3	4	5	6
姉の年令　△(才)	3	4	5	6	7	8

㊝ 〔式〕 80－○＝△

使ったまい数 ○(まい)	1	2	3	4	5	6
残りのまい数 △(まい)	79	78	77	76	75	74

2 ① ㋚、㋛、㋜ ② ㋝ ③ ㋚

教科書43ページ

数直線と比例

考え方 (教科書)41 ページ **1** ㋖の表をもとにして、数直線に表してみましょう。

答え **ガソリン ○L で △km 進むとする。**

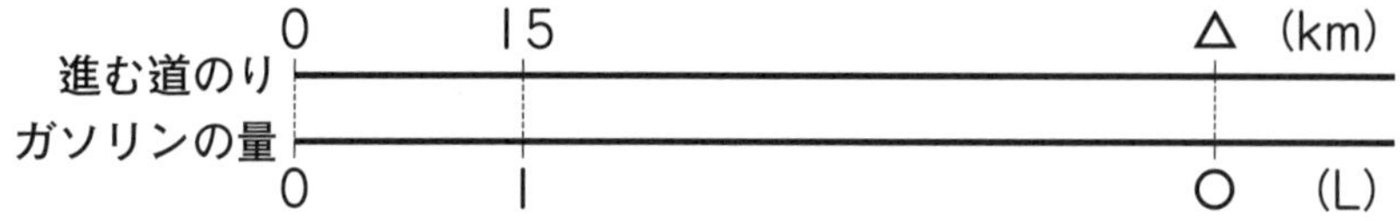

教科書44ページ

学んだことを使おう

考え方 **1** 〔かえでさんの考え〕 表を使って、図に表して考えます。

1 ずつ増える

正方形の数 (個)	1	2	3	4
ストローの本数(本)	4	7	10	13

3

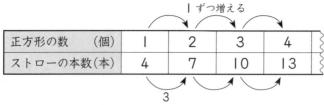

表から、下のような図に表せます。

〔みなとさんの考え〕 下のような図に表せます。

2 1 個のとき　1＋3×1＝4
2 個のとき　1＋3×2＝7
⋮　⋮
5 個のとき　1＋3×5＝16
6 個のとき　1＋3×6＝19
○と△の式　1＋3×○＝△

正方形が 1 個増えると
ストローの本数は…

3 **2** で求めた○と△の式にあてはめると、1＋3×50＝151

答え **1** 4＋3×4＝16 または 1＋3×5＝16
2 〔6 個のとき〕1＋3×6＝19 〔○と△の式〕1＋3×○＝△
3 151 本

まとめ

教科書45ページ

1 下の表は、たての長さが3cmの長方形の、横の長さ○cmと面積△cm^2の関係を調べたものです。

2つの量は比例(ひれい)の関係にあるでしょうか。

考え方 ○の値が2倍、3倍、………になるときに、△の値はどのように変化するかに注意しましょう。

答え 2、3、(長方形の)横の長さ

教科書45ページ

1 下のあ、いについて、2つの量○と△の関係を調べて、それぞれ表と式に表しましょう。また、2つの量が比例の関係にあるものを選びましょう。

あ 1mの重さが70gのひもの、長さ○mと重さ△g

い 1mの重さが70gのひもを100gのふくろに入れたときの、ひもの長さ○mと全体の重さ△g

考え方 あ ひも1mの重さ70gの○倍が△gになります。また、ひもの長さが2倍、3倍、……になると、それにともなって重さも2倍、3倍、……になっています。

い 1mの重さが70gのひも○mを100gのふくろに入れるので、重さは、70×○+100(g)になります。

また、ひもの長さが2倍、3倍、……になっても、重さは2倍、3倍、……になっていません。

答え あ

長さ ○(m)	1	2	3	4	5	6
重さ △(g)	70	140	210	280	350	420

〔式〕 **70×○=△**

い

長さ ○(m)	1	2	3	4	5	6
全体の重さ △(g)	170	240	310	380	450	520

〔式〕 **70×○+100=△**

〔比例の関係にあるもの〕 **あ**

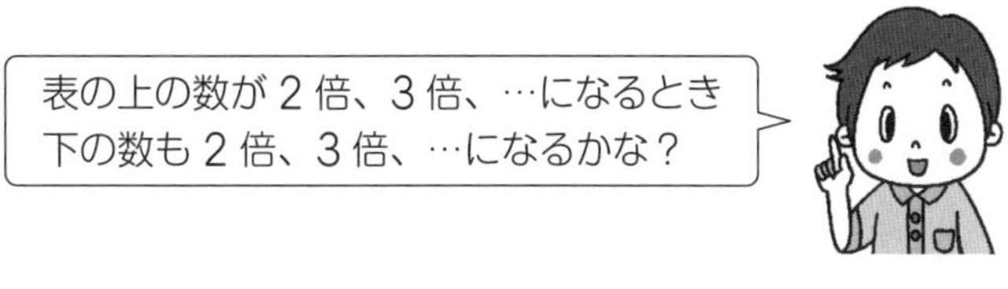

表の上の数が2倍、3倍、…になるとき
下の数も2倍、3倍、…になるかな？

教科書46ページ

算数ワールド

考え方 ❶ (たて)×(横)×(高さ)＝2000 なので、高さを 1 cm とすると、

(たて)×(横)×1＝2000

(たて)×(横)＝2000

となるので、(たて)×(横)＝2000 になるように、たてと横の長さを決めることになります。

また、高さを 2 cm とすると、

(たて)×(横)×2＝2000

(たて)×(横)＝2000÷2

(たて)×(横)＝1000

となるので、(たて)×(横)＝1000 になるように、たてと横の長さを決めることになります。

同じように、高さを決めたあと、(たて)×(横) がいくつになるかを求めて、たてと横の長さを決めていくと、いろいろな直方体ができます。

❷ 1000 cm^3 の直方体と 1000 cm^3 の立方体など、体積の和が 2000 cm^3 になるような立体の組み合わせを考えます。

答え ❶ 1×2×1000＝2000

2×5×200＝2000　　5×8×50＝2000

5×10×40＝2000　　10×10×20＝2000

400×5×1＝2000

など。

体積が同じでも、
いろいろな形が
できるんだね。

❷ (例)

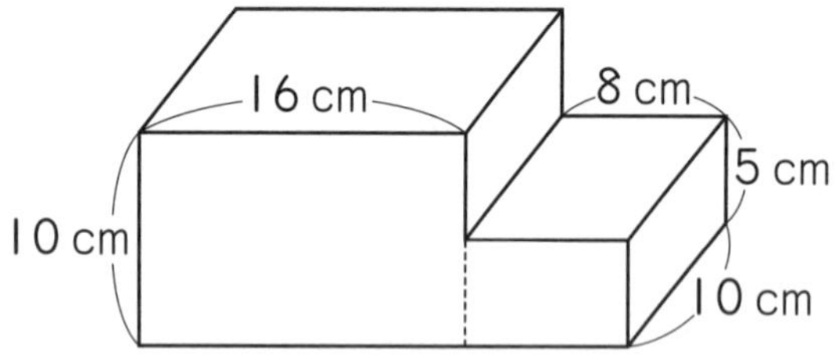

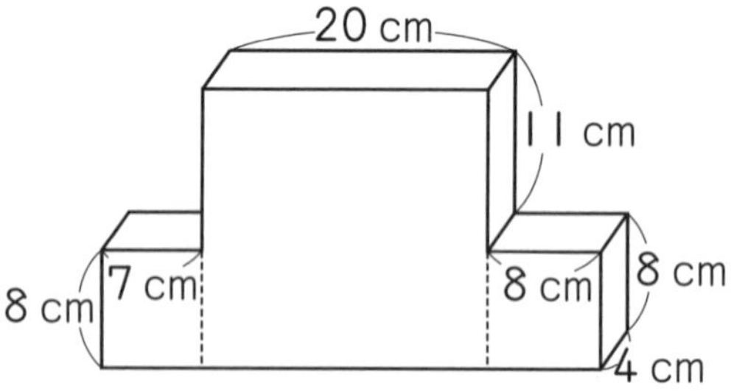

教科書47ページ

復習 ①

考え方 **1** ① 立方体の向かい合う2つの面は平行です。面㋓と向かい合っている面は面㋑です。

② 面㋐と面㋒は向かい合っているので平行です。だから、面㋐と面㋒をつなぐ面は、すべて面㋒に垂直(すいちょく)な面になります。

③ 辺アオをふくむ面は面㋓と面㋔で、それぞれに平行な面は面㋑と面㋕です。

④ 辺アオと平行な面と辺アオをふくむ面をのぞいた面が垂直な面です。

2 ① $\frac{22}{3}+\frac{7}{3}=\frac{29}{3}\left(9\frac{2}{3}\right)$

② $6\frac{2}{7}+5\frac{6}{7}=11\frac{8}{7}=12\frac{1}{7}\left(\frac{85}{7}\right)$

③ $\frac{19}{5}-\frac{7}{5}=\frac{12}{5}\left(2\frac{2}{5}\right)$

④ $3-1\frac{3}{5}=2\frac{5}{5}-1\frac{3}{5}=1\frac{2}{5}\left(\frac{7}{5}\right)$

3 ①
```
  3.4
×   2
-----
  6.8
```
②
```
  8.5
×   7
-----
 59.5
```
③
```
  0.6
×   9
-----
  5.4
```
④
```
  2.63
×    5
------
 13.15
```
⑤
```
   7.8
×   26
------
   468
  156
------
 202.8
```
⑥
```
   6.07
×    52
-------
   1214
  3035
-------
 315.64
```
⑦
```
     1.6
  4)6.4
    4
    24
    24
     0
```
⑧
```
        6.4
 18)115.2
    108
      72
      72
       0
```
⑨
```
    1.53
 6)9.18
   6
   31
   30
    18
    18
     0
```
⑩
```
     0.26
 27)7.02
    54
    162
    162
      0
```
⑪
```
     2.05
  8)16.4
    16
      40
      40
       0
```
⑫
```
     0.08
 25)2.00
    200
      0
```

4 ① （リボン全体の長さ）÷（リボンの本数）で１本分の長さが求められます。

88.2÷14＝6.3

② （横の長さ）÷（たての長さ）で何倍か求められます。

104÷130＝0.8

③ （箱１個の重さ）×（箱の数）で全部の重さが求められます。

1.3×12＝15.6

④ 長方形の面積の公式は（たて）×（横）です。

64×96＝6144

答え

1 ① 面㋑　② 面㋑、面㋓、面㋔、面㋕

③ 面㋑、面㋕　④ 面㋐、面㋒

2 ① $\frac{29}{3}\left(9\frac{2}{3}\right)$　② $12\frac{1}{7}\left(\frac{85}{7}\right)$　③ $\frac{12}{5}\left(2\frac{2}{5}\right)$　④ $1\frac{2}{5}\left(\frac{7}{5}\right)$

3 ① 6.8　② 59.5　③ 5.4　④ 13.15　⑤ 202.8

⑥ 315.64　⑦ 1.6　⑧ 6.4　⑨ 1.53　⑩ 0.26

⑪ 2.05　⑫ 0.08

4 ① 6.3cm　② 0.8倍　③ 15.6kg　④ 6144cm^2

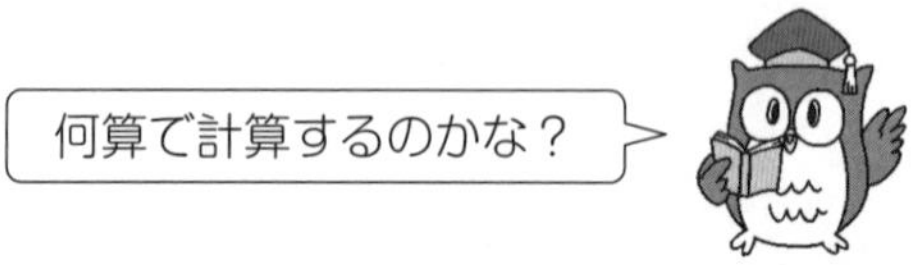

4 小数のかけ算

教科書48～51ページ

1 1mのねだんが80円のリボンがあります。このリボン2.3mの代金は何円でしょうか。

1 2.3mの代金を求める式を考えましょう。

2 下のかえでさんの考えを見て、2.3mの代金を求める式がかけ算になるわけを考えましょう。

3 80×2.3の計算のしかたを考えましょう。

4 (教科書)50ページの2人の考えを、式を使って説明しましょう。

考え方 1 〔はるさんの考え〕（1mのねだん)×(買う長さ)＝(代金) という式を使って求めようとしています。この式に数をあてはめると、80×2.3で代金が求められます。

2mだったら	80×2＝160
3mだったら	80×3＝240
2.3mだったら	80×2.3

2 〔かえでさんの考え〕

かけ算になるわけを数直線を使って考えています。長さが2倍、3倍になると、代金も2倍、3倍になるから、長さが2.3倍になると、代金も2.3倍になると考えられるので、80×2.3で代金が求められます。

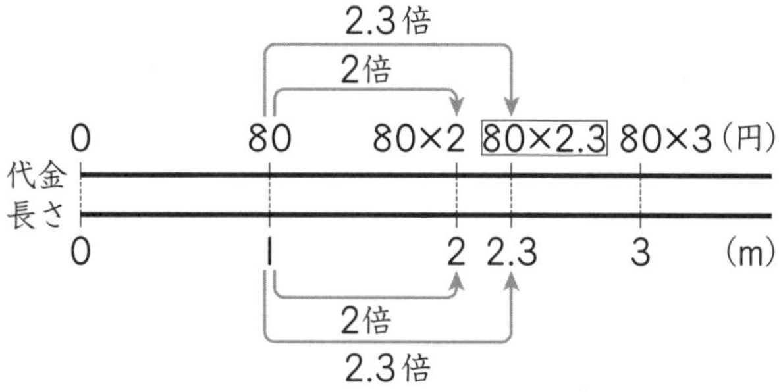

3 〔れおさんの考え〕

0.1mの代金から、2.3mの代金を求めます。

0.1mの代金は、80÷10（円）です。2.3mの代金は、0.1mの代金の23倍なので、

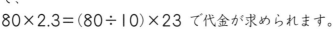

80×2.3＝(80÷10)×23 で代金が求められます。

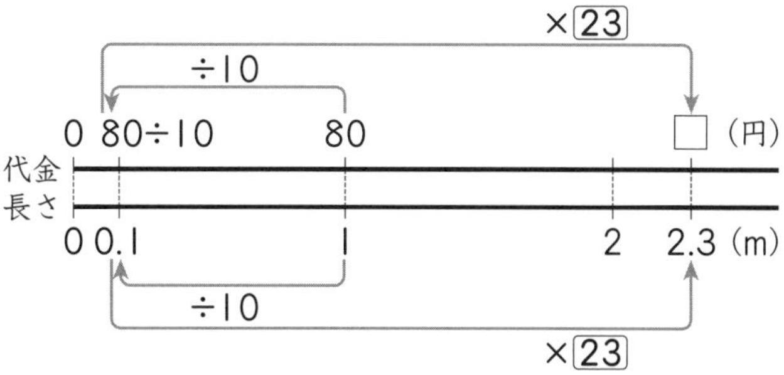

〔つばささんの考え〕

2.3m の 10 倍の 23m の代金から、2.3m の代金を求めます。

2.3m の代金は、23m の代金の $\frac{1}{10}$ になるので、

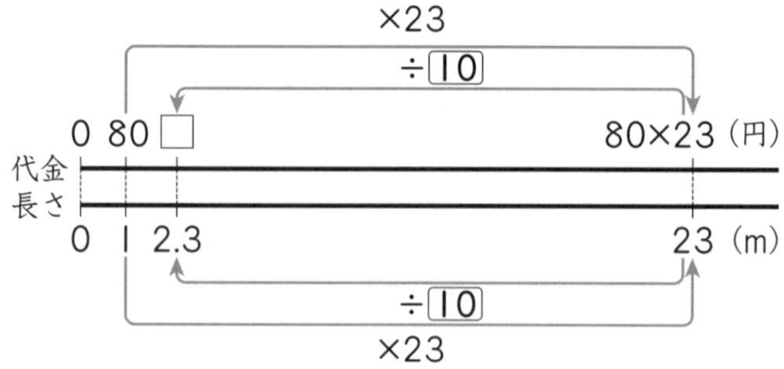

80×2.3＝(80×23)÷10 で代金が求められます。

4 みなとさんは、0.1m の代金から 2.3m の代金を求めるれおさんの考えを式にします。

8×23＝184 だから、80×2.3＝184 とわかります。

また、かえでさんは、2.3m の 10 倍の 23m の代金から 2.3m の代金を求めるつばささんの考えを式にします。

80×23＝1840 だから、1840÷10＝184 とわかります。

80×2.3＝184
↓ $\frac{1}{10}$ ↓10倍
8 ×23＝184

80×2.3＝184
↓10倍 ↑ $\frac{1}{10}$
80×23＝1840

答え **1**〔式〕 80×2.3

2 長さが 2 倍、3 倍になると、代金も 2 倍、3 倍になることを使って代金を求めようとしているので、かけ算になります。

3 **4**〔れおさん〕 80×2.3＝(80÷10)×23＝184

〔答え〕 184 円

〔つばささん〕 80×2.3＝(80×23)÷10＝184

〔答え〕 184 円

教科書51ページ

1 1m のねだんが 60 円のテープを 1.6m 買います。代金は何円になるでしょうか。

考え方 60×1.6＝(60÷10)×16＝96

または、

60×1.6＝(60×16)÷10＝96

答え 96 円

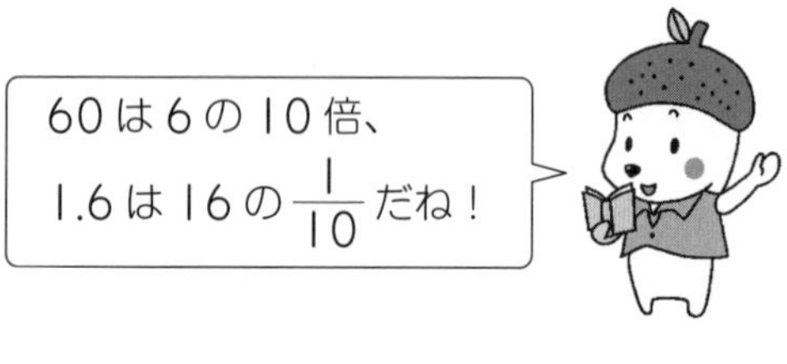

教科書51～52ページ

2 1mのねだんが80円のリボンがあります。
このリボン[0.6]mの代金は何円でしょうか。

1 計算のしかたを考えましょう。

考え方 〔みなとさんの考え〕

0.1mの代金から、0.6mの代金を求めます。

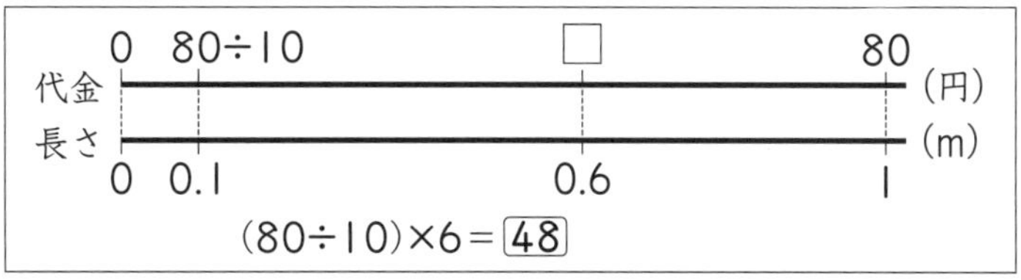

0.1mの代金は、80÷10(円)です。

0.6mの代金は、0.1mの代金の6倍なので、[80×0.6]＝(80÷10)×6 で代金が求められます。

〔かえでさんの考え〕 0.6mの10倍の6mの代金から、0.6mの代金を求めます。

80×0.6＝[48]
↓10倍　↑$\frac{1}{10}$
80× 6 ＝480

0.6mの代金は、6mの代金の$\frac{1}{10}$になるので、

[80×0.6]＝(80×6)÷10 で代金が求められます。

答え 80×0.6＝[48]　　〔答え〕 48円

教科書52ページ

2 1mの重さが150gのはり金があります。
このはり金0.4mの重さは何gでしょうか。

考え方 150×0.4＝(150÷10)×4＝60

または、

150×0.4＝(150×4)÷10＝60

答え 60g

教科書53ページ

3 1mの重さが1.8kgのパイプがあります。このパイプ4.2mの重さは何kgでしょうか。

1 計算のしかたを考えましょう。

2 1.8×4.2 の筆算のしかたを考えましょう。

考え方 (1mの重さ)×(パイプの長さ)で全体の重さが求められるので、1.8×4.2

1 かける数やかけられる数が10倍になると、積も10倍になります。

また、かける数やかけられる数が $\frac{1}{10}$ になると、積も $\frac{1}{10}$ になります。

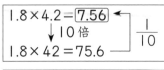

1.8×4.2＝7.56
↓10倍　↑ $\frac{1}{10}$
1.8×42＝75.6

1.8×4.2＝7.56
↓10倍↓10倍　↑ $\frac{1}{100}$
18×42＝756

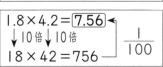

2 小数点がないものとして、18×42 の筆算をして、この筆算の答えの756を求めます。

かけられる数を10倍、かける数を10倍して筆算したので、その積はもとのかけ算の積の100倍になっています。そこで、出た答え756を $\frac{1}{100}$ にして、1.8×4.2 の積7.56を求めます。

筆算（小数）		筆算（整数）
1.8	→ 10倍	18
×4.2	→ 10倍	×42
36		36
72		72
7.56	← $\frac{1}{100}$	756

答え

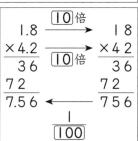

1 1.8×4.2＝1.8×(4.2×10)÷10
＝1.8×42÷10
＝7.56　　〔答え〕 7.56kg

または、

1.8×4.2＝(1.8×10)×(4.2×10)÷(10×10)
＝18×42÷100
＝7.56　　〔答え〕 7.56kg

2 小数点がないものとして、18×42 の筆算をします。この筆算の答えの756を $\frac{1}{100}$ にして、1.8×4.2 の積7.56を求めます。

教科書53ページ

3 4.6×1.3の計算をしましょう。

考え方 小数点がないものとして、整数の筆算をして、その答えを求めます。

かける数を10倍、かけられる数を10倍して筆算したので、その積はもとのかけ算の積の100倍になっています。そこで、整数の筆算で出た答えを$\frac{1}{100}$にして、もとのかけ算の積を求めます。

$$\begin{array}{r} 4.6 \\ \times 1.3 \\ \hline 138 \\ 46 \\ \hline 5.98 \end{array}$$

答え 5.98

教科書53ページ

4 ① 2.1×3.8　② 5.4×1.9　③ 1.3×2.7
④ 5.8×0.3　⑤ 3.9×0.6　⑥ 0.8×4.4

考え方 かけられる数、かける数それぞれを10倍して計算し、その答えを$\frac{1}{100}$します。

①
$$\begin{array}{r} 21 \\ \times 38 \\ \hline 168 \\ 63 \\ \hline 798 \end{array}$$
798の$\frac{1}{100}$は7.98

②
$$\begin{array}{r} 54 \\ \times 19 \\ \hline 486 \\ 54 \\ \hline 1026 \end{array}$$
1026の$\frac{1}{100}$は10.26

③
$$\begin{array}{r} 13 \\ \times 27 \\ \hline 91 \\ 26 \\ \hline 351 \end{array}$$
351の$\frac{1}{100}$は3.51

④
$$\begin{array}{r} 58 \\ \times 03 \\ \hline 174 \end{array}$$
174の$\frac{1}{100}$は1.74

⑤
$$\begin{array}{r} 39 \\ \times 06 \\ \hline 234 \end{array}$$
234の$\frac{1}{100}$は2.34

⑥
$$\begin{array}{r} 08 \\ \times 44 \\ \hline 32 \\ 32 \\ \hline 352 \end{array}$$
352の$\frac{1}{100}$は3.52

答え ① 7.98　② 10.26　③ 3.51
④ 1.74　⑤ 2.34　⑥ 3.52

教科書54ページ

4 8.31×2.9 の計算のしかたを考えましょう。

考え方　小数点がないものとして、831×29 の筆算をします。

かけられる数を 100 倍、かける数を 10 倍して筆算したので、その積はもとのかけ算の積の 1000 倍になっています。そこで、831×29 の筆算で出た答えを $\frac{1}{1000}$ にして、8.31×2.9 の積を求めます。

```
  8.31  ──100倍──→    831
×  2.9  ──10倍───→  ×  29
                     7479
                    1662
        ←────────  24099
          1/1000
```

答え　小数点がないものとして、831×29 の筆算をします。この筆算の答えの 24099 を $\frac{1}{1000}$ にして、8.31×2.9 の積 24.099 を求めます。

8×3＝24 だから、積は 24 に近い値だね。

教科書54ページ

5 7.3×2.14 を筆算でしています。正しい積になるように小数点をうちましょう。

考え方　かけられる数を 10 倍、かける数を 100 倍して筆算したので、その積はもとのかけ算の積の 1000 倍になっています。そこで、73×214 の筆算で出た答えを $\frac{1}{1000}$ にして、7.3×2.14 の積を求めます。

積をがい数で見積もると、7×2＝14 だから、積は 14 に近い値だね。

答え

```
     7.3
  ×2.14
    292
    73
  146
  15.622
```

教科書54ページ

5 0.24×0.13 の計算のしかたを考えましょう。

考え方 小数点がないものとして、24×13 の筆算をします。

かけられる数を 100 倍、かける数を 100 倍して筆算したので、その積はもとのかけ算の積の 10000 倍になっています。そこで、24×13 の筆算で出た答えを $\frac{1}{10000}$ にして、0.24×0.13 の積を求めます。

```
   0.24   100倍        24
  ×0.13  ────→    ×   13
  ─────   100倍    ─────
     72               72
    24               24
  ─────            ─────
 0.0312  ←────       312
           1/10000
```

答え **小数点がないものとして、24×13 の筆算をします。この筆算の答えの 312 を $\frac{1}{10000}$ にして、0.24×0.13 の積 0.0312 を求めます。**

教科書54ページ

6 計算をしましょう。

① 9.46×3.14　　② 0.61×0.52

考え方 小数点がないものとして、整数の筆算をして、その答えを求めます。

かけられる数を 100 倍、かける数を 100 倍して筆算したので、その積はもとのかけ算の積の 10000 倍になっています。そこで、整数の筆算で出た答えを $\frac{1}{10000}$ にして、もとのかけ算の積を求めます。

```
①     9.46     ②    0.61
     ×3.14         ×0.52
     ─────         ─────
      3784           122
      946           305
    2838           ──────
   ───────         0.3172
   29.7044
```

答え ① 29.7044　② 0.3172

教科書54ページ

7 ① 1.69×2.5　② 4.77×0.8　③ 9.2×2.04
④ 10.4×6.63　⑤ 0.9×4.13　⑥ 2.54×2.88
⑦ 0.68×0.93　⑧ 0.87×0.92　⑨ 0.04×0.02

考え方 ①
$$\begin{array}{r} 1.69 \\ \times\ \ 2.5 \\ \hline 845 \\ 338 \\ \hline 4.225 \end{array}$$
②
$$\begin{array}{r} 4.77 \\ \times\ \ 0.8 \\ \hline 3.816 \end{array}$$
③
$$\begin{array}{r} 9.2 \\ \times 2.04 \\ \hline 368 \\ 184 \\ \hline 18.768 \end{array}$$
④
$$\begin{array}{r} 10.4 \\ \times 6.63 \\ \hline 312 \\ 624 \\ 624 \\ \hline 68.952 \end{array}$$
⑤
$$\begin{array}{r} 0.9 \\ \times 4.13 \\ \hline 27 \\ 9 \\ 36 \\ \hline 3.717 \end{array}$$
⑥
$$\begin{array}{r} 2.54 \\ \times 2.88 \\ \hline 2032 \\ 2032 \\ 508 \\ \hline 7.3152 \end{array}$$
⑦
$$\begin{array}{r} 0.68 \\ \times 0.93 \\ \hline 204 \\ 612 \\ \hline 0.6324 \end{array}$$
⑧
$$\begin{array}{r} 0.87 \\ \times 0.92 \\ \hline 174 \\ 783 \\ \hline 0.8004 \end{array}$$
⑨
$$\begin{array}{r} 0.04 \\ \times 0.02 \\ \hline 0.0008 \end{array}$$

答え
① 4.225　② 3.816　③ 18.768
④ 68.952　⑤ 3.717　⑥ 7.3152
⑦ 0.6324　⑧ 0.8004　⑨ 0.0008

教科書55ページ

8 7.05×0.48 の計算をしましょう。

考え方 小数点がないものとして、705×48 の筆算をして、この筆算の答えの 33840 を求めます。

かけられる数の小数部分のけた数 2 と、かける数の小数部分のけた数 2 の和は 4 なので、積の小数部分のけた数が 4 けたになるように小数点をうち、7.05×0.48 の積 3.3840 を求めます。

$$\begin{array}{r} 7.05 \\ \times 0.48 \\ \hline 5640 \\ 2820 \\ \hline 3.384\not{0} \end{array}$$

$\frac{1}{10000}$ の位が 0 になるので、しゃ線をひいてけして、3.384 とします。

答え 3.384

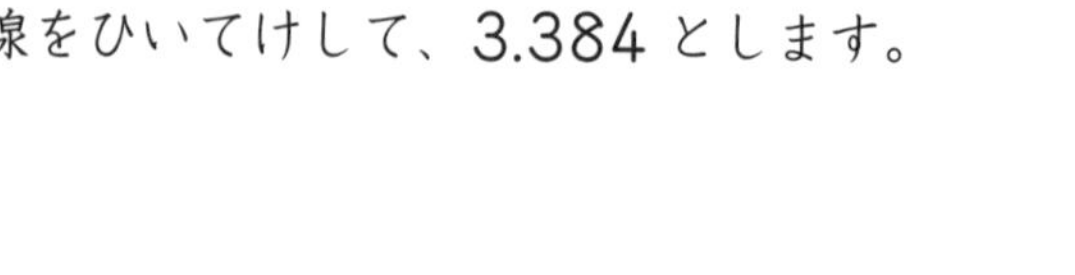

小数のいちばん小さい位の 0 は
しゃ線をひいてけすよ！

教科書55ページ

9 ① 5.46×0.5　② 3.25×1.04　③ 0.75×0.08

考え方

```
①   5.46      ②    3.25      ③    0.75
   ×  0.5         ×1.04          ×0.08
   ──────         ─────          ─────
    2.730          1300          0.0600
                  325
                  ─────
                  3.3800
```

答え ① 2.73　② 3.38　③ 0.06

教科書55ページ

10 右の 8.5×3.4 の筆算のまちがいを説明しましょう。
また、正しく計算をしましょう。

考え方 小数点がないものとして、85×34 の筆算をして、この筆算の答えの 2890 を求めます。

かけられる数の小数部分のけた数 1 と、かける数の小数部分のけた数 1 の和は 2 なので、積の小数部分のけた数が 2 けたになるように小数点をうち、8.5×3.4 の積 28.90 を求めます。

$\frac{1}{100}$ の位が 0 になるので、しゃ線をひいてけして、28.9 とします。

答え **小数点をうつ場所がちがいます。**

〔正しい計算〕

```
   8.5
  ×3.4
  ────
   340
  255
  ────
  28.90
```

教科書55ページ

11 計算をしましょう。

考え方 かけられる数の小数部分のけた数と、かける数の小数部分のけた数の和をそれぞれ考えます。

けた数の和は上から順に 1、1、2 です。

答え 〔上から順に〕 **43.2、43.2、4.32**

教科書56ページ

6 1mのねだんが200円のリボンがあります。このリボン1.4mの代金は何円でしょうか。また、0.6mの代金は何円でしょうか。

1 式を書いて、答えを求めましょう。

2 かける数を変えて、どんなときに「かけられる数>積」になるか調べましょう。

考え方 かけ算では、かける数が1より大きいときは、積はかけられる数より大きくなります。また、かける数が1より小さいときは、積はかけられる数より小さくなります。

〔1.4mの代金〕 200×1.4=280(円)

〔0.6mの代金〕 200×0.6=120(円)

答え 1 〔1.4mの代金〕 280円 〔0.6mの代金〕 120円

2 **かける数が1より小さいとき**

教科書56ページ

12 積がかけられる数より小さくなる式を、すべて選びましょう。

㋐ 0.8×3.7 ㋑ 45×1.2 ㋒ 9.7×0.9 ㋓ 0.3×0.04

考え方 かける数が1より小さいときは、積はかけられる数より小さくなります。

答え ㋒、㋓

教科書57ページ

7 長方形㋐の面積と、直方体㋑の体積を、それぞれ求めましょう。

1 長方形㋐は、1辺が1mmの正方形の何個(こ)分でしょうか。

2 ㋐の面積は何cm^2でしょうか。

3 面積の公式にあてはめて2.3×3.4として計算し、2の答えと比(くら)べてみましょう。

4 ㋑の体積を、辺の長さをcm単位にして求めましょう。また、m単位のまま、体積の公式にあてはめて計算した答えと比べましょう。

考え方 **1** 1cm＝10mm なので、たてと横の長さを mm の単位になおします。長方形㋐は1辺が1mm の正方形がたて 23 個、横 34 個あると考え個数を求めます。

23×34＝782

2 1辺が1mm の正方形が100個で1cm^2になることから、1辺が1mm の正方形が782個で何cm^2になるかを考えます。

782÷100＝7.82

3 2.3×3.4＝7.82

4 1.2m＝120cm、3.6m＝360cm、2.1m＝210cm なので、

120×360×210＝9072000

1辺が1cm の立方体が1000000個で1m^3になるので、1辺が1cm の立方体が9072000個で何m^3になるか考えます。

9072000÷1000000＝9.072

また、m 単位のまま、体積の公式にあてはめて計算すると、

1.2×3.6×2.1＝9.072

答え **1** **782個分**

2 **7.82cm^2**

3 **2.3×3.4＝7.82 となり、等しくなります。**

4 〔㋑の体積〕 **9072000cm^3**

9072000cm^3＝9.072m^3

1.2×3.6×2.1＝9.072 となり、等しくなります。

教科書57ページ

13 1辺が0.7m の正方形の面積は何m^2でしょうか。また、1辺が0.3m の立方体の体積は何m^3でしょうか。

考え方 1辺が0.7m の正方形は、正方形の面積の公式、(1辺)×(1辺) にあてはめます。

0.7×0.7＝0.49

また、1辺が0.3m の立方体は、立方体の体積の公式、(1辺)×(1辺)×(1辺) にあてはめます。

0.3×0.3×0.3＝0.027

答え 〔1辺が0.7m の正方形〕 **0.49m^2**

〔1辺が0.3m の立方体〕 **0.027m^3**

教科書58ページ

8 右のような長方形の面積の求め方を考えましょう。

1 はるさんとゆきさんの求め方を説明しましょう。また、答えを比べましょう。

考え方 長方形の面積の公式は(たて)×(横)です。

はるさんの式は、たて 3.8cm、横 8.7cm の長方形と、たて 6.2cm、横 8.7cm の長方形の面積をそれぞれ求めて、あとからその 2 つを合わせたものです。

ゆきさんの式は、たての長さが (3.8+6.2)cm、横の長さが 8.7cm の 1 つの長方形として面積を求めたものです。

答え 〔はるさんの考え〕 **たて 3.8cm、横 8.7cm の長方形と、たて 6.2cm、横 8.7cm の長方形の面積をそれぞれ求めて、あとから合わせています。**

3.8×8.7+6.2×8.7=87 より、87cm²

〔ゆきさんの考え〕 **たての長さが (3.8+6.2)cm、横の長さが 8.7cm の 1 つの長方形として面積を求めています。**

(3.8+6.2)×8.7=87 より、87cm²

答えは等しくなります。

教科書58ページ

9 次の①から④の式の○、△、□にいろいろな小数をあてはめて、小数についても計算のきまりが成り立つか調べましょう。

① ○×△=△×○　② (○×△)×□=○×(△×□)

③ (○+△)×□=○×□+△×□　④ (○−△)×□=○×□−△×□

考え方 ○=0.5、△=0.3、□=1.2 とします。

① ○×△=0.5×0.3=0.15　△×○=0.3×0.5=0.15

0.5×0.3=0.3×0.5

② (○×△)×□=(0.5×0.3)×1.2=0.15×1.2=0.18

○×(△×□)=0.5×(0.3×1.2)=0.5×0.36=0.18

(0.5×0.3)×1.2=0.5×(0.3×1.2)

③ (○+△)×□=(0.5+0.3)×1.2=0.8×1.2=0.96

○×□+△×□=0.5×1.2+0.3×1.2=0.6+0.36=0.96

(0.5+0.3)×1.2=0.5×1.2+0.3×1.2

④ (○−△)×□=(0.5−0.3)×1.2=0.2×1.2=0.24

○×□−△×□=0.5×1.2−0.3×1.2=0.6−0.36=0.24

(0.5−0.3)×1.2=0.5×1.2−0.3×1.2

答え ① ○×△＝△×○ が成り立ちます。
② (○×△)×□＝○×(△×□) が成り立ちます。
③ (○＋△)×□＝○×□＋△×□ が成り立ちます。
④ (○－△)×□＝○×□－△×□ が成り立ちます。

教科書58ページ

14 くふうして計算しましょう。
① 0.7×4×2.5　② 0.8×0.3＋0.8×1.7　③ 9.6×2.5

考え方 ① (○×△)×□＝○×(△×□) を利用します。
0.7×4×2.5＝0.7×(4×2.5)＝0.7×10＝7
② (○＋△)×□＝○×□＋△×□ から、□×○＋□×△＝□×(○＋△) と考えます。
0.8×0.3＋0.8×1.7＝0.8×(0.3＋1.7)＝0.8×2＝1.6
③ 9.6＝10－0.4 と考えて、(○－△)×□＝○×□－△×□ を利用します。
9.6×2.5＝(10－0.4)×2.5＝10×2.5－0.4×2.5＝25－1＝24

答え ① 7　② 1.6　③ 24

教科書58ページ

15 右のような図形の面積を求める式を2つ書きましょう。

考え方 たて0.4m、横0.9mの長方形と、たて0.4m、横1.6mの長方形の面積をそれぞれ求めて、あとからその2つを合わせるやり方と、たての長さが0.4m、横の長さが(0.9＋1.6)mの1つの長方形として面積を求めるやり方があります。

答え 0.4×0.9＋0.4×1.6＝1
または
0.4×(0.9＋1.6)＝1

〔答え〕 $1\,m^2$

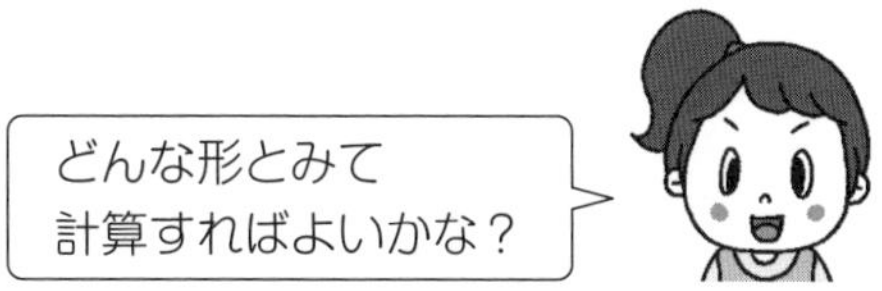

まとめ

教科書59ページ

1 5.4×1.7 の計算のしかたを説明しましょう。

考え方 整数のかけ算とみて計算して、あとで 5.4×1.7 の積の大きさにもどしましょう。

答え

5.4 × 1.7＝[9.18]
↓[10]倍　↓[10]倍　　（[1]/[100]）
54 × 17＝[918]

〔説明文〕 10、10、100、100

教科書59ページ

2 2.3×3.6、1.84×0.75 を筆算でしています。正しい積になるように小数点をうちましょう。

考え方 整数のかけ算とみて計算して、積の小数部分のけた数が、かけられる数とかける数の小数部分のけた数の和になるように、小数点をうちます。

答え 〔説明文〕 和

〔正しい積〕

```
   2.3        1.84
 ×3.6       ×0.75
 ----       -----
  138         920
  69        1288
 ----       -----
  8.28      1.3800
```

（1.3800 の最後の 00 は斜線で消されている）

教科書60ページ

1 計算をしましょう。

① 3.9×2.3　② 9.2×0.8　③ 3.67×2.4
④ 0.9×7.03　⑤ 0.3×0.27　⑥ 2.84×1.72
⑦ 9.16×0.84　⑧ 0.39×0.18　⑨ 8.05×4.2

考え方

①
```
  3.9
×2.3
-----
 117
78
-----
8.97
```
②
```
 9.2
×0.8
-----
7.36
```
③
```
 3.67
×  2.4
------
 1468
734
------
8.808
```
④
```
   0.9
×7.03
------
    27
63
------
6.327
```
⑤
```
   0.3
×0.27
------
    21
     6
------
0.081
```
⑥
```
   2.84
 ×1.72
-------
    568
 1988
284
-------
4.8848
```
⑦
```
   9.16
 ×0.84
-------
  3664
7328
-------
7.6944
```
⑧
```
   0.39
 ×0.18
-------
    312
   39
-------
0.0702
```
⑨
```
   8.05
 ×  4.2
-------
  1610
3220
-------
33.810
```
（33.810 の最後の 0 は斜線で消されている）

答え

① 8.97　② 7.36　③ 8.808
④ 6.327　⑤ 0.081　⑥ 4.8848
⑦ 7.6944　⑧ 0.0702　⑨ 33.81

教科書60ページ

2 12×34=408 をもとにして、次の①、②の積を求めましょう。
① 1.2×0.34　② 0.12×0.34

考え方 ① かけられる数を 10 倍、かける数を 100 倍すると、積は 1000 倍になります。だから、1.2×0.34 の積は、12×34 の積の $\frac{1}{1000}$ になります。

```
1.2 × 0.34 = [0.408] ←┐
 ↓[10]倍 ↓[100]倍      │ [1/1000]
12  ×  34  = 408 ─────┘
```

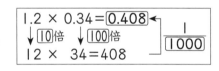

② かけられる数を 100 倍、かける数を 100 倍すると、積は 10000 倍になります。だから、0.12×0.34 の積は、12×34 の積の $\frac{1}{10000}$ になります。

答え ① 0.408　② 0.0408

教科書60ページ

❸ 1mの重さが1.6kgのぼうがあります。
このぼう5.5mの重さは何kgでしょうか。

考え方 (ぼう1mの重さ)×(ぼうの長さ)＝(ぼう全体の重さ) の式にあてはめます。
1.6×5.5＝8.8

答え 8.8kg

教科書60ページ

❹ 1Lの重さが0.86kgの油があります。
この油1.8Lの重さは何kgでしょうか。

考え方 (油1Lの重さ)×(油の量)＝(油全体の重さ) の式にあてはめます。
0.86×1.8＝1.548

答え 1.548kg

教科書60ページ

❺ 1mの重さが6.45gのはり金があります。このはり金0.75mの重さは何gでしょうか。

考え方 (はり金1mの重さ)×(はり金の長さ)＝(はり金全体の重さ) の式にあてはめます。
6.45×0.75＝4.8375

答え 4.8375g

教科書60ページ

❻ 積がかけられる数より小さくなる式を、すべて選びましょう。
㋐ 26×1.2　㋑ 38×0.9　㋒ 0.85×0.62　㋓ 0.07×2.01

考え方 かける数が1より小さいときは、積はかけられる数より小さくなります。

答え ㋑、㋒

教科書60ページ

❼ 右のような長方形の面積を求める式を２つ書きましょう。

考え方 たて4.8cm、横7.09cmの長方形と、たて1.2cm、横7.09cmの長方形の面積をそれぞれ求めて、あとからその２つを合わせるやり方と、たての長さが(4.8＋1.2)cm、横の長さが7.09cmの１つの長方形として面積を求めるやり方があります。

答え 4.8×7.09＋1.2×7.09＝42.54
(4.8＋1.2)×7.09＝42.54

教科書61ページ

復習 ②

考え方 ❶ ① 28.05を20と8と0.05に分けて考えます。
② 整数や小数を10倍、100倍すると、小数点はそれぞれ右へ１けた、２けた移ります。
③ 整数や小数を$\frac{1}{10}$、$\frac{1}{100}$にすると、小数点はそれぞれ左へ１けた、２けた移ります。

❷ 直方体の体積の公式は（たて）×（横）×（高さ）なので、
0.4×1.5×0.75＝0.45

❸〔直角三角形〕 直角三角形は、１つの角が直角になっている三角形です。
〔二等辺三角形〕 二等辺三角形は、２つの辺の長さが等しい三角形です。
〔正三角形〕 ３つの辺の長さがすべて等しい三角形です。
三角定規（じょうぎ）を使って直角を調べ、コンパスを使って辺の長さを調べましょう。

❹ 右の図で、直線㋐、㋑が平行のとき、㋸と㋒、㋓と㋔はそれぞれ同じ角度です。
㋸ 180−30＝150より、150°

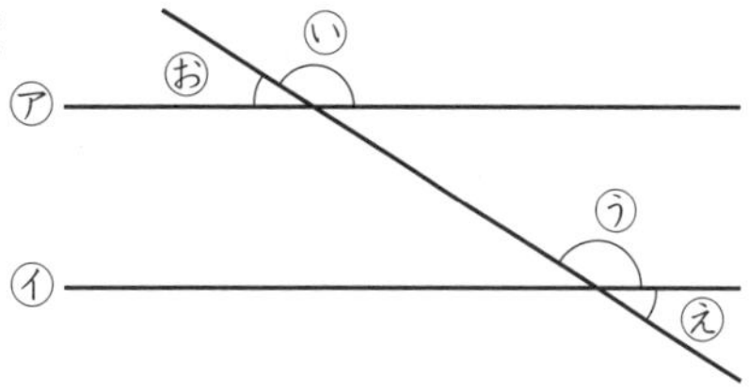

答え ❶ ① 2、8、0、5
② 2.73、27.3
③ 0.358、0.0358

❷ 0.45m^3

❸〔直角三角形〕 ㋒ 〔二等辺三角形〕 ㋸ 〔正三角形〕 ㋐

❹ ㋐ 65° ㋸ 150° ㋒ 150° ㋓ 30°

5 合同と三角形、四角形

教科書63ページ

1 四角形(あ)と形も大きさも同じ四角形を、上の(い)から(お)の中から見つけましょう。

考え方 (あ)の四角形をうら返すと、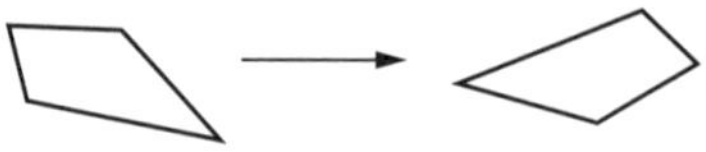となります。

答え (い)、(お)

教科書64～65ページ

2 下の２つの四角形(か)、(き)は合同です。合同な図形の性質(せいしつ)をくわしく調べましょう。

1 四角形(か)、(き)を重ねたときに、重なり合う頂点(ちょうてん)、辺、角をすべていいましょう。

2 対応(たいおう)する辺の長さや、対応する角の大きさは、それぞれどのようになっているでしょうか。

考え方 四角形(か)をうす紙に写し取って、四角形(き)にぴったり重ねて調べます。

答え

1 頂点Aと頂点F、頂点Bと頂点E、頂点Cと頂点H、頂点Dと頂点G

辺ABと辺FE、辺BCと辺EH、辺CDと辺HG、辺DAと辺GF

角Aと角F、角Bと角E、角Cと角H、角Dと角G

2 対応する辺の長さは等しくなっています。また、対応する角の大きさも等しくなっています。

教科書65ページ

1 下の2つの四角形は合同です。辺GHの長さは何cmでしょうか。また、角Gの角度は何度でしょうか。

考え方 頂点Aと頂点H、頂点Bと頂点G、頂点Cと頂点F、頂点Dと頂点Eがそれぞれ対応しています。合同な図形では、対応する辺の長さは等しいので、辺GHに対応する辺を調べます。

また、対応する角の大きさも等しいので、角Gに対応する角を調べます。

答え 〔辺GHの長さ〕 1.3cm 〔角Gの角度〕 50°

教科書65ページ

2 下の方眼(ほうがん)に、ⓢと合同な図形をかきましょう。

考え方 対応する辺の長さと、対応する角の大きさがそれぞれ等しくなるように、たてと横の方眼を数えてかきます。

答え

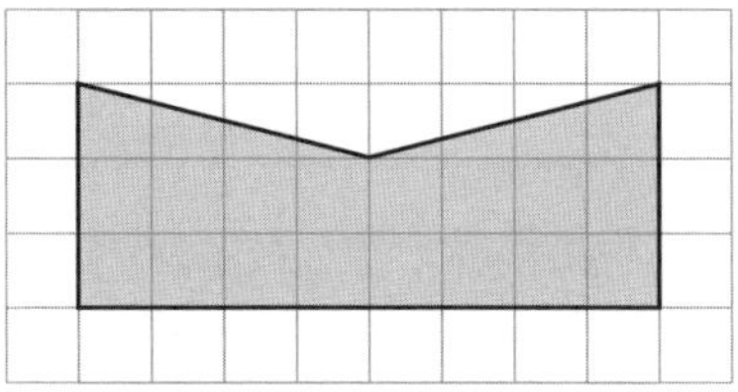

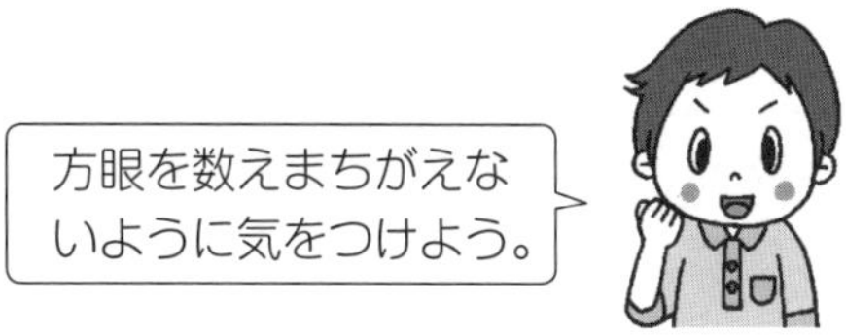

方眼を数えまちがえないように気をつけよう。

教科書66ページ

3 四角形に1本の対角線をかきます。このときにできる2つの三角形が合同かどうか調べましょう。

1 ひし形に1本の対角線をかいて、できた2つの三角形が合同かどうか調べましょう。

2 いろいろな四角形に1本の対角線をかいて、できた2つの三角形が合同かどうか調べましょう。

考え方 **1** ひし形は、4つの辺の長さがすべて等しく、向かい合う角の大きさも等しい四角形なので、対角線で折るとぴったり重なります。

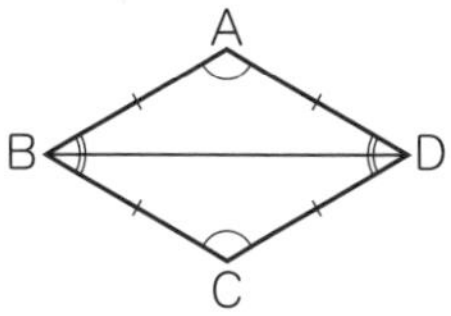

2 〔正方形〕 正方形は、4つの辺の長さがすべて等しく、4つの角がすべて直角な四角形なので、対角線で折るとぴったり重なります。

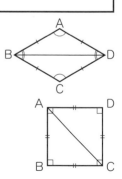

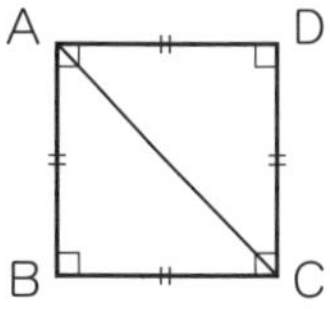

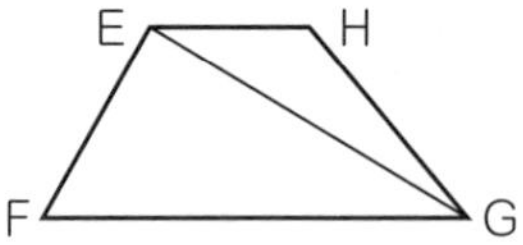

〔台形〕 辺EHと長さが等しい辺や、辺FGと長さが等しい辺がないので、辺EHや辺FGに対応する辺がありません。

〔平行四辺形〕 平行四辺形は、向かい合う辺の長さが等しく、向かい合う角の大きさも等しい四角形です。

三角形IJKと三角形KLIを比べると、辺IJと辺KL、辺JKと辺LIの長さがそれぞれ等しくなります。

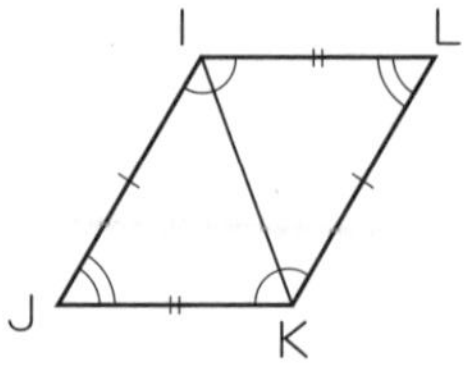

また、角Jと角Lの大きさも等しくなるので、この平行四辺形を対角線で切って重ねるとぴったり重なります。

答え

1 **合同です。**

2 〔正方形〕 **合同です。** 〔台形〕 **合同ではありません。**
〔平行四辺形〕 **合同です。**

教科書66ページ

3 右の平行四辺形に2本の対角線をかきました。合同な三角形を見つけましょう。

考え方 平行四辺形は、向かい合う辺の長さが等しく、向かい合う角の大きさも等しい四角形です。

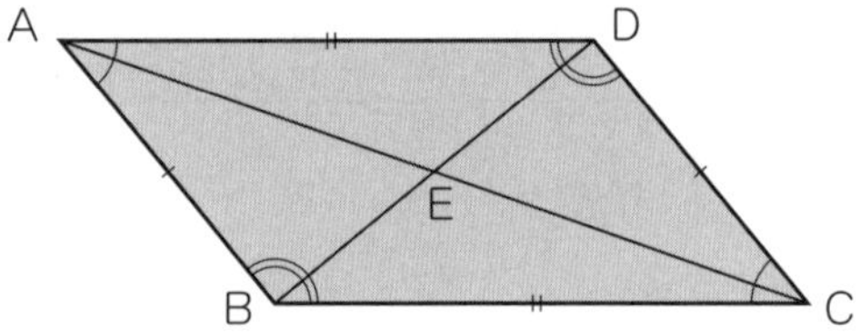

右の図には、三角形ABC、三角形CDA、三角形ABD、三角形CDB、三角形ABE、三角形CDE、三角形ADE、三角形CBEの8個の三角形があります。

この8個の三角形の同じ長さの辺や、同じ大きさの角をそれぞれ重ねて、ぴったり重なる三角形を調べます。

答え **三角形ABCと三角形CDA、三角形ABDと三角形CDB、**
三角形ABEと三角形CDE、三角形ADEと三角形CBE

教科書67〜69ページ

4 右の三角形ABCと合同な三角形のかき方を考えましょう。

1 辺BCに対応する辺をかきました。頂点Aに対応する頂点の位置を決めるには、どんなことを調べればよいでしょうか。

2 三角形ABCと合同な三角形のかき方を説明しましょう。

3 かいた三角形が、もとの三角形と合同であることを確かめましょう。

考え方 1 2 辺BCに対応する辺をかいたあとは、頂点Aに対応する頂点の位置が決まれば、三角形ABCと合同な三角形をかくことができます。

〔つばささんのかき方〕 3つの辺の長さを調べる。

辺ABと辺ACの長さを調べて、コンパスを使って頂点Aの位置を決めます。

〔みなとさんのかき方〕 2つの辺の長さとその間の角の大きさを調べる。

辺ABの長さと角Bの大きさを調べて、定規、コンパス、分度器を使って頂点Aの位置を決めます。

〔はるさんのかき方〕 1つの辺の長さとその両はしの角の大きさを調べる。

角Bと角Cの大きさを調べて、定規と分度器を使って頂点Aの位置を決めます。

3 対応する辺の長さと、対応する角の大きさがそれぞれ等しいか調べます。

答え 1 2 〔つばささんのかき方〕 **調べたのは、・辺BC・辺AB・辺ACです。辺ABと辺ACの長さをコンパスでとって、頂点Aの位置を決めます。定規を使って、辺ABと辺ACをかきます。**

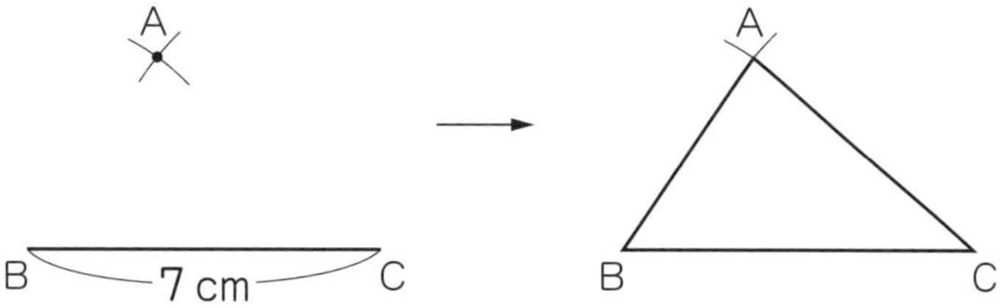

〔みなとさんのかき方〕 **調べたのは、・辺BC・辺AB・角Bです。角Bの大きさを分度器でとって、直線をかき、辺ABの長さをコンパスでとって、頂点Aの位置を決めます。定規を使って辺ACをかきます。**

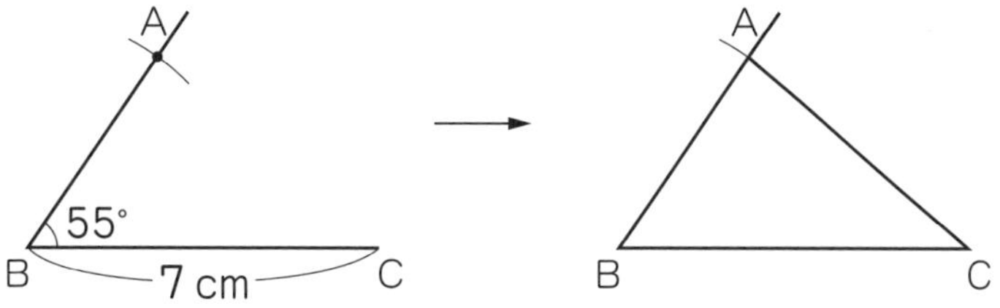

〔はるさんのかき方〕 **調べたのは、・辺BC・角B・角Cです。角Bの大きさと角Cの大きさを分度器でとって、2本の直線をかきます。この2本の直線が交わったところが頂点Aになります。**

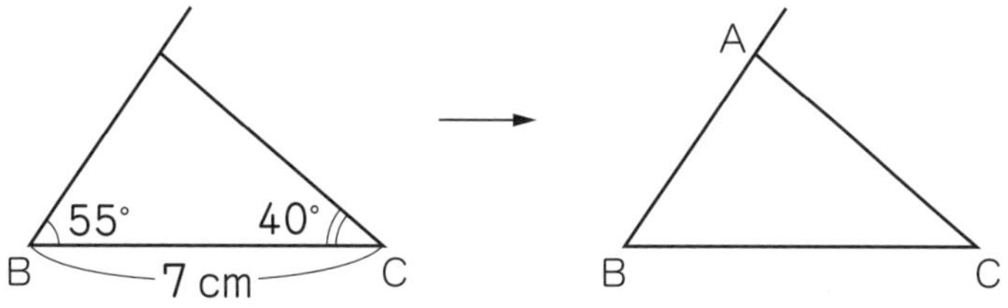

3 **対応する辺の長さと、対応する角の大きさがそれぞれ等しいので、もとの三角形と合同です。**

教科書69ページ

4 次の三角形と合同な三角形をかきましょう。

① 3つの辺の長さが5cm、4cm、3cmの三角形

② 2つの辺の長さが7cmと4cmで、その間の角の大きさが45°の三角形

③ 1つの辺の長さが6cmで、その両はしの角の大きさが20°と35°の三角形

考え方 ① 3つの辺のうち1つの辺をかいたあと、ほかの2つの辺の長さをコンパスでとります。頂点の位置が決まるので、残りの辺をかきます。

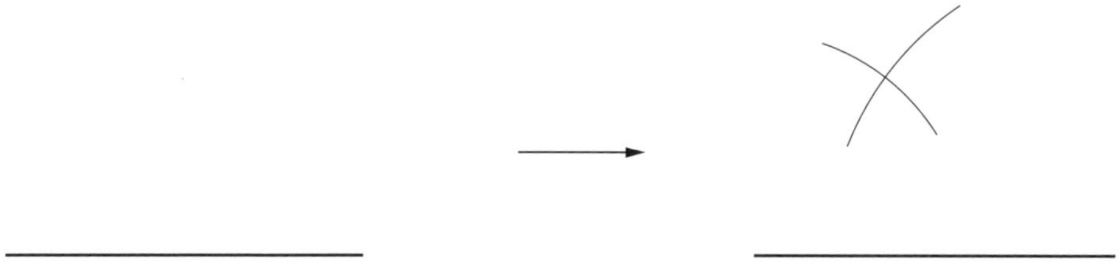

② 2つの辺のうち1つの辺をかいたあと、45°の角度を分度器でとって直線をかきます。もう1つの辺の長さをコンパスでとると、頂点の位置が決まるので、残りの辺をかきます。

③ 6cmの長さの辺をかいたあと、その両はしに20°と35°の角度を分度器でとって直線をかきます。2本の直線が交わったところが、残りの頂点の位置になります。

答え ①

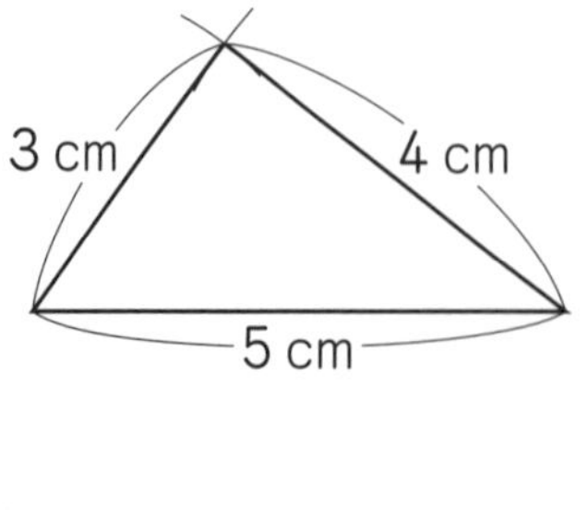

②

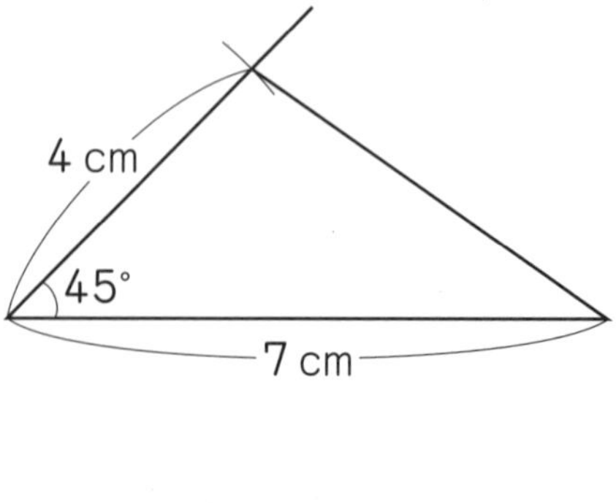

③

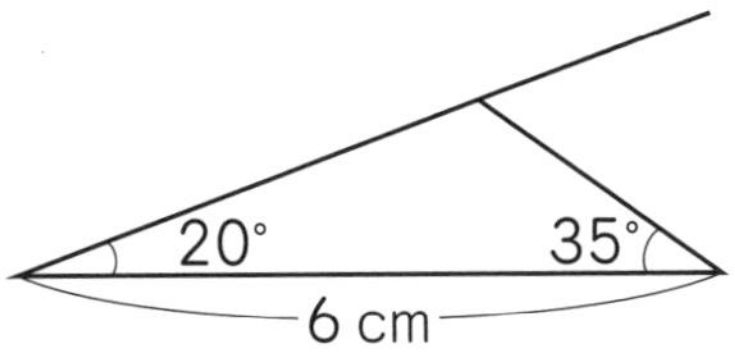

教科書70ページ

5 下の①から③の中で、わかっている辺の長さや角の大きさだけで合同な三角形がかけるものを選びましょう。

1 合同な三角形がかけるものを予想してから、実際(じっさい)にかいてみましょう。

2 合同な三角形がかけない場合は、その理由を説明しましょう。

考え方 **1** 合同な三角形は、㋐ 3 つの辺の長さ、㋑ 2 つの辺の長さとその間の角の大きさ、㋒ 1 つの辺の長さとその両はしの角の大きさ、のどれかがわかればかくことができます。③は㋑にあてはまるので、合同な三角形がかけます。

2 ㋐、㋑、㋒の中のどれがわからないのかを考えます。

答え **1** **③　図は省略(しょうりゃく)**

2 **①は辺 AB の長さがわからないので㋑があてはまらず、三角形が 1 つに決まりません。また、角 C の大きさがわからないので、㋒にもあてはまりません。②はどの辺の長さもわからないので三角形が 1 つに決まりません。**

教科書70ページ

三角形が 1 つに決まらない場合

考え方 角 B の大きさがわからないと、三角形は 2 種類かけてしまいます。

答え **かけません。**

教科書71ページ

6 右の四角形 ABCD と合同な四角形のかき方を考えましょう。

1 合同な四角形は、4 つの辺の長さだけでかけるでしょうか。

2 辺や対角線の長さ、角の大きさを調べて、合同な四角形をかきましょう。

考え方 **1** 辺 BC をかいても、辺の長さだけでは頂点 A、D の位置が決まりません。

2 辺の長さと角度を順に調べれば、合同な四角形をかくことができます。

また、四角形を、2 つの三角形に分けて考えることもできます。

対角線をかいて 2 つの三角形に分けて考え、2 つの三角形それぞれに合同な三角形をかきます。合同な三角形は、㋐ 3 つの辺の長さ、㋑ 2 つの辺の長さとその間の角の大きさ、㋒ 1 つの辺の長さとその両はしの角の大きさ、のどれかがわかればかくことができます。

答え **1** かけません。

2 (例1)辺BCの長さ、角Bの大きさ、辺ABの長さ、角Aの大きさ、辺ADの長さを順に調べて、頂点A、Dにそれぞれ対応する頂点の位置を決めてかきます。

(例2)辺BCの長さ、角Bの大きさ、辺ABの長さを順に調べて、三角形ABCをかきます。そして、辺AD、辺CDの長さを順に調べて、三角形ACDをかきます。

(例1)

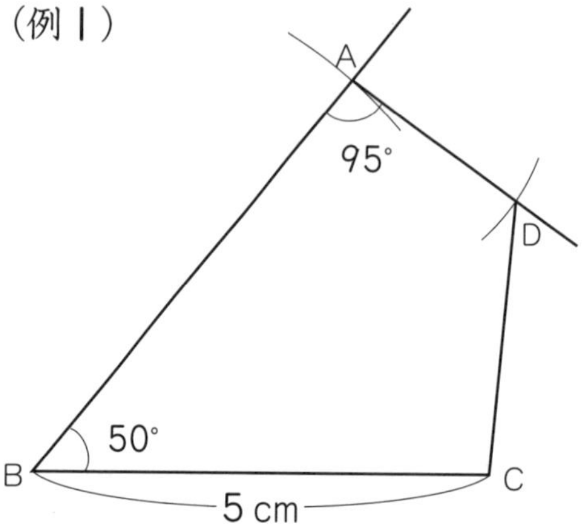

(例2)

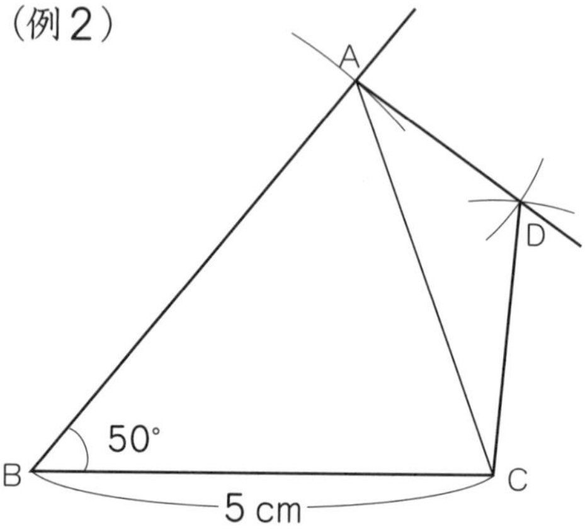

教科書71ページ

図形が決まるということ

考え方 いろいろな図形の特ちょうをふまえて考えましょう。

答え 〔長方形〕 **たてと横の長さ** など 〔ひし形〕 **2本の対角線の長さ** など
〔正方形〕 **1辺の長さ** など 〔正三角形〕 **1辺の長さ** など
〔円〕 **半径** など

教科書72ページ

右のあ、いの三角形は、まっすぐにならべられるでしょうか。

考え方 それぞれの三角形の、3つの角を合わせるようにならべていきます。

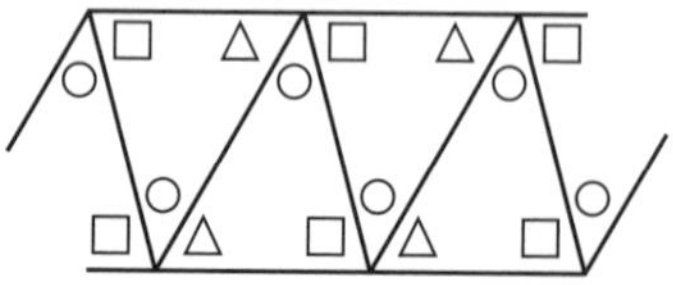

答え **ならべられます。**

あ

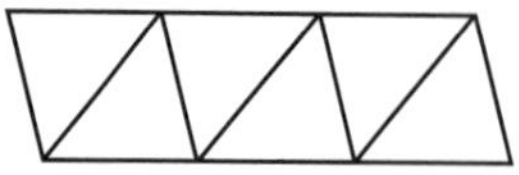

い

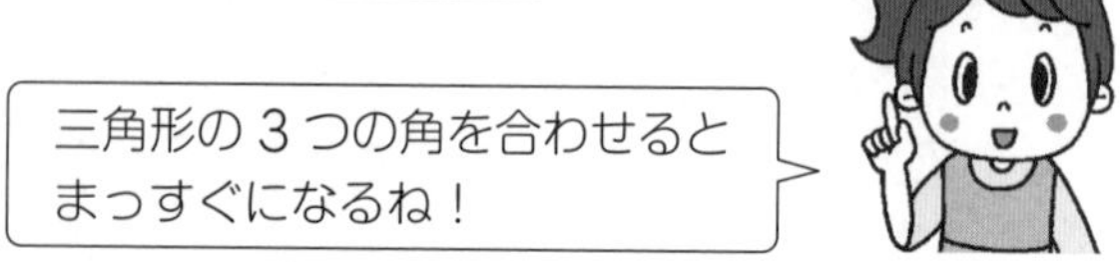

教科書73〜74ページ

7 三角形の 3 つの角の大きさには、どんなきまりがあるか調べましょう。

1 三角定規(じょうぎ)の 3 つの角の大きさを調べましょう。

2 いろいろな三角形をかいて、3 つの角の大きさの和が何度になるか調べましょう。

3 三角形の 3 つの角の大きさには、どんなきまりがあるでしょうか。

考え方 **1** 分度器を使ってはかってみましょう。3 つの角の大きさをたすと、30＋60＋90＝180、45＋45＋90＝180 となり、どちらも 180° であることがわかります。

2 〔つばささんの考え〕 分度器で角度をはかります。

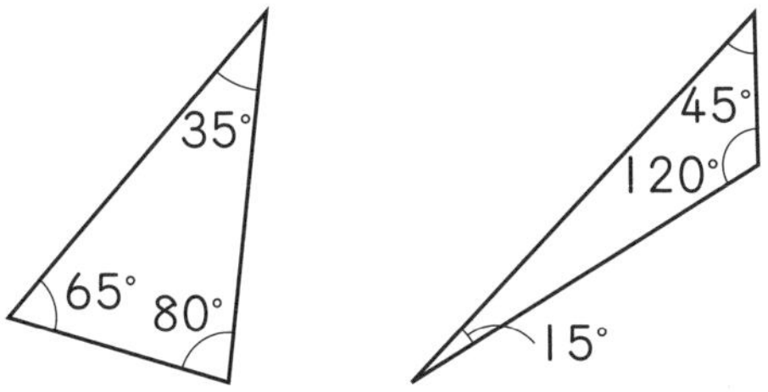

分度器ではかって調べたら、どちらも結果は 180 ° になりました。

35＋65＋80＝ 180 　45＋15＋120＝ 180

〔はるさんの考え〕 3 つの角を合わせる。

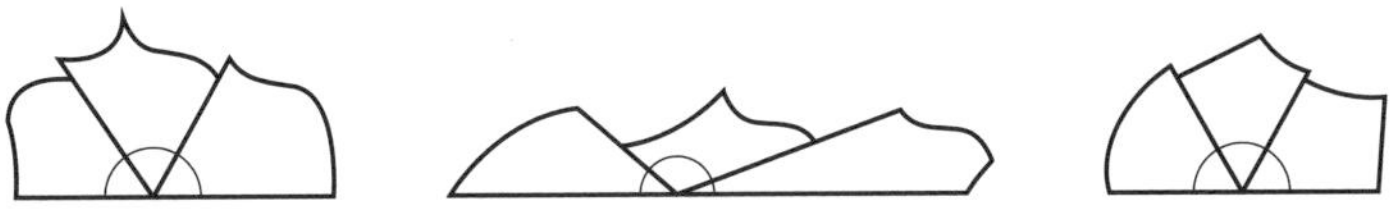

3 つの角を切り取ってならべると、一直線になるので、3 つの角の大きさの和は 180° になります。

3 **2** の 2 人の考え方より、三角形の 3 つの角の大きさの和は 180° とわかります。

答え **1**

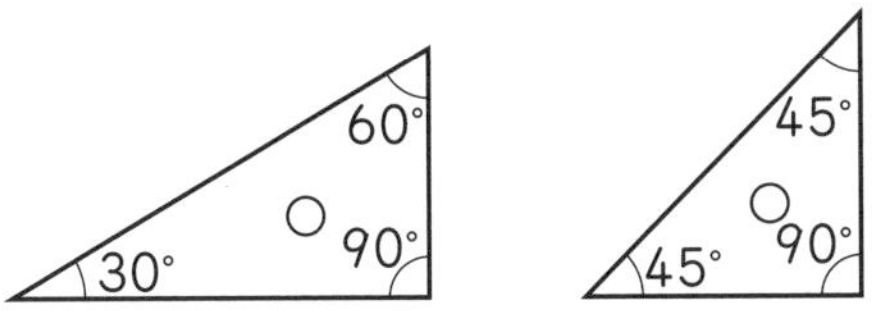

2 **どんな三角形でも、3 つの角の大きさの和は 180° になります。**

3 **三角形の 3 つの角の大きさの和は、180° です。**

教科書75〜76ページ

8 四角形の 4 つの角の大きさには、どんなきまりがあるか調べましょう。

1 どのように調べればよいでしょうか。

2 見つけたきまりがいつも成り立つかどうか説明しましょう。

3 ゆきさんの考えを説明しましょう。

4 右のかえでさんの考えを説明しましょう。

考え方 1 〔つばささんの考え〕 分度器で角度をはかります。

100＋75＋65＋120＝360

4 つの角の大きさをはかってたすと、360° になります。

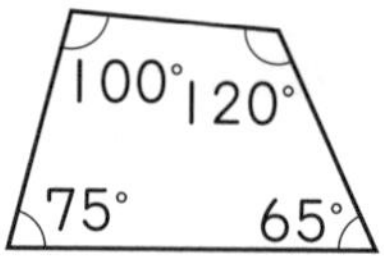

〔はるさんの考え〕 4 つの角を合わせます。

4 つの角を切り取ってならべると、1 回転の角度になるので、4 つの角の大きさの和は 360° になります。

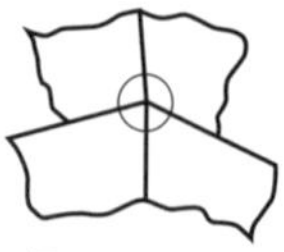

2 3 対角線で 2 つの三角形に分けます。1 つの三角形の 3 つの角の大きさの和は 180° なので、四角形の 4 つの角の大きさの和は、180×2＝360 と求めることができます。

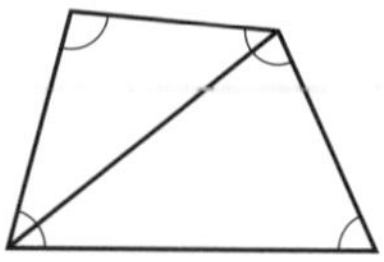

4 直線で 3 つの三角形に分けます。3 つの三角形のすべての角の大きさの和から、直線の角度をひいたものと考えることができます。

答え **四角形の 4 つの角の大きさの和は 360° になります。**

1 〔つばささんの調べ方〕 **分度器で角度をはかります。**

〔はるさんの調べ方〕 **4 つの角を合わせます。**

2 3 **対角線で 2 つの三角形に分けられるので、4 つの角の大きさの和は、180×2＝360 より、360° です。**

4 **直線を 2 本ひいて 3 つの三角形に分けられるので、4 つの角の大きさの和は、180×3－180＝360 より、360° です。**

教科書76ページ

5 四角形の 4 つの角の大きさの和が 360° であることを、右の図を使って説明しましょう。

考え方 四角形の 4 つの角の大きさの和は、右の図の 4 つの三角形のすべての角の大きさの和から、㋐、㋑、㋒、㋓の角の大きさをひいたものと考えることができます。

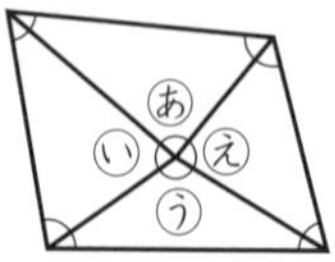

三角形の 3 つの角の大きさの和は 180° なので、4 つの三角形のすべての角の大きさの和は 180×4＝720 と求めることができます。

また、㋐、㋑、㋒、㋓を合わせると 1 回転の角度になるので、4 つの三角形のすべての角の大きさの和 720° から、360° をひけばよいことになります。

答え **四角形の 4 つの角の大きさの和は、4 つの三角形のすべての角の大きさの和 720° から 360° をひいたものと考えることができます。**

720－360＝360 だから、四角形の 4 つの角の大きさの和は 360° であることがわかります。

教科書77ページ

9 5本の直線で囲(かこ)まれた図形を五角形といいます。五角形の角の大きさの和を、くふうして求めましょう。

1 図や式を使って、求め方を説明しましょう。

2 多角形(たかくけい)の1つの頂点(ちょうてん)から対角線をかいてできる三角形の数と、角の大きさの和を、表にまとめましょう。

考え方 **1** 〔みなとさんの考え〕 対角線で四角形と三角形に分けます。

(五角形の角の大きさの和)=(四角形の角の大きさの和)+(三角形の角の大きさの和)

=360+180=540

〔かえでさんの考え〕 対角線で3つの三角形に分けます。

(五角形の角の大きさの和)=(三角形の角の大きさの和)×3=180×3=540

2 ○角形の○の数が1増(ふ)えると、1つの頂点から対角線をかいてできる三角形の数も1つ増えています。

答え 540°

1 **五角形を対角線で四角形や三角形に分けて、四角形の角の大きさの和が360°であることや、三角形の角の大きさの和が180°であることを使って求めます。**

2

形	三角形	四角形	五角形	六角形	七角形	八角形
三角形の数	1	2	3	4	5	6
角の大きさの和	180°	360°	540°	720°	900°	1080°

教科書77ページ

6 十角形の角の大きさの和を求めましょう。

考え方 十角形は8つの三角形に分けることができるので、180×8=1440

答え 1440°

教科書78ページ

10 下のあ、いの角度は、それぞれ何度でしょうか。**7**や**8**で調べた結果を使って、求め方を考えましょう。

考え方 三角形の3つの角の大きさの和は180°なので、あの角度は180°から55°、40°をひいて求めることができます。180−(55+40)=85

また、四角形の4つの角の大きさの和は360°なので、いの角度は360°から115°、135°、45°をひいて求めることができます。

360−(115+135+45)=65

答え あ 85° い 65°

教科書78ページ

7 下の㋕から㋘の角度を求めましょう。

考え方 ㋕ 三角形の3つの角の大きさの和は180°なので、

180－(35＋30)＝115

㋖ 四角形の4つの角の大きさの和は360°なので、

360－(50＋100＋100)＝110

㋘ ㋘の角度と115°を合わせると180°になるので、

180－115＝65

㋗ ㋘の角度が65°と求められたので、

180－(40＋65)＝75

答え ㋕ 115° ㋖ 110° ㋗ 75° ㋘ 65°

教科書78ページ

8 下の㋚から㋜の角度を求めましょう。

考え方 ㋚ 二等辺三角形の2つの角の大きさは等しいので、

(180－30)÷2＝75

㋛ ひし形の向かい合った角の大きさは等しいので、

360－(40＋40)＝280

280÷2＝140

㋜ 80°の角を間の角とする2つの辺は、どちらも円の半径なので、この三角形は二等辺三角形とわかります。

(180－80)÷2＝50

答え ㋚ 75° ㋛ 140° ㋜ 50°

教科書78ページ

11 (教科書)311ページの四角形を切り取って、すき間なくしきつめましょう。

考え方 4つの角を合わせたところが1回転の角度になるようにすると、合同な四角形だけで平面をしきつめることができます。

答え 右の図のようになります。

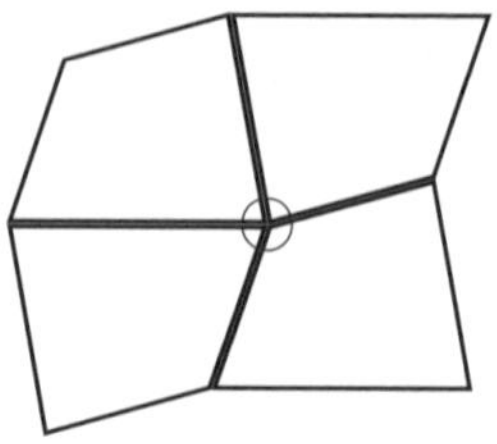

教科書79ページ

学んだことを使おう

考え方 ❶ どのような大きさの三角形も、3つの角の大きさの和は180°です。

❷ ㋕の角度を□°として、はるさんと同じように考えます。

答え ❶ 90、180、30

❷ 三角形DEFは直角三角形とみられるので、㋔の角度は90°です。三角形の3つの角の大きさの和は180°だから、㋕の角度を□°とすると、

□＋90＋57＝180

です。だから、㋕の角度は180－(90＋57)で、33°と求められます。

まとめ

教科書80ページ

❶ 合同な図形は、どれとどれでしょうか。

考え方 うら返してぴったり重なるものも合同です。

答え 合同、等しく、等しく

〔合同な図形〕 ㋐と㋙、㋑と㋚、㋒と㋕、㋓と㋗

教科書80ページ

❷ 右の㋐の角度を求めましょう。

考え方 三角形の3つの角の大きさの和は180°です。

答え 180、180、65

教科書81ページ

❶ 右の2つの四角形は合同です。

① 角Aと対応する角はどれでしょうか。

② 辺FGの長さは何cmでしょうか。

③ 角Gの角度は何度でしょうか。

考え方 合同な図形では、対応する角の大きさは等しく、対応する辺の長さは等しくなっています。

答え ① 角H ② 2cm ③ 90°

教科書81ページ

◆2 下の①、②について、それぞれ辺の長さや角の大きさをあと１か所調べて、合同な図形をかきましょう。

考え方 合同な三角形は、ⓐ３つの辺の長さ、ⓘ２つの辺の長さとその間の角の大きさ、ⓤ１つの辺の長さとその両はしの角の大きさ、のどれかがわかればかくことができます。

① 辺ABの長さを調べるとⓘにあてはまります。また、角Cの角度を調べるとⓤにあてはまります。

② 辺DFの長さを調べるとⓤにあてはまります。

答え ①

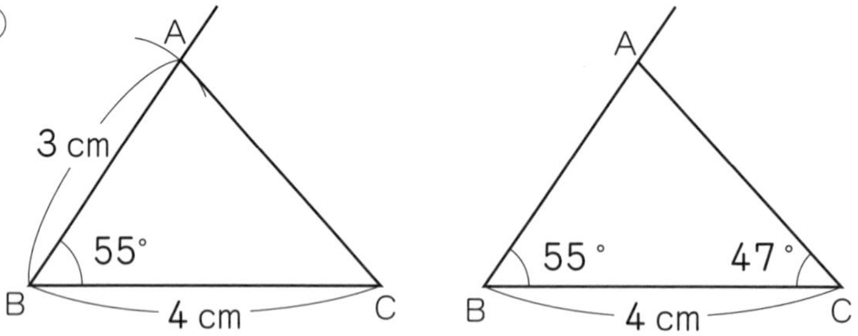

②

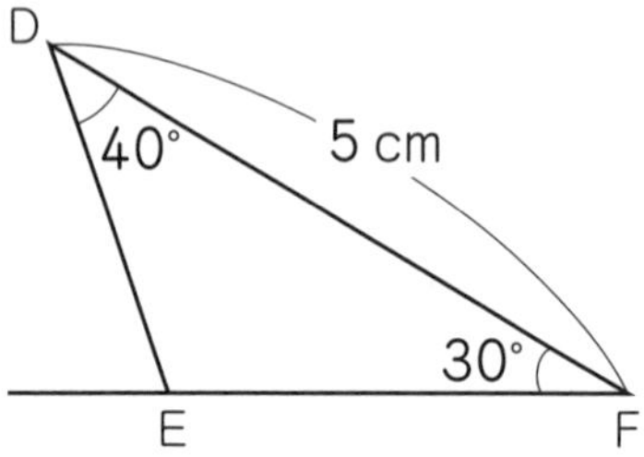

教科書81ページ

◆3 下のⓐからⓚの角度を求めましょう。

考え方 ⓐ　180−(20＋50)＝110

ⓘ　ⓐが110°と求められたので、180−110＝70

ⓤ　二等辺三角形の２つの角の大きさは等しいので、ⓤの角度は70°です。

ⓔ　180−70×2＝40

ⓞ　平行四辺形の向かい合った角の大きさは等しいので、ⓞの角度は80°です。

ⓚ　360−80×2＝200　200÷2＝100

答え ⓐ　110°　ⓘ　70°　ⓤ　70°

ⓔ　40°　ⓞ　80°　ⓚ　100°

6 小数のわり算

教科書82〜85ページ

1 1.6mの代金が96円のリボンがあります。このリボン1mのねだんは何円でしょうか。

1 1mのねだんを求める式を考えましょう。

2 下のゆきさんの考えを見て、1mのねだんを求める式がわり算になるわけを考えましょう。

3 96÷1.6の計算のしかたを考えましょう。

4 (教科書)84ページの2人の考えを、式を使って説明しましょう。

考え方 **1** 〔れおさんの考え〕(代金)÷(もとの長さ)=(1mのねだん)という式を使って求めようとしています。この式に数をあてはめると、96÷1.6で1mのねだんが求められます。

2mだったら　96÷2=48

3mだったら　96÷3=32

1.6mだったら　96÷1.6

2 数直線を使って求めようとしています。長さが1.6倍になると、代金も1.6倍になります。□×1.6=96 の□を求めるには、96を1.6でわります。

□×1.6=96

□=96÷1.6

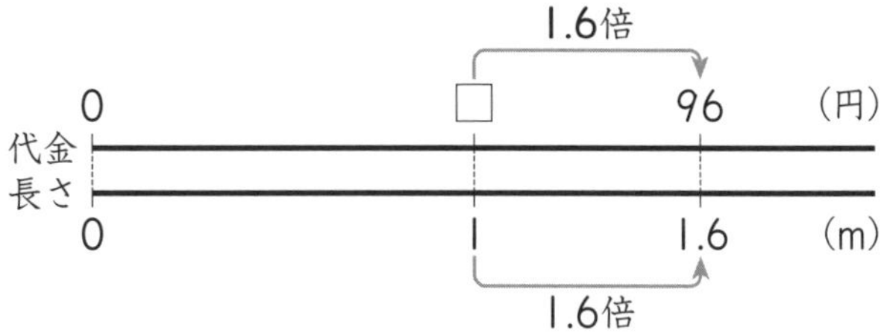

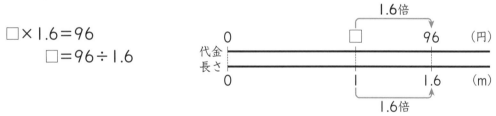

3 〔かえでさんの考え〕0.1mの代金から、1mのねだんを求めようとしています。
1.6mは0.1mの16倍なので、0.1mの代金は、96÷16(円)です。
1mのねだんは、0.1mの代金の10倍なので、
96÷1.6=(96÷16)×10 で1mのねだんが求められます。

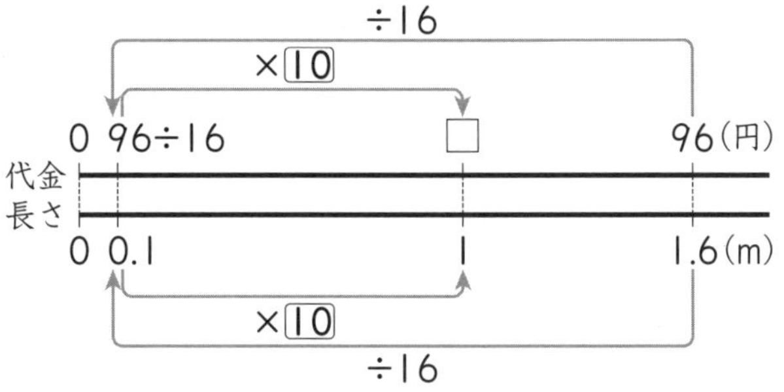

〔みなとさんの考え〕 16mの代金から、1mのねだんを求めようとしています。

1.6mの10倍の長さの16mの代金は、96×10(円) です。

1mのねだんは、16mの代金の $\frac{1}{16}$ になるので、

96÷1.6=(96×10)÷16 で 1mのねだんが求められます。

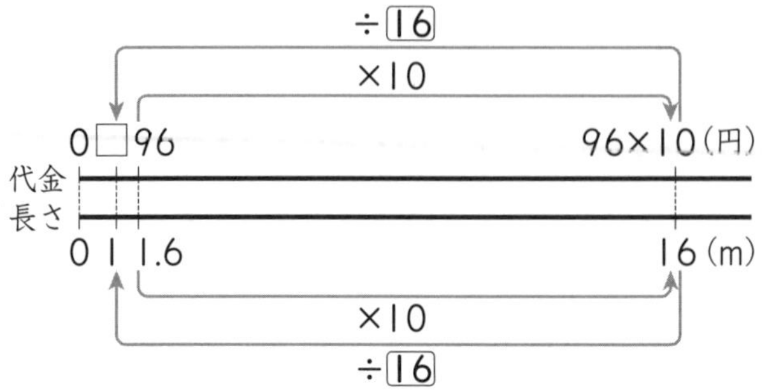

4 ゆきさんは0.1mの代金から、1mのねだんを求めるかえでさんの考えを式にします。

また、はるさんは1.6mの10倍の16mの代金から、1mのねだんを求めるみなとさんの考えを式にします。

96÷1.6=[60]
↓10倍　　10倍
96÷16=[6]

96÷1.6=[60]
↓10倍↓10倍　等しい
960÷16=[60]

答え **1** 〔式〕 96÷1.6

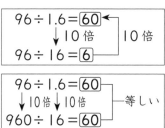

2 **長さが1.6倍になると、代金も1.6倍になることを使って求めようとしているので、わり算になります。**

3 **4** 〔かえでさん〕 96÷1.6=(96÷16)×10=[60]

〔答え〕 60円

〔みなとさん〕 96÷1.6=(96×10)÷(1.6×10)=[60]

〔答え〕 60円

教科書85ページ

1 リボンを2.3m買ったら、代金は92円でした。このリボン1mのねだんは何円でしょうか。

考え方 92÷2.3=(92÷23)×10=40

または、

92÷2.3=(92×10)÷(2.3×10)=40

答え 40円

教科書85ページ

2 0.8 mの代金が96円のリボンがあります。
このリボン1mのねだんは何円でしょうか。

1 計算のしかたを考えましょう。

考え方 〔つばささんの考え〕 0.1mの代金から、1mのねだんを求めます。

0.1mの代金は、96÷8(円)です。1mのねだんは、0.1mの代金の10倍なので、

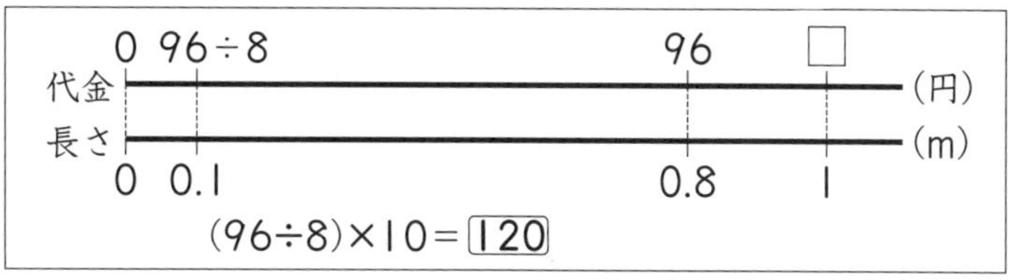

96÷0.8=(96÷8)×10 で求められます。

〔れおさんの考え〕 0.8mの10倍の8mの代金から、1mのねだんを求めます。

8mの代金は、0.8mの代金の10倍になるので、

96÷0.8=120
↓10倍 ↓10倍 等しい
960÷8=120

96÷0.8=(96×10)÷(0.8×10) で1mのねだんが求められます。

答え 96÷0.8=120 〔答え〕 120円

教科書86ページ

2 0.4mの代金が64円のはり金があります。
このはり金1mのねだんは何円でしょうか。

考え方 64÷0.4=(64÷4)×10=160
または、
64÷0.4=(64×10)÷(0.4×10)=160

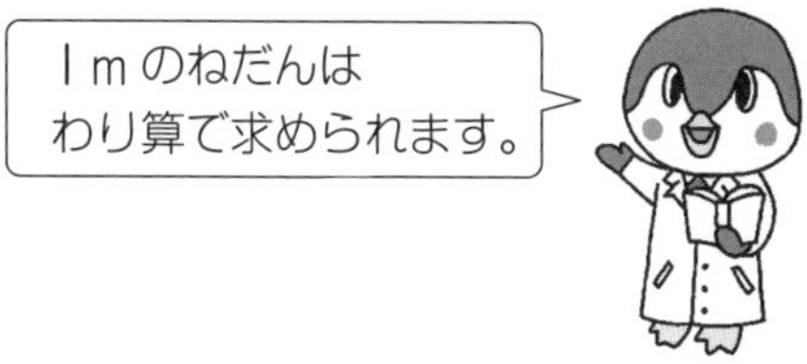

答え 160円

教科書87ページ

3 3.5mの重さが4.2kgのぼうがあります。このぼう1mの重さは何kgでしょうか。

1 計算のしかたを考えましょう。

2 4.2÷3.5の筆算のしかたを考えましょう。

考え方 (全体の重さ)÷(ぼうの長さ)で1mのぼうの重さが求められるので、
$\boxed{4.2\div3.5}$

1 わる数が10倍になると、商は$\frac{1}{10}$になり、わる数が$\frac{1}{10}$になると、商は10倍になります。

また、わられる数が10倍になると、商も10倍になり、わられる数が$\frac{1}{10}$になると、商も$\frac{1}{10}$になります。

わられる数とわる数に、同じ数をかけても商は変わりません。

$4.2\div3.5=\boxed{1.2}$
↓10倍　　$\boxed{10}$倍
$4.2\div35=0.12$

$4.2\div3.5=\boxed{1.2}$
↓10倍 ↓10倍　　等しい
$42\div35=1.2$

2 わる数の小数点を右に移(うつ)して、整数にします。

また、わられる数の小数点も、わる数の小数点と同じけた数だけ右へ移します。

わる数が整数のときと同じように筆算し、商の小数点は、わられる数の右に移した小数点にそろえてうちます。

わる数3.5とわられる数4.2に同じ数をかけて筆算したので、もとのわり算の式4.2÷3.5と商は変わりません。

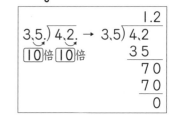

答え **1** $4.2\div3.5=(4.2\div35)\times10=\boxed{1.2}$　　〔答え〕 1.2kg

または、

$4.2\div3.5=(4.2\times10)\div(3.5\times10)$
$=42\div35=\boxed{1.2}$　　〔答え〕 1.2kg

2 **わられる数とわる数に10をかけて、42÷35の筆算をします。**

わられる数とわる数に、同じ数をかけても商は変わらないので、この筆算の答えの1.2が、4.2÷3.5の商になります。

3.5)4.2 → 3.5)4.2
$\boxed{10}$倍 $\boxed{10}$倍

```
      1.2
3.5)4.2
    3 5
      70
      70
       0
```

教科書87ページ

3 12.6÷4.5の計算をしましょう。

考え方

```
        2.8
4.5)1 2.6
      9 0
      3 6 0
      3 6 0
          0
```

答え 2.8

教科書87ページ

4 ① 5.6÷1.6　② 6.5÷2.6　③ 14.3÷5.5
④ 6.2÷0.4　⑤ 7.3÷0.5　⑥ 58.8÷0.8

考え方

```
①        3.5      ②        2.5      ③         2.6
   1.6)5.6           2.6)6.5           5.5)14.3
       48                52                110
        80               130                330
        80               130                330
         0                 0                  0

④       15.5      ⑤       14.6      ⑥         73.5
   0.4)6.2           0.5)7.3           0.8)58.8
       4                 5                 56
       22                23                 28
       20                20                 24
        20                30                 40
        20                30                 40
         0                 0                  0
```

答え ① **3.5**　② **2.5**　③ **2.6**
④ **15.5**　⑤ **14.6**　⑥ **73.5**

教科書88ページ

4 3.45÷1.5 の計算のしかたを考えましょう。

考え方 わる数の小数点を右に移して、整数にします。

また、わられる数の小数点も、わる数の小数点と同じけた数だけ右へ移します。

わる数が整数のときと同じように筆算し、商の小数点は、わられる数の右に移した小数点にそろえてうちます。

```
                              2.3
1.5.)3.4.5   →   1.5)3.4.5
10倍  10倍            30
                       45
                       45
                        0
```

わる数 1.5 とわられる数 3.45 に同じ数をかけて筆算したので、もとのわり算の式 3.45÷1.5 と商は変わりません。

答え **わられる数とわる数に 10 をかけて、34.5÷15 の筆算をします。**

わられる数とわる数に、同じ数をかけても商は変わらないので、この筆算の答えの 2.3 が、3.45÷1.5 の商になります。

教科書88ページ

◆5 8.82÷2.1 を筆算でしています。わられる数の小数点を移(うつ)して、つづきの計算をしましょう。

考え方 商をがい数で見積もってから筆算しましょう。上から 1 けたのがい数にしてから計算すると、9÷2=4.5 なので、商は 4.5 に近い値(あたい)になることがわかります。

答え

```
        4.2
2.1)8.8.2
    8 4
      4 2
      4 2
        0
```

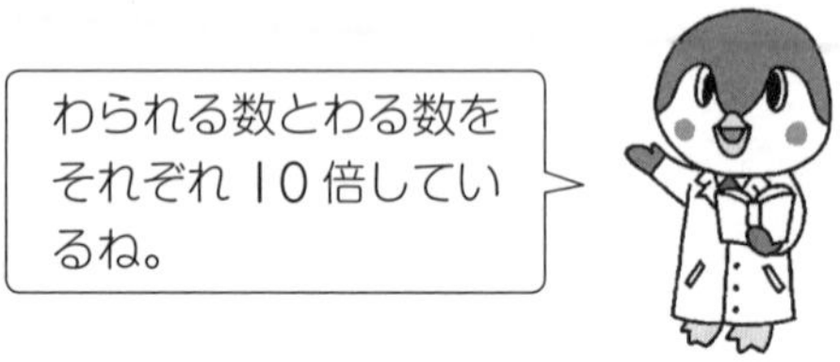

わられる数とわる数を
それぞれ 10 倍している
るね。

教科書88ページ

5 0.63÷1.8 の計算のしかたを考えましょう。

考え方 わる数の小数点を右に移して、整数にします。

また、わられる数の小数点も、わる数の小数点と同じけた数だけ右へ移します。

わる数が整数のときと同じように筆算し、商の小数点は、わられる数の右に移した小数点にそろえてうちます。

0.63÷1.8 の商は、一の位にはたたないので、一の位に 0 を書き、$\frac{1}{10}$ の位に商をたてます。

```
         0.3 5
1.8)0.6.3
        5 4
        9 0
        9 0
          0
```

答え **わられる数とわる数に 10 をかけて、6.3÷18 の筆算をします。**

一の位には商がたたないので、一の位に 0 を書き、$\frac{1}{10}$ の位に商をたてます。

わられる数とわる数に、同じ数をかけても商は変わらないので、この筆算の答えの 0.35 が、0.63÷1.8 の商になります。

教科書88ページ

◆6 計算をしましょう。

① 2.34÷3.6　　② 0.18÷4.5

考え方 ① 一の位には商がたたないので、一の位に0を書き、$\frac{1}{10}$の位に商をたてます。

```
      0.6 5
3.6) 2.3.4
     2 1 6
       1 8 0
       1 8 0
           0
```

② 一の位と$\frac{1}{10}$の位には商がたたないので、一の位と$\frac{1}{10}$の位に0を書き、$\frac{1}{100}$の位に商をたてます。

```
       0.0 4
4.5) 0.1.8 0
         1 8 0
             0
```

答え ① 0.65　② 0.04

教科書88ページ

7 ① 6.76÷1.3　② 7.98÷0.6　③ 16.15÷3.8
④ 3.8÷7.6　⑤ 8.33÷9.8　⑥ 0.76÷0.8
⑦ 0.28÷3.5　⑧ 0.36÷7.2　⑨ 0.07÷3.5

考え方

①
```
       5.2
1.3) 6.7.6
     6 5
       2 6
       2 6
         0
```

②
```
       1 3.3
0.6) 7.9.8
     6
     1 9
     1 8
         1 8
         1 8
           0
```

③
```
          4.2 5
3.8) 1 6.1.5
     1 5 2
         9 5
         7 6
         1 9 0
         1 9 0
             0
```

④
```
       0.5
7.6) 3.8.0
     3 8 0
         0
```

⑤
```
         0.8 5
9.8) 8.3.3
     7 8 4
       4 9 0
       4 9 0
           0
```

⑥
```
        0.9 5
0.8) 0.7.6
        7 2
          4 0
          4 0
            0
```

⑦
```
       0.0 8
3.5) 0.2.8 0
       2 8 0
           0
```

⑧
```
       0.0 5
7.2) 0.3.6 0
       3 6 0
           0
```

⑨
```
       0.0 2
3.5) 0.0.7 0
         7 0
           0
```

答え ① 5.2　② 13.3　③ 4.25
④ 0.5　⑤ 0.85　⑥ 0.95
⑦ 0.08　⑧ 0.05　⑨ 0.02

教科書89ページ

6 8.547÷2.31 の計算のしかたを考えましょう。

```
        3.7
2.31)8.54.7
      693
     ----
     1617
     1617
     ----
        0
```

考え方 わる数の小数点を右に移して、整数にします。

また、わられる数の小数点も、わる数の小数点と同じけた数だけ右へ移します。わる数が整数のときと同じように筆算し、商の小数点は、わられる数の右に移した小数点にそろえてうちます。

わる数 2.31 とわられる数 8.547 に同じ数をかけて筆算したので、もとのわり算の式と商は変わりません。

答え **わられる数とわる数に 100 をかけて、854.7÷231 の筆算をします。**

わられる数とわる数に、同じ数をかけても商は変わらないので、この筆算の答えの 3.7 が、8.547÷2.31 の商になります。

教科書89ページ

8 計算をしましょう。

① 9.963÷3.69　　② 0.217÷0.62

考え方

①
```
          2.7
3.69)9.96.3
       738
      ----
      2583
      2583
      ----
         0
```

②
```
          0.35
0.62)0.21.7
         186
        ----
         310
         310
        ----
           0
```

答え ① 2.7　② 0.35

教科書89ページ

9 ① 3.585÷2.39　② 3.654÷0.87　③ 0.205÷0.82

考え方

①
```
          1.5
2.39)3.58.5
      239
     ----
     1195
     1195
     ----
        0
```

②
```
          4.2
0.87)3.65.4
      348
     ----
      174
      174
     ----
        0
```

③
```
          0.25
0.82)0.20.5
        164
       ----
        410
        410
       ----
          0
```

答え ① 1.5　② 4.2　③ 0.25

教科書89ページ

10 右の 2.511÷2.79 の筆算のまちがいを説明しましょう。また、正しく計算をしましょう。

考え方 商の小数点は、わられる数の移した小数点にそろえてうちます。この場合、商は一の位にはたたないので、一の位に 0 を書き、$\frac{1}{10}$ の位に商をたてます。

答え **商は 9 ではなく、0.9 です。**

〔正しい計算〕

```
          0.9
2.79)2.51.1
     2 5 1 1
           0
```

教科書90ページ

7 7.8÷3.25 の計算のしかたを考えましょう。

考え方 わる数の小数点を右に移して、整数にします。

また、わられる数の小数点も、わる数の小数点と同じけた数だけ右へ移します。

わる数が整数のときと同じように筆算し、商の小数点は、わられる数の右に移した小数点にそろえてうちます。

わる数 3.25 とわられる数 7.8 に同じ数 100 をかけているので、わられる数の小数点の位置は 2 けた移り、780 になります。

```
          2.4
3.25)7.80
      6 5 0
     1 3 0 0
     1 3 0 0
           0
```

答え **わられる数とわる数に 100 をかけて、780÷325 の筆算をします。**

わられる数とわる数に、同じ数をかけても商は変わらないので、この筆算の答えの 2.4 が、7.8÷3.25 の商になります。

教科書90ページ

11 計算をしましょう。

① 4.6÷1.84　② 0.8÷1.25

考え方

① わる数 1.84 とわられる数 4.6 に同じ数 100 をかけているので、わられる数の小数点の位置は右へ 2 けた移り、460 になります。

```
          2.5
1.84)4.60
      3 6 8
        9 2 0
        9 2 0
            0
```

② わる数 1.25 とわられる数 0.8 に同じ数 100 をかけているので、わられる数の小数点の位置は右へ 2 けた移り、80 になります。

```
          0.6 4
1.25)0.80.0
        7 5 0
          5 0 0
          5 0 0
              0
```

答え ① 2.5　② 0.64

教科書90ページ

12 ① 6.2÷2.48　② 18.1÷1.25　③ 4.2÷5.25
④ 1.4÷1.75　⑤ 1.6÷0.25　⑥ 0.9÷0.72

考え方

①
2.5
2,48) 6,20
496
1240
1240
0

②
14.48
1,25) 18,10
125
560
500
600
500
1000
1000
0

③
0.8
5,25) 4,20.0
4200
0

④
0.8
1,75) 1,40.0
1400
0

⑤
6.4
0,25) 1,60
150
100
100
0

⑥
1.25
0,72) 0,90
72
180
144
360
360
0

答え　① 2.5　② 14.48　③ 0.8　④ 0.8　⑤ 6.4　⑥ 1.25

教科書90ページ

8 4÷2.5 の計算のしかたを考えましょう。

考え方　わる数の小数点を右に移して、整数にします。

また、わられる数4も、4.0とみて、わる数の小数点と同じけた数だけ小数点を右へ移します。

わる数が整数のときと同じように筆算し、商の小数点は、わられる数の右に移した小数点にそろえてうちます。

わる数2.5とわられる数4に同じ数をかけて筆算したので、もとのわり算の式4÷2.5と商は変わりません。

1.6
2,5) 4,0
25
150
150
0

答え　**わられる数とわる数に10をかけて、40÷25の筆算をします。**

わられる数とわる数に、同じ数をかけても商は変わらないので、この筆算の答えの1.6が、4÷2.5の商になります。

教科書90ページ

13 $3 \div 7.5$ の計算をしましょう。

考え方 わる数の小数点を右に移して、整数にします。

また、わられる数 3 も、3.0 とみて、わる数の小数点と同じけた数だけ小数点を右へ移します。

わる数が整数のときと同じように筆算し、商の小数点は、わられる数の右に移した小数点にそろえてうちます。

```
        0.4
7.5) 3.0.0
       3 0 0
           0
```

答え 0.4

教科書90ページ

14 ① $28 \div 2.5$　② $15 \div 0.8$　③ $12 \div 1.25$

考え方

①
```
        1 1.2
2.5) 2 8.0
     2 5
       3 0
       2 5
         5 0
         5 0
           0
```

②
```
        1 8.7 5
0.8) 1 5.0
       8
       7 0
       6 4
         6 0
         5 6
           4 0
           4 0
             0
```

③
```
              9.6
1.25) 1 2.0 0
      1 1 2 5
          7 5 0
          7 5 0
              0
```

答え ① 11.2　② 18.75　③ 9.6

教科書90ページ

15 計算をしましょう。

考え方 わる数が 10 倍になると、商は $\frac{1}{10}$ になり、わる数が $\frac{1}{10}$ になると、商は 10 倍になります。

また、わられる数が 10 倍になると、商も 10 倍になり、わられる数が $\frac{1}{10}$ になると、商も $\frac{1}{10}$ になります。

わられる数とわる数を、同じ数でわっても商は変わりません。

```
4.2÷15=0.28 ←┐
 ↑÷10        │ ÷10
42÷15=2.8 ───┘
```

```
42÷1.5=28 ←┐
   ↑÷10    │ ×10
42÷15=2.8 ─┘
```

```
4.2÷1.5=2.8 ─┐
↑÷10 ↑÷10    ├─ 等しい
42÷15=2.8 ───┘
```

答え 〔上から順に〕 0.28、28、2.8

教科書91ページ

9 1.5mの代金が300円のリボン(あ)と、0.5mの代金が300円のリボン(い)があります。リボン(あ)、(い)の1mのねだんは、それぞれ何円でしょうか。

1 式を書いて、答えを求めましょう。

2 わる数を変えて、どんなときに「わられる数＜商」になるか調べましょう。

考え方 **1** **2** わり算では、わる数が1より大きいときは、商はわられる数より小さくなります。

また、わる数が1より小さいときは、商はわられる数より大きくなります。

答え **1** (あ) 300÷1.5＝200(円)　〔答え〕200円

(い) 300÷0.5＝600(円)　〔答え〕600円

2 **わる数が1より小さいとき**

教科書91ページ

16 商がわられる数より大きくなる式を、すべて選びましょう。

(あ) 68÷2.5　(い) 5.6÷0.7　(う) 0.9÷12　(え) 0.4÷0.02

考え方 わる数が1より小さいときは、商はわられる数より大きくなります。

答え (い)、(え)

教科書92ページ

10 1.8mのホースの重さをはかったら、1.2kgでした。このホース1mの重さは何kgでしょうか。

1 商は四捨五入（ししゃごにゅう）して、上から2けたのがい数で求めましょう。

考え方 (ホース全体の重さ)÷(ホースの長さ)でホース1mの重さが求められるので、1.2÷1.8

わる数の小数点を右に移して、整数にします。

また、わられる数の小数点も、わる数の小数点と同じけた数だけ右へ移し、わる数が整数のときと同じように筆算します。

上から2けたのがい数で求めるには、上から3けたの位まで計算して、上から3けたの位の数字を四捨五入します。

1.2÷1.8の商は、一の位が0なので、$\frac{1}{1000}$の位の数字を四捨五入します。

```
         0.66̸6̸ (7)
1.8 ) 1.2.0
      1 0 8
        1 2 0
        1 0 8
          1 2 0
          1 0 8
            1 2
```

答え 約0.67kg

教科書92ページ

17 2.6mのホースの重さをはかったら、3.4kgでした。このホース1mの重さは約何kgでしょうか。商は四捨五入して、上から2けたのがい数で求めましょう。

考え方 （ホース全体の重さ）÷（ホースの長さ）でホース1mの重さが求められるので、3.4÷2.6

わる数の小数点を右に移して、整数にします。

また、わられる数の小数点も、わる数の小数点と同じけた数だけ右へ移し、わる数が整数のときと同じように筆算します。

上から2けたのがい数で求めるには、上から3けたの位まで計算して、上から3けたの位の数字を四捨五入します。

```
       1.3 0̸
2.6) 3.4
     2 6
       8 0
       7 8
         2 0
```

答え 約1.3kg

教科書92ページ

18 商は四捨五入して、上から2けたのがい数で求めましょう。

① 5.2÷6.8　② 4.1÷6.7　③ 7.5÷4.2
④ 6.4÷0.9　⑤ 4.32÷7.8　⑥ 7÷8.9

考え方

①
```
        0.7 6 4̸
6.8) 5.2.0
     4 7 6
       4 4 0
       4 0 8
         3 2 0
         2 7 2
           4 8
```

②
```
        0.6 1 1̸
6.7) 4.1.0
     4 0 2
         8 0
         6 7
       1 3 0
         6 7
         6 3
```

③
```
          8
       1.7̸ 8̸
4.2) 7.5
     4 2
     3 3 0
     2 9 4
       3 6 0
       3 3 6
         2 4
```

④
```
       7.1 1̸
0.9) 6.4
     6 3
       1 0
         9
       1 0
         9
         1
```

⑤
```
        0.5 5 3̸
7.8) 4.3.2
     3 9 0
       4 2 0
       3 9 0
         3 0 0
         2 3 4
           6 6
```

⑥
```
              9
        0.7 8̸ 6̸
8.9) 7.0.0
     6 2 3
       7 7 0
       7 1 2
         5 8 0
         5 3 4
           4 6
```

答え ① 0.76　② 0.61　③ 1.8
④ 7.1　⑤ 0.55　⑥ 0.79

教科書93ページ

11 2.3mのテープを0.5mずつ切っていきます。0.5mのテープは何本できて、何mあまるでしょうか。

1 商は何の位まで求めればよいでしょうか。

2 あまりはいくつでしょうか。

3 答えの確かめをしましょう。

考え方 1 0.5mのテープの本数は整数なので、商は一の位まで求めます。

2 あまりの小数点は、わられる数のもとの小数点にそろえてうちます。

```
     4
0.5)2.3
    2 0
    0.3
```

2.3÷0.5=4 あまり 0.3

3 (わる数)×(商)+(あまり)=(わられる数) の確かめの式にあてはめます。

答え 1 一の位

2 0.3

〔答え〕 4本できて、0.3mあまる。

3 0.5×4+0.3=2+0.3=2.3 となるので、答えは正しいといえます。

教科書93ページ

19 9.47mのテープを1.2mずつ切っていきます。1.2mのテープは何本できて、何mあまるでしょうか。

考え方 1.2mのテープの本数は整数なので、商を一の位まで求めて、あまりを出します。

あまりの小数点は、わられる数のもとの小数点にそろえてうちます。

9.47÷1.2=7 あまり 1.07

答え 7本できて、1.07mあまります。

教科書94ページ

12 色えんぴつ㋐の長さは、9.5cmです。キャップの長さは、色えんぴつ㋐の長さの0.4倍です。キャップの長さは何cmでしょうか。

考え方 「キャップの長さは、色えんぴつ㋐の長さの0.4倍です」とあるので、色えんぴつ㋐の長さを1とみます。このときキャップの長さが□にあたります。キャップの長さは、色えんぴつ㋐の長さをかけられる数にしたかけ算になります。

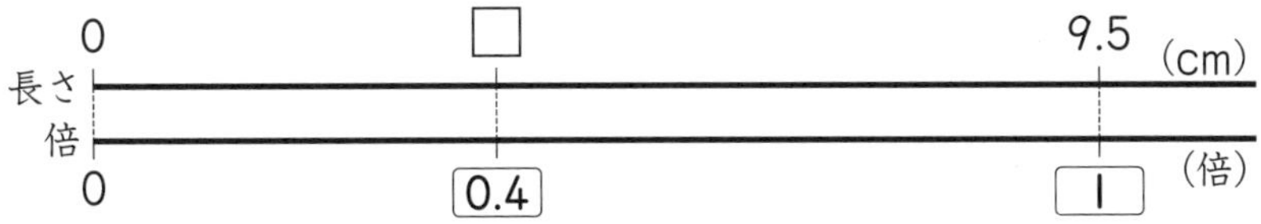

〔式〕 9.5×0.4＝3.8

答え 3.8cm

教科書94〜95ページ

13 9.5cm の色えんぴつあと、7.6cm の色えんぴついがあります。あの長さは、いの長さの何倍でしょうか。

1 問題の場面を別の言葉で表しましょう。下の□には、あ、いのどちらがあてはまるでしょうか。

2 求める数を□として、問題の場面を数直線に表しましょう。

3 式に表して、答えを求めましょう。

考え方 **1** 「いの長さの何倍になるか」を聞いているので、いの長さを1とみます。

2 いの長さを1とみたとき、あの長さは□倍にあたります。

3 いの長さを1とみるので、いの長さをわる数にしたわり算になります。

答え **1** い、あ

2

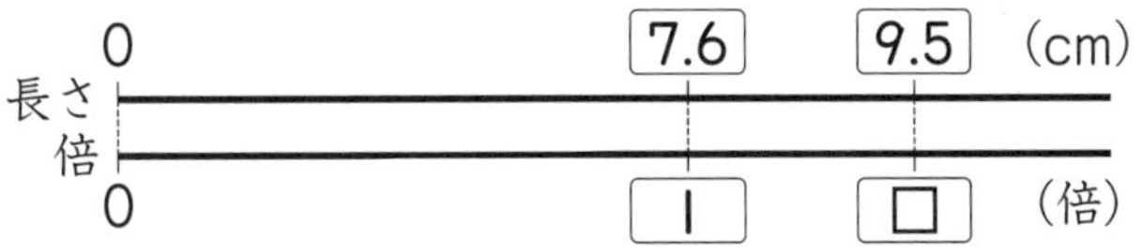

3 〔式〕 9.5÷7.6＝1.25　　〔答え〕 1.25倍

色えんぴついの長さをもとにして、7.6cm を1とみたとき、色えんぴつあの長さ 9.5cm は 1.25 にあたります。

教科書95ページ

20 青、緑、黄のリボンがあります。青のリボンの長さは8mです。

① 緑のリボンの長さは、2.5mです。青のリボンの長さは、緑のリボンの長さの何倍でしょうか。

② 黄のリボンの長さは、青のリボンの長さの2.5倍です。黄のリボンの長さは何mでしょうか。

考え方 ① 「緑のリボンの長さの何倍になるか」を聞いているので、緑のリボンの長さを１とみなします。このとき青のリボンの長さは□倍にあたります。

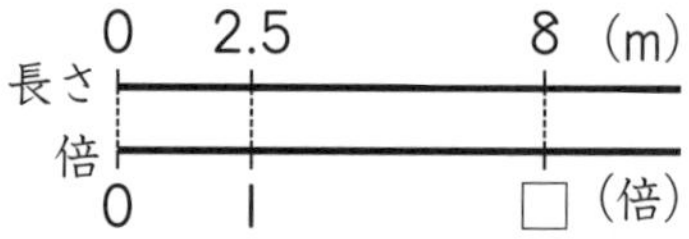

8÷2.5=3.2

② 黄のリボンの長さを聞いているので、青のリボンの長さを１とみなします。このとき黄のリボンの長さは□mにあたります。

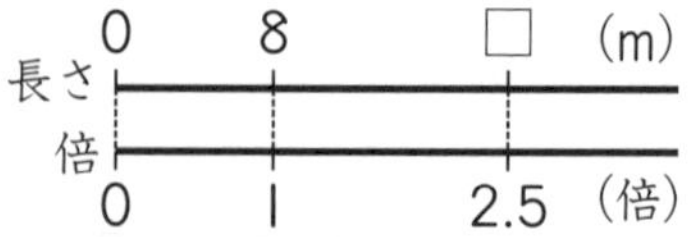

8×2.5=20

答え ① 3.2倍　② 20m

教科書96ページ

14 あるペンキをうすめて、1.2倍の量にして使います。うすめたときの量を5.4Lにするには、もとのペンキの量を何Lにすればよいでしょうか。

1 下の□にあてはまる数を書いて、問題の場面を別の言葉で表しましょう。

2 求める数を□として、問題の場面を数直線に表しましょう。

3 かけ算の式に表して、答えを求めましょう。

考え方 もとの量の1.2倍が5.4Lであることから、もとの量を１とすると、5.4Lは1.2にあたります。

□×1.2=5.4

□=5.4÷1.2

=4.5

答え **1** 1.2

2

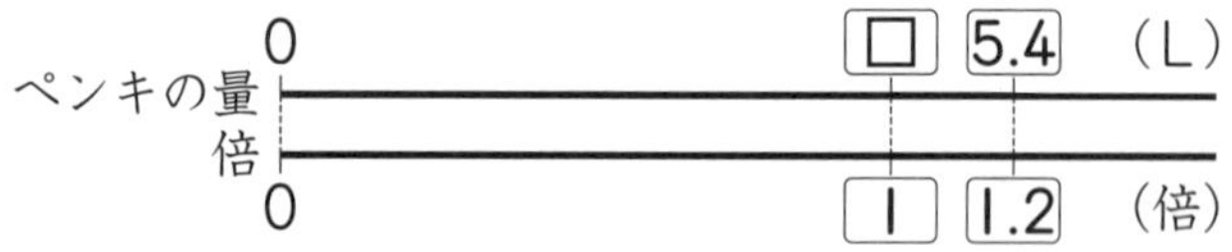

3 4.5L

教科書96ページ

21 1.4mのリボンⓐがあります。これは、リボンⓘの長さの0.7倍です。ⓘの長さは何mでしょうか。

考え方 リボンⓘの長さを□mとすると、

□×0.7=1.4

□=1.4÷0.7

=2

答え 2m

まとめ

教科書97ページ

❶ 27.3÷6.5 の計算のしかたを説明しましょう。

考え方 わられる数とわる数をそれぞれ 10 倍して考えます。

答え

```
27.3÷6.5＝[4.2]─┐
 ↓[10]倍 ↓[10]倍  ├等しい
273 ÷ 65 ＝[4.2]─┘
```

10、273

教科書97ページ

❷ 5.18÷3.7 を筆算でしています。
わられる数の小数点を移(うつ)して、
つづきの計算をしましょう。

```
3.7)5.18
```

考え方 わられる数とわる数に同じ数をかけても、商は変わりません。

答え **整数、わられる数**　〔計算〕

```
        1.4
    ───────
3.7)5.1.8
     3 7
    ─────
     1 4 8
     1 4 8
    ─────
         0
```

教科書98ページ

❶ 計算をしましょう。

① 8.4÷2.4　② 12.4÷0.8　③ 9.25÷3.7
④ 7.28÷18.2　⑤ 2.88÷6.4　⑥ 3.136÷0.64
⑦ 0.432÷0.36　⑧ 8.5÷1.25　⑨ 78÷0.65

考え方

①
```
        3.5
    ───────
2.4)8.4
     7 2
    ─────
     1 2 0
     1 2 0
    ─────
         0
```

②
```
         1 5.5
    ──────────
0.8)1 2.4
     8
    ───
     4 4
     4 0
    ─────
       4 0
       4 0
      ───
         0
```

③
```
         2.5
    ────────
3.7)9.2.5
     7 4
    ─────
     1 8 5
     1 8 5
    ─────
         0
```

④
```
        0.4
18.2)7.2.8
      728
        0
```

⑤
```
       0.45
6.4)2.8.8
     256
      320
      320
        0
```

⑥
```
          4.9
0.64)3.13.6
      256
       576
       576
         0
```

⑦
```
          1.2
0.36)0.43.2
        36
         72
         72
          0
```

⑧
```
         6.8
1.25)8.50
      750
      1000
      1000
         0
```

⑨
```
          120
0.65)78.00
      65
      130
      130
        0
```

答え ① 3.5　② 15.5　③ 2.5　④ 0.4　⑤ 0.45
⑥ 4.9　⑦ 1.2　⑧ 6.8　⑨ 120

教科書98ページ

2 商がわられる数より大きくなる式を、すべて選びましょう。

㋐ 36÷1.5　㋑ 81÷0.9　㋒ 0.066÷1.1　㋓ 35.7÷0.85

考え方 わる数が1より小さいときは、商はわられる数より大きくなります。

答え ㋑、㋓

教科書98ページ

3 1.8Lのすなの重さをはかったら、3.4kgでした。このすな1Lの重さは約何kgでしょうか。商は四捨五入(ししゃごにゅう)して、上から2けたのがい数で求めましょう。

考え方 3.4÷1.8で1Lの重さが求められます。

上から2けたのがい数で求めるには、上から3けたの位まで計算して、上から3けたの位の数字を四捨五入します。

3.4÷1.8＝1.88……（→1.9）

答え 約1.9kg

教科書98ページ

4 1.8kgの米を0.5kgずつふくろに入れていきます。米が0.5kg入ったふくろは何ふくろできて、何kgあまるでしょうか。

考え方 右の図より、米が0.5kg入ったふくろの数は整数なので、商を一の位まで求めて、あまりを出します。

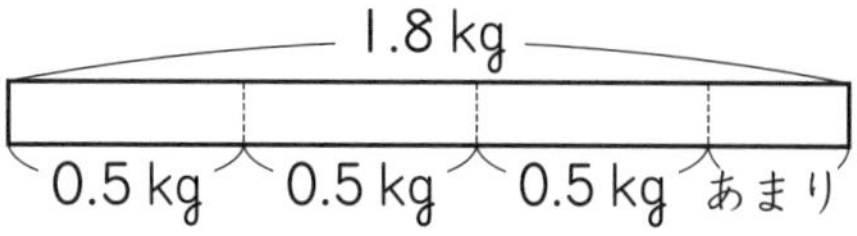

あまりの小数点は、わられる数のもとの小数点にそろえてうちます。

1.8÷0.5＝3 あまり 0.3

答え 3ふくろできて、0.3kgあまります。

教科書98ページ

5 5.5mの青いリボンと、3.3mの赤いリボンがあります。赤いリボンの長さは、青いリボンの長さの何倍でしょうか。

考え方 「青いリボンの長さの何倍か」を聞いているので、青いリボンの長さを1とみて、青いリボンの長さをわる数にしたわり算になります。

3.3÷5.5＝0.6

答え 0.6倍

教科書98ページ

6 青のリボンの長さは60cmです。これは、白のリボンの長さの0.4倍です。下の㋕から㋘の中から、白のリボンの長さを求める式を選びましょう。

㋕ 60＋0.4　㋖ 60×0.4　㋗ 0.4÷60　㋘ 60÷0.4

考え方 白のリボンの長さを□cmとすると、

□×0.4＝60

□＝60÷0.4

答え ㋘

教科書99ページ

算数ワールド

考え方 ✿ **1** 〔れおさんの考え〕 ご石を同じ数ずつのまとまりとして考えています。正方形の1辺にはご石が5個あり、4個ずつのまとまりが4つあると考えているので、(5－1)×4

〔つばささんの考え〕 正方形の1辺を1つのまとまりとして考えています。正方形の1辺にはご石が5個あり、そのまとまりが4つあると考えていますが、角の4つのご石は重なっているので、5×4－4

2 正方形の1辺にご石が5個あり、両はしの2個をのぞいた3個を1つのまとまりとして考えています。

❷ 右のように3個のまとまりが3つ、2個のまとまりが2つとみることができるので、
3×3+2×2=13

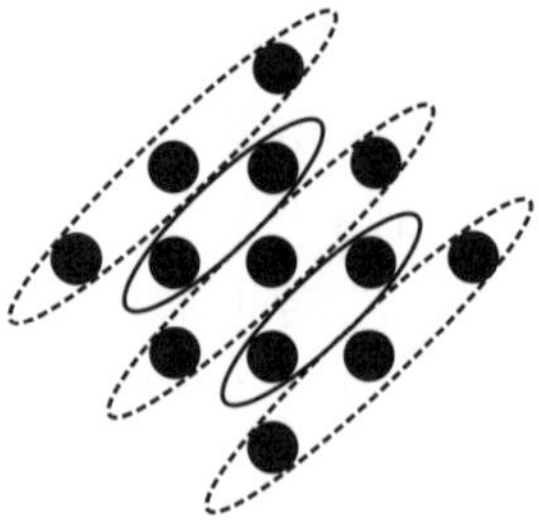

答え ❶ ① 〔れおさんの考え〕 (5−1)×4=16　〔答え〕 16個
〔つばささんの考え〕 5×4−4=16　〔答え〕 16個

②

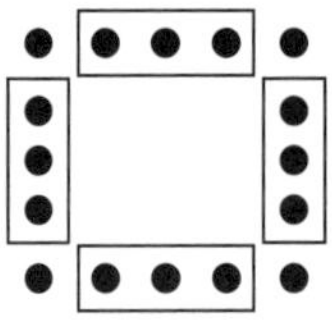

❷ 〔例〕 3×3+2×2=13　〔答え〕 13個

教科書100ページ

復習 ③

考え方 ◆1 ①② たての長さ7cmと、横の長さ○cmをかけると面積△cm^2になるので、 7×○=△

③ 7×12=84

◆2 ① 合同な図形では、対応(たいおう)する角の大きさは等しいので、角Aと大きさの等しい角を調べて、頂点(ちょうてん)Aに対応する頂点を求めます。

② 合同な図形では、対応する辺の長さは等しいので、辺EFに対応する辺の長さを調べます。

③④ 合同な図形では、対応する角の大きさは等しいので、それぞれの角に対応する角の大きさを調べます。

角Fに対応するのは角Aなので、360−(60+75+90)=135

◆3 赤のテープの長さを□mとすると、青のテープは赤のテープの0.6倍なので、□×0.6=1.2 より、□=1.2÷0.6

同様にして、白のテープは赤のテープの0.3倍なので、□×0.3=0.6 より、□=0.6÷0.3

答え ◆1 ① いえます。　② 7×○=△(○×7=△)　③ 84cm^2

◆2 ① 頂点F　② 5cm　③ 60°　④ 135°

◆3 ㋐、㋒

7 整数の見方

教科書101～103ページ

1 上のように、赤組と白組に分けていきます。
14番はどちらの組に入るでしょうか。

1 それぞれの組の数を見て、気がついたことをいいましょう。

2 赤組の数と白組の数を、それぞれ2でわってみましょう。どんなことがわかるでしょうか。

3 下の数直線で、偶数(ぐうすう)と奇数(きすう)はどのようにならんでいるか調べましょう。

考え方 **1** いくつずつ増(ふ)えているか、2つの組の数には関係があるかなどを調べてみましょう。

2 〔赤組〕 1÷2=[0]あまり[1]　　〔白組〕 2÷2=[1]
3÷2=[1あまり1]　　4÷2=[2]
5÷2=2あまり1　　6÷2=3
7÷2=3あまり1　　8÷2=4
9÷2=4あまり1　　10÷2=5
⋮　　⋮
わりきれません。　　わりきれます。

14は2でわりきれるので、白組に入ります。

3 偶数は、2でわったとき、わりきれる整数です。0÷2=0でわりきれるので、0も偶数といえます。

奇数は、2でわったとき、わりきれないで1あまる整数です。

数直線上の偶数に○、奇数に□をつけてみると、

⓪ [1] ② [3] ④ [5] ⑥ [7] ⑧ [9] ⑩ [11] ⑫ [13] ⑭ [15] ⑯ [17] ⑱ [19] ⑳ [21] ㉒

どんな整数でも、偶数か奇数のどちらかになっていることがわかります。

答え 白組

1 **赤組の数も白組の数も、2ずつ増えています。**
また、赤組の数に1をたすと、白組の数になります。　など。

2 **赤組の数は、2でわるとわりきれないで1あまります。**
白組の数は、2でわるとわりきれます。

3 **偶数と奇数は、1つおきに順序(じゅんじょ)よくならんでいます。**
偶数の両どなりは奇数になっています。
奇数の両どなりは偶数になっています。　など。

教科書103ページ

1 □にあてはまる数を書いて、偶数か奇数かがわかるように式に表しましょう。

① 18＝2×□　② 21＝2×□＋1

③ 36＝2×□　④ 43＝2×21＋□

考え方

① 2×□＝18
□＝18÷2
＝9

② 2×□＋1＝21
2×□＝21－1
＝20
□＝20÷2
＝10

③ 2×□＝36
□＝36÷2
＝18

④ 2×21＋□＝43
42＋□＝43
□＝43－42
＝1

答え

① 18＝2×[9]　② 21＝2×[10]＋1

③ 36＝2×[18]　④ 43＝2×21＋[1]

教科書103ページ

2 次の整数は、偶数、奇数のどちらでしょうか。

42　60　87　345　1658

考え方　一の位の数字を見れば、偶数と奇数に分けることができます。

一の位の数字が偶数なら、2でわりきれるので、その整数は偶数です。

一の位の数字が奇数なら、2でわりきれないで1あまるので、その整数は奇数です。

答え　〔偶数〕 42、60、1658　〔奇数〕 87、345

教科書103ページ

3つの組に分けると…

考え方　それぞれの組の数を、3でわったときのあまりの数に注目しましょう。

14÷3＝4 あまり 2

答え 赤組の数は、3でわるとわりきれないで1あまります。
白組の数は、3でわるとわりきれないで2あまります。
青組の数は、3でわるとわりきれます。
14は3でわると2あまるので、14番は白組になります。

教科書104ページ

2 偶数(ぐうすう)と奇数(きすう)の和は、どんな数になるでしょうか。

1 いくつかの場合を調べて、見通しを立てましょう。

2 6(偶数)と3(奇数)の和が、奇数になるわけを説明しましょう。

3 偶数と偶数の和はどんな数になるか、図や式を使って説明しましょう。

考え方 **1** 6+3=9　　1+0=1
2+5=7　　13+20=33

2 〔みなとさんの考え〕 図に表して考えています。6は2のまとまりが3つ、3は2のまとまりが1つとあまりが1です。だから、6と3の和は2のまとまりが4つとあまりが1となります。この和は2でわったときあまりが1になるので、奇数とわかります。

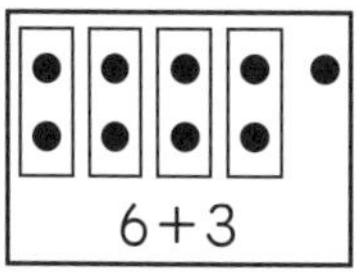

〔かえでさんの考え〕 式に表して考えています。

6=2×3
3=2×1+1 なので、
6+3=2×3+2×1+1
　　=2×(3+1)+1
　　=2×4+1

かえでさんの式の2×4+1は、みなとさんの図の「2のまとまりが4つとあまりが1」と同じだね。

なので、奇数とわかります。

3 4(偶数)と2(偶数)の和について考えます。図に表すと、4は2のまとまりが2つ、2は2のまとまりが1つです。だから、4と2の和は2のまとまりが3つになります。この和は2でわりきれるので、偶数とわかります。

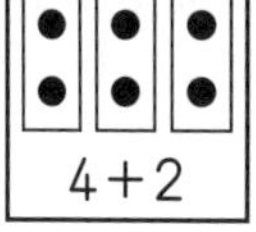

式に表すと、4=2×2
　　　　　　2=2×1
　　　　　　4+2=2×2+2×1
　　　　　　　　=2×(2+1)
　　　　　　　　=2×3

なので、偶数とわかります。

答え 奇数になります。

1 奇数になると考えられます。

2 みなとさんは、図に表して、6と3の和は2のまとまりが4つとあまりが1なので、奇数になると説明しています。かえでさんは、式に表して、6+3=2×3+2×1+1=2×(3+1)+1=2×4+1 より、奇数になると説明しています。

3 4と2の和について、図に表すと、2のまとまりが3つなので、偶数になります。式に表すと、
4+2=2×2+2×1=2×(2+1)=2×3 より、偶数になることがわかります。

教科書104ページ

九九の答えはどちらが多い？

考え方 かける数が2、4、6、8、または、かけられる数が2、4、6、8の答えは偶数になり、それ以外は奇数になります。したがって偶数のほうが多いと予想されます。

右のように、偶数に色をぬると、偶数は56個、奇数は25個なので、偶数が多いとわかります。

答え 偶数が多い

九九の表

かけられる数＼かける数	1	2	3	4	5	6	7	8	9
1	1	2	3	4	5	6	7	8	9
2	2	4	6	8	10	12	14	16	18
3	3	6	9	12	15	18	21	24	27
4	4	8	12	16	20	24	28	32	36
5	5	10	15	20	25	30	35	40	45
6	6	12	18	24	30	36	42	48	54
7	7	14	21	28	35	42	49	56	63
8	8	16	24	32	40	48	56	64	72
9	9	18	27	36	45	54	63	72	81

教科書105～106ページ

3 1ふくろ3本入りのソーセージと、1ふくろ4本入りのパンを、それぞれ何ふくろか買って、ソーセージとパンの数が等しくなるときの本数を求めましょう。

1 ソーセージの本数を、1ふくろの場合、2ふくろの場合、……と順に調べましょう。

2 パンの本数を表す数は、何の倍数(ばいすう)になっているでしょうか。

3 下の数直線で、3の倍数と4の倍数にそれぞれ○をつけましょう。また、3の倍数にも4の倍数にもなっている数を見つけましょう。

考え方 1 2 ソーセージの本数は3の1倍、2倍、3倍、……になり、パンの本数は4の1倍、2倍、3倍、……になります。

3 3の倍数は3、6、9、……であり、4の倍数は4、8、12、……です。また、数直線で、どちらにも○がついている数を見つけます。

答え 12の倍数

1

ふくろの数（ふくろ）	1	2	3	4	5	6	7
ソーセージの数（本）	3	6	9	12	15	18	21

2 4の倍数

3 3の倍数

0 1 2 ③ 4 5 ⑥ 7 8 ⑨ 10 11 ⑫ 13 14 ⑮ 16 17 ⑱ 19 20 ㉑ 22 23 ㉔ 25

4の倍数

0 1 2 3 ④ 5 6 7 ⑧ 9 10 11 ⑫ 13 14 15 ⑯ 17 18 19 ⑳ 21 22 23 ㉔ 25

〔3の倍数にも4の倍数にもなっている数〕 12、24

教科書106ページ

3 6と10の倍数を、それぞれ小さい順に5つずつ書きましょう。
また、6と10の公倍数(こうばいすう)を1つ書きましょう。

考え方 6と10の公倍数は、6の倍数にも10の倍数にもなっている数なので、6と10の倍数を、小さいほうから順に書いていき、共通な倍数を見つけます。

6の倍数	6、12、18、24、㉚、……
10の倍数	10、20、㉚、40、50、……

答え 〔6の倍数〕 6、12、18、24、30
〔10の倍数〕 10、20、30、40、50
〔公倍数〕（例）30

教科書107ページ

4 6と9の公倍数の見つけ方を考えましょう。

1 いちばん小さい公倍数とそのほかの公倍数の間には、どんな関係があるでしょうか。

考え方　〔れおさんの考え〕 6と9の公倍数は、6の倍数にも9の倍数にもなっている数なので、6と9の倍数を、小さいほうから順に書いていき、共通な倍数を見つけます。

6の倍数	6、12、⑱、24、30、㊱、42、48、54(○)、……
9の倍数	9、⑱、27、㊱、45、54(○)、63、72、……

〔つばささんの考え〕 9の倍数を6でわって、6の倍数を見つけます。

6でわりきれる数は6の倍数なので、9の倍数のうち、6でわりきれる数は、6と9の公倍数になります。

9の倍数	9、⑱、27、㊱、45、54(○)、……

1　いちばん小さい公倍数の倍数を調べると、そのほかの公倍数になっていることがわかります。

答え　〔れおさんの考え〕 **6と9の倍数をならべて、共通な倍数を見つけようとしています。**

〔つばささんの考え〕 **9の倍数を6でわって、6と9の公倍数を見つけようとしています。**

1　**公倍数は、いちばん小さい公倍数の倍数になっています。**

教科書107ページ

4　2と5の最小公倍数(さいしょうこうばいすう)は何でしょうか。

また、2と5の公倍数を、小さい順に3つ書きましょう。

考え方　2と5の最小公倍数は、2と5でわりきれるいちばん小さい数なので、5の倍数のうち、2でわりきれるいちばん小さい数を見つけます。

$10 \div 2 = 5$

また、最小公倍数の倍数が公倍数になるので、10を2倍、3倍して、ほかの公倍数を求めます。

答え　〔最小公倍数〕 10　〔公倍数〕 10、20、30

教科書107ページ

5　(　)の中の数の公倍数を、小さい順に3つ書きましょう。

①(4、9)　②(10、12)　③(3、21)

考え方　一方の倍数のうち、もう一方の数でわりきれる数を見つけます。

いちばん小さい公倍数が最小公倍数です。最小公倍数の倍数が公倍数になるので、最小公倍数を2倍、3倍して公倍数を求めます。

答え　① **36、72、108**　② **60、120、180**　③ **21、42、63**

教科書108ページ

5 2と3と4の公倍数を見つけましょう。

考え方　2の倍数と3の倍数と4の倍数のうち、共通する数を見つけます。

2の倍数

0 1 ② 3 ④ 5 ⑥ 7 ⑧ 9 ⑩ 11 ⑫ 13 ⑭ 15 ⑯ 17 ⑱ 19 ⑳ 21 ㉒ 23 ㉔ 25

3の倍数

0 1 2 ③ 4 5 ⑥ 7 8 ⑨ 10 11 ⑫ 13 14 ⑮ 16 17 ⑱ 19 20 ㉑ 22 23 ㉔ 25

4の倍数

0 1 2 3 ④ 5 6 7 ⑧ 9 10 11 ⑫ 13 14 15 ⑯ 17 18 19 ⑳ 21 22 23 ㉔ 25

いちばん小さい公倍数の12が最小公倍数です。

最小公倍数の倍数が公倍数になるので、12の倍数が公倍数です。

答え　**12の倍数**

教科書108ページ

6 2と3と9の最小公倍数は何でしょうか。
また、公倍数を、小さい順に3つ書きましょう。

考え方　2の倍数と3の倍数と9の倍数のうち、共通する数を見つけます。

いちばん小さい公倍数が最小公倍数です。

最小公倍数は18なので、18を2倍、3倍して、公倍数を求めます。

答え　〔最小公倍数〕 **18**　〔公倍数〕 **18、36、54**

教科書108ページ

7 (　)の中の数の公倍数を、小さい順に3つ書きましょう。

①(2、4、8)　②(3、5、6)

考え方　①　最小公倍数は8になります。

②　最小公倍数は30になります。

答え　①　**8、16、24**　②　**30、60、90**

教科書109ページ

6 たて6cm、横8cmの長方形のタイルを同じ向きにすき間なくならべて、正方形を作ります。正方形の|辺の長さは何cmになるでしょうか。

1 タイルをならべていったとき、たての長さはどんな数になるでしょうか。また、横の長さはどんな数になるでしょうか。

2 正方形になるのは、どんなときでしょうか。

3 できるだけ小さい正方形を作るには、|辺の長さを何cmにすればよいでしょうか。

考え方 **1** たての長さは6の|倍、2倍、……となり、横の長さは8の|倍、2倍、……となります。

2 たての長さと横の長さが6と8に共通な倍数になるとき、正方形になります。

3 タイルをたてに4まい、横に3まいならべたとき、たてと横の長さはどちらも6と8の最小公倍数になるので、正方形になります。

答え **1** 〔たての長さ〕 **6の倍数** 〔横の長さ〕 **8の倍数**

2 **正方形の|辺の長さが6と8の公倍数のとき**

3 24cm

教科書109ページ

8 はるさんとゆきさんは、それぞれ下のようなリズムで数を唱えながらタンブリンを打ちます。

最初に2人が同時にタンブリンを打つのは、いくつのときでしょうか。

考え方 はるさんは3の倍数で、ゆきさんは4の倍数でタンブリンを打つので、3と4の公倍数で2人が同時にタンブリンを打つことがわかります。最初に同時に打つのは、3と4の最小公倍数である12のときです。

答え 12

教科書111～112ページ

7 いちご12個とバナナ8本を、それぞれ同じ数ずつ何皿かに分けます。いちごもバナナもあまりがなく分けられるのは、何皿のときでしょうか。

1 いちごをあまりがなく分けられるかどうか、1皿の場合、2皿の場合、……と順に調べましょう。

2 バナナをあまりがなく分けられる皿の数は、何の約数（やくすう）でしょうか。

3 下の数直線で、8の約数と12の約数にそれぞれ○をつけましょう。また、8の約数にも12の約数にもなっている数を見つけましょう。

考え方 **1** いちごは12個あるので、12をわりきることのできる整数を調べます。

2 バナナは8本あるので、8をわりきることのできる整数を調べます。

3 8の約数とは、8をわりきることのできる整数のことで、1、2、4、8の4つです。12の約数は1、2、3、4、6、12の6つです。また、数直線で、どちらにも○がついている数を見つけます。

答え **1皿、2皿、4皿**

1

皿の数 (皿)	1	2	3	4	5	6	7	8	9	10	11	12
あまりがないか	○	○	○	○	×	○	×	×	×	×	×	○

2 **8の約数**

3

8の約数　0 ① ② 3 ④ 5 6 7 ⑧

12の約数　0 ① ② ③ ④ 5 ⑥ 7 8 9 10 11 ⑫

〔8の約数にも12の約数にもなっている数〕 **1、2、4**

教科書112ページ

9 15と18の約数を、それぞれすべて書きましょう。また、15と18の公約数をすべて書きましょう。

考え方 15と18の公約数は、15の約数にも18の約数にもなっている数なので、15の約数と18の約数をすべて書いていき、共通する数を見つけます。

15の約数	①、③、5、15
18の約数	①、2、③、6、9、18

答え 〔15の約数〕 1、3、5、15　〔18の約数〕 1、2、3、6、9、18
〔公約数〕 1、3

教科書113ページ

8 12と16の公約数の見つけ方を考えましょう。

1 いちばん大きい公約数とすべての公約数の間には、どんな関係があるでしょうか。

考え方 〔みなとさんの考え〕 それぞれの約数をならべて、共通な約数を見つけます。
12と16の公約数は、12の約数にも16の約数にもなっている数なので、12の約数と16の約数をすべて書いて、共通する数を見つけます。

12の約数	①、②、3、④、6、12
16の約数	①、②、④、8、16

〔かえでさんの考え〕 一方の約数でもう一方の数をわって、共通な約数を見つけます。12と16の公約数は、12も16もわりきることのできる数なので、12の約数のうち、16をわりきれる数は、12と16の公約数になります。

12の約数	①、②、3、④、6、12

1 いちばん大きい公約数の約数を調べると、すべての公約数になっていることがわかります。

答え 〔みなとさんの考え〕 **12と16の約数をそれぞれならべて、共通な約数を見つけようとしています。**
〔かえでさんの考え〕 **12の約数で16をわって、12と16の公約数を見つけようとしています。**

1 **すべての公約数は、いちばん大きい公約数の約数になっています。**

教科書113ページ

10 18と27の最大公約数(さいだいこうやくすう)は何でしょうか。
また、18と27の公約数をすべて書きましょう。

考え方 18と27の最大公約数は、18も27もわりきることのできる数の中でいちばん大きい数なので、18の約数のうち、27をわりきれるいちばん大きい数を見つけます。

27÷9=3

最大公約数の約数が公約数になるので、9をわりきれる数を見つけます。

9÷1=9、9÷3=3、9÷9=1

答え 〔最大公約数〕 9　〔公約数〕 1、3、9

教科書113ページ

11 (　)の中の数の公約数をすべて書きましょう。

① (9、18)　② (20、24)　③ (36、48)

考え方 一方の約数のうち、もう一方の数をわりきれる数を見つけます。

答え ① 1、3、9

② 1、2、4

③ 1、2、3、4、6、12

教科書113ページ

約数のしくみ

考え方

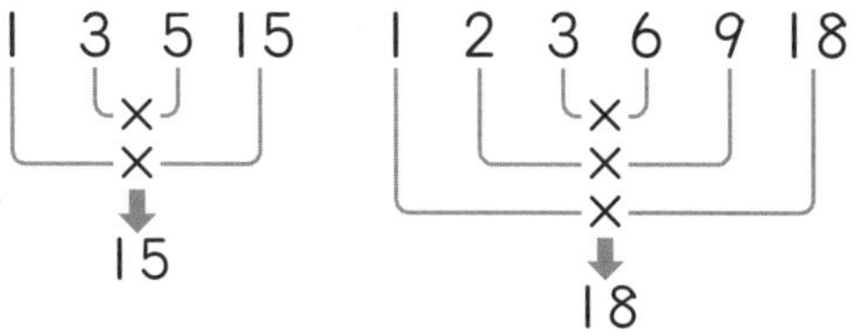

15、18以外の数の約数でも、同じことがいえます。

答え いえます。

教科書114ページ

9 たて12cm、横18cmの長方形の工作用紙を線にそって、すべて同じ大きさの正方形に切り分けます。あまりがないように切り分けるとき、正方形の1辺の長さは何cmにすればよいでしょうか。

1 たても横もあまりがなく分けられるのは、正方形の1辺の長さがどんな数のときでしょうか。

2 できるだけ大きい正方形に切り分けるには、1辺の長さを何cmにすればよいでしょうか。

考え方 1 たて12cm、横18cmを同じ長さにあまりがないように分けるので、正方形の1辺の長さは12と18の公約数になります。

2 できるだけ大きい正方形にするので、12と18の最大公約数を見つけます。

答え 1 **12と18の公約数**

2 6cm

教科書114ページ

12 あめが36個（こ）、チョコレートが24個あります。それぞれあまりがないように、同じ数ずつに分けて、あめとチョコレートが入ったふくろを作ります。

　できるだけ多くのふくろに分けるには、ふくろの数をいくつにすればよいでしょうか。

考え方 あめ36個、チョコレート24個を同じ数ずつあまりがないように分けるので、ふくろの数は36と24の公約数になります。できるだけ多くのふくろに分けるので、36と24の最大公約数を見つけます。

答え 12ふくろ

まとめ

教科書115ページ

1 次の整数を、偶数（ぐうすう）と奇数（きすう）に分けましょう。

38　　45　　0　　150　　7153

考え方 一の位の数字が0、2、4、6、8ならば偶数、それ以外の数字ならば奇数とわかります。

答え **2、偶数、1、奇数**

〔偶数〕 38、0、150　〔奇数〕 45、7153

教科書115ページ

2 12と15の最小公倍数と最大公約数を求めましょう。

考え方 倍数、公倍数、最小公倍数、約数、公約数、最大公約数の意味をもう一度確(たし)かめましょう。

答え **倍数、公倍数、最小公倍数、30、45、60、60、約数、公約数、最大公約数、5、15、3**

教科書116ページ

1 □にあてはまる数を書いて、偶数(ぐうすう)か奇数(きすう)かがわかるように式に表しましょう。

① 7＝2×□＋1　② 52＝2×□

③ 184＝2×□　④ 1395＝2×697＋□

考え方

① 2×□＋1＝7
　2×□＝7－1
　＝6
　□＝6÷2
　＝3

② 2×□＝52
　□＝52÷2
　＝26

③ 2×□＝184
　□＝184÷2
　＝92

④ 2×697＋□＝1395
　1394＋□＝1395
　□＝1395－1394
　＝1

答え

① 7＝2×[3]＋1　② 52＝2×[26]

③ 184＝2×[92]　④ 1395＝2×697＋[1]

教科書116ページ

2 次の数の倍数を、小さい順に5つずつ書きましょう。

① 4　② 5　③ 8　④ 16　⑤ 22

考え方 ある整数を整数倍にしてできる数を、もとの整数の倍数といいます。

答え

① 4、8、12、16、20　② 5、10、15、20、25

③ 8、16、24、32、40　④ 16、32、48、64、80

⑤ 22、44、66、88、110

教科書116ページ

3 次の数の約数を、すべて書きましょう。

① 8　② 14　③ 17　④ 42　⑤ 81

考え方 ある整数をわりきることのできる整数を、もとの整数の約数といいます。

④　約数を外側から組にしたときの積は、どれももとの整数になることを使って、確かめます。

右の図には、3とかけて42になる整数がありません。

42÷3＝14 より、14がたりないことがわかります。

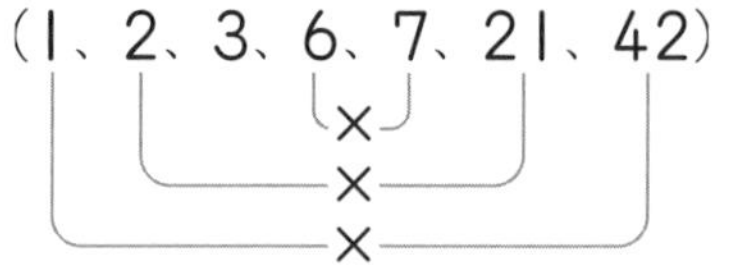

答え ①　1、2、4、8　②　1、2、7、14　③　1、17

④　1、2、3、6、7、14、21、42

⑤　1、3、9、27、81

教科書116ページ

4 (　)の中の数の最小公倍数と最大公約数を求めましょう。

①(12、28)　②(20、25)　③(16、64)

考え方 公倍数のうち、いちばん小さい公倍数を最小公倍数といいます。公約数のうち、いちばん大きい公約数を最大公約数といいます。

答え ①〔最小公倍数〕84　〔最大公約数〕4

②〔最小公倍数〕100　〔最大公約数〕5

③〔最小公倍数〕64　〔最大公約数〕16

教科書116ページ

5 20分ごとに発車するバスと、15分ごとに発車する列車があります。今、バスと列車が同時に発車したとき、次に同時に発車するのは何分後でしょうか。

考え方 20分ごとに発車するバスは(20の倍数)分後、15分ごとに発車する列車は(15の倍数)分後に発車するので、バスと列車が同時に発車するのは(20と15の公倍数)分後です。次に同時に発車するのは(20と15の最小公倍数)分後になります。

答え 60分後

教科書116ページ

もっとやってみよう

考え方 一の位の数字が0、2、4、6、8ならば偶数、それ以外の数字ならば奇数とわかります。いちばん大きい偶数は86、いちばん小さい奇数は17です。

答え 〔いちばん大きい偶数〕86　〔いちばん小さい奇数〕17

8 分数の大きさとたし算、ひき算

教科書118〜119ページ

1 大きさの等しい分数を比べて、どのような関係になっているか考えましょう。

$\frac{2}{3}$　$\frac{4}{6}$　$\frac{6}{9}$

1 下の図に線をかいて、$\frac{4}{6}$、$\frac{6}{9}$ の大きさを表しましょう。

2 $\frac{2}{3}$、$\frac{4}{6}$、$\frac{6}{9}$ の分母どうし、分子どうしは、どのような関係になっているでしょうか。

3 （教科書）118ページの数直線で、大きさの等しい分数を見つけて、分母どうし、分子どうしの関係を調べましょう。

考え方 **1** $\frac{4}{6}$ は $\frac{1}{6}$ が4個分の大きさです。$\frac{6}{9}$ は $\frac{1}{9}$ が6個分の大きさです。

2 $\frac{2}{3}$ の分母と分子に、それぞれどんな数をかけると、$\frac{4}{6}$、$\frac{6}{9}$ になるかを考えましょう。また、$\frac{4}{6}$、$\frac{6}{9}$ の分母と分子を、それぞれどんな数でわると $\frac{2}{3}$ になるかを考えましょう。

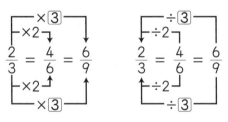

×3、×2

$\frac{2}{3} = \frac{4}{6} = \frac{6}{9}$

×2、×3

÷3、÷2

$\frac{2}{3} = \frac{4}{6} = \frac{6}{9}$

÷2、÷3

1 の図で説明すると…。

1を3等分した2個分　→　1を(3×2)等分した(2×2)個分

3 数直線をたてに見て、同じ大きさの分数をみつけます。たとえば、$\frac{1}{2}=\frac{2}{4}=\frac{3}{6}=\frac{4}{8}=\frac{5}{10}$ をみると、分母と分子に同じ数をかけても、分母と分子を同じ数でわっても、分数の大きさは変わらないことがわかります。

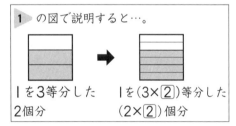

答え 1 $\frac{4}{6}$　$\frac{6}{9}$

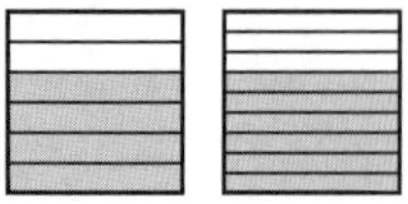

2 $\frac{2}{3}$の分母と分子に、それぞれ2、3をかけた数が$\frac{4}{6}$、$\frac{6}{9}$です。

また、$\frac{4}{6}$、$\frac{6}{9}$の分母と分子を、それぞれ2、3でわった数が$\frac{2}{3}$です。

3 分数の分母と分子に同じ数をかけても、分母と分子を同じ数でわっても、分数の大きさは変わらないという関係になっています。

教科書119ページ

1 $\frac{6}{8}$と大きさの等しい分数を、すべて選びましょう。

㋐ $\frac{12}{16}$　㋑ $\frac{3}{4}$　㋒ $\frac{2}{3}$　㋓ $\frac{18}{24}$　㋔ $\frac{20}{32}$

考え方 分数の分母と分子に同じ数をかけたりわったりしても、分数の大きさは変わりません。分数の分母と分子に、2、3、4、……をかけていくと、大きさの等しい分数を見つけることができます。また、分数の分母と分子を同じわりきれる数でわっても、大きさの等しい分数を見つけることができます。

答え ㋐、㋑、㋓

㋐の分数は、$\frac{6}{8}$の分母と分子に2をかけた数だね。

教科書120ページ

2 $\dfrac{12}{18}$ と大きさが等しく、分母が 18 より小さい分数を見つけましょう。

1 分母も分子もわりきることができる数はどんな数でしょうか。

考え方 分数の分母と分子を同じ数でわっても、分数の大きさは変わりません。

1 〔つばささんの考え〕 18 と 12 の公約数の 2 でわりきることができます。
〔れおさんの考え〕 18 と 12 の最大公約数の 6 でわりきることができます。
〔みなとさんの考え〕 2 でわったあと、さらにほかの公約数の 3 でわりきることができます。

答え $\dfrac{6}{9}$、$\dfrac{2}{3}$ など。

1 **分母と分子の公約数**

教科書120ページ

2 $\dfrac{7}{21}$ を約分しましょう。

考え方 約分するときは、ふつう、分母と分子をできるだけ小さい整数にします。
分母と分子をそれらの最大公約数でわると、いちばん小さい分母と分子にできるので、$\dfrac{7}{21}$ の分母と分子を、21 と 7 の最大公約数の 7 でわります。

$$\frac{7}{21}=\frac{7\div7}{21\div7}=\frac{1}{3}$$

答え $\dfrac{1}{3}$

教科書120ページ

3 約分しましょう。

① $\dfrac{3}{9}$　② $\dfrac{15}{25}$　③ $\dfrac{18}{48}$　④ $\dfrac{24}{20}$　⑤ $\dfrac{56}{49}$

考え方

① $\dfrac{3}{9}=\dfrac{3\div3}{9\div3}=\dfrac{1}{3}$　② $\dfrac{15}{25}=\dfrac{15\div5}{25\div5}=\dfrac{3}{5}$

③ $\dfrac{18}{48}=\dfrac{18\div6}{48\div6}=\dfrac{3}{8}$　④ $\dfrac{24}{20}=\dfrac{24\div4}{20\div4}=\dfrac{6}{5}$

⑤ $\dfrac{56}{49}=\dfrac{56\div7}{49\div7}=\dfrac{8}{7}$

答え ① $\dfrac{1}{3}$　② $\dfrac{3}{5}$　③ $\dfrac{3}{8}$　④ $\dfrac{6}{5}$　⑤ $\dfrac{8}{7}$

教科書120ページ

4 $2\frac{6}{8}$ を約分しましょう。

考え方 帯分数は、整数部分と分数部分に分けて考えます。

$$\frac{6}{8}=\frac{6\div2}{8\div2}=\frac{3}{4}$$

答え $2\frac{3}{4}$

教科書121ページ

3 $\frac{3}{5}$ と $\frac{2}{3}$ は、どちらが大きいでしょうか。

1 それぞれ、大きさの等しい分数を書き出しましょう。

2 □にあてはまる不等号を書きましょう。

$\frac{3}{5}$ □ $\frac{2}{3}$

考え方 $\frac{3}{5}$ と $\frac{2}{3}$ の分母と分子に、2、3、4、……をかけていきます。

$$\frac{3}{5}=\frac{6}{10}=\frac{9}{15}=\frac{12}{20}=\frac{15}{25}=\cdots\cdots$$

$$\frac{2}{3}=\frac{4}{6}=\frac{6}{9}=\frac{8}{12}=\frac{10}{15}=\frac{12}{18}=\cdots\cdots$$

分母が等しく分子が大きい $\frac{10}{15}$ のほうが $\frac{9}{15}$ より大きいので、$\frac{2}{3}$ は $\frac{3}{5}$ より大きい数です。

答え

1 省略

2 $\frac{3}{5}<\frac{2}{3}$

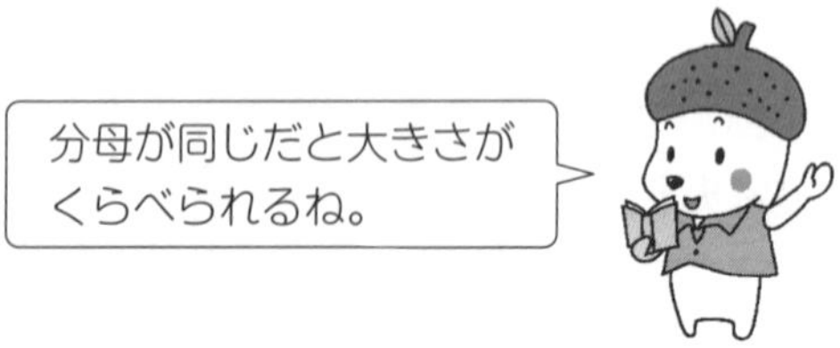

分母が同じだと大きさがくらべられるね。

教科書121ページ

5 $\frac{3}{4}$と$\frac{4}{5}$は、どちらが大きいでしょうか。

考え方 $\frac{3}{4}$と$\frac{4}{5}$を通分(つうぶん)すると、$\frac{15}{20}$と$\frac{16}{20}$になります。$\frac{16}{20}$のほうが$\frac{15}{20}$より大きいので、$\frac{4}{5}$は$\frac{3}{4}$より大きい数です。

答え $\frac{4}{5}$

教科書122ページ

4 $\frac{5}{6}$と$\frac{7}{8}$の通分のしかたを考えましょう。

1 どんな数を共通な分母にすればよいでしょうか。

考え方 通分するときは、分母の公倍数を見つけて、分母の等しい分数にします。

1 通分したときの共通な分母は、もとのそれぞれの分母の公倍数になるので、6と8の公倍数であればよいことがわかります。

答え 〔かえでさんの考え〕 **分母どうしをかけて、公倍数を求め、それを共通な分母にしています。**

〔れおさんの考え〕 **分母どうしの最小公倍数を求め、それを共通な分母にしています。**

1 **6と8の公倍数**

教科書122ページ

6 $\frac{3}{8}$と$\frac{7}{20}$は、どちらが大きいでしょうか。

考え方 $\frac{3}{8}$と$\frac{7}{20}$の分母の最小公倍数を共通な分母にして、通分しましょう。

8と20の最小公倍数は40なので、8、20にそれぞれいくつをかけると40になるかを求めて、同じ数を分子にもかけます。

$\frac{3}{8}=\frac{3\times5}{8\times5}=\frac{15}{40}$　　$\frac{7}{20}=\frac{7\times2}{20\times2}=\frac{14}{40}$

答え $\frac{3}{8}$

教科書122ページ

7 (　)の中の分数を通分しましょう。

① $\left(\frac{3}{4}、\frac{5}{7}\right)$　② $\left(\frac{2}{3}、\frac{7}{9}\right)$　③ $\left(\frac{3}{5}、\frac{5}{6}、\frac{7}{10}\right)$

考え方 それぞれの分数の分母の最小公倍数を共通な分母にして、通分しましょう。

分母にいくつをかけると最小公倍数になるかを求めて、同じ数を分子にもかけます。

① $\frac{3}{4}=\frac{3\times7}{4\times7}=\frac{21}{28}$　$\frac{5}{7}=\frac{5\times4}{7\times4}=\frac{20}{28}$

② $\frac{2}{3}=\frac{2\times3}{3\times3}=\frac{6}{9}$　$\frac{7}{9}=\frac{7\times1}{9\times1}=\frac{7}{9}$

③ $\frac{3}{5}=\frac{3\times6}{5\times6}=\frac{18}{30}$

$\frac{5}{6}=\frac{5\times5}{6\times5}=\frac{25}{30}$

$\frac{7}{10}=\frac{7\times3}{10\times3}=\frac{21}{30}$

答え ① $\left(\frac{21}{28}、\frac{20}{28}\right)$　② $\left(\frac{6}{9}、\frac{7}{9}\right)$　③ $\left(\frac{18}{30}、\frac{25}{30}、\frac{21}{30}\right)$

分母はそれぞれの分母の
最小公倍数だよ。

教科書122ページ

◆8 $1\frac{1}{6}$ と $1\frac{2}{15}$ を通分しましょう。

考え方 帯分数は、整数部分と分数部分に分けて考えます。

$$\frac{1}{6}=\frac{1\times5}{6\times5}=\frac{5}{30} \qquad \frac{2}{15}=\frac{2\times2}{15\times2}=\frac{4}{30}$$

答え $1\frac{5}{30}$、$1\frac{4}{30}$

教科書123～124ページ

5 かえでさんは、$\frac{1}{2}$L と $\frac{1}{3}$L のジュースをしぼりました。あわせて何Lあるでしょうか。

1 計算のしかたを考えましょう。

考え方 「あわせて何Lか」なので、$\boxed{\frac{1}{2}+\frac{1}{3}}$

〔はるさんの考え〕 図を使って考えます。

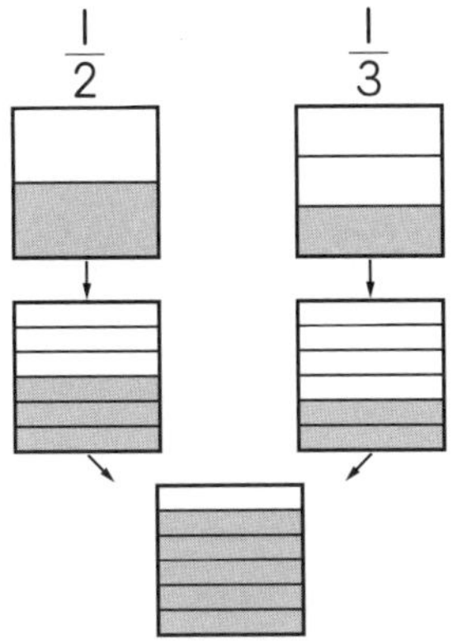

$\frac{1}{6}$ が($\boxed{3}+\boxed{2}$)個分

〔ゆきさんの考え〕 分母のちがう分数はそのままではたし算できないので、通分してから分子どうしをたし算します。

$$\frac{1}{2}=\frac{1\times3}{2\times3}=\frac{3}{6} \qquad \frac{1}{3}=\frac{1\times2}{3\times2}=\frac{2}{6}$$

答え $\frac{1}{2}+\frac{1}{3}=\frac{\boxed{3}}{\boxed{6}}+\frac{\boxed{2}}{\boxed{6}}$

$=\frac{\boxed{5}}{\boxed{6}}$ 〔答え〕 $\frac{5}{6}$L

教科書124ページ

9 $\frac{1}{4}+\frac{1}{3}$ の計算をしましょう。

考え方 分母のちがう分数のたし算は、通分してから分子どうしをたし算します。

$$\frac{1}{4}+\frac{1}{3}=\frac{3}{12}+\frac{4}{12}=\frac{7}{12}$$

答え $\frac{7}{12}$

教科書124ページ

10 ① $\frac{2}{5}+\frac{1}{2}$ ② $\frac{5}{9}+\frac{1}{6}$ ③ $\frac{2}{3}+\frac{3}{7}$ ④ $\frac{7}{4}+\frac{5}{6}$

考え方 ① $\frac{2}{5}+\frac{1}{2}=\frac{4}{10}+\frac{5}{10}=\frac{9}{10}$

② $\frac{5}{9}+\frac{1}{6}=\frac{10}{18}+\frac{3}{18}=\frac{13}{18}$

③ $\frac{2}{3}+\frac{3}{7}=\frac{14}{21}+\frac{9}{21}=\frac{23}{21}$

④ $\frac{7}{4}+\frac{5}{6}=\frac{21}{12}+\frac{10}{12}=\frac{31}{12}$

通分するときは、分母の最小公倍数を共通な分母にするよ。

答え ① $\frac{9}{10}$ ② $\frac{13}{18}$ ③ $\frac{23}{21}\left(1\frac{2}{21}\right)$ ④ $\frac{31}{12}\left(2\frac{7}{12}\right)$

教科書125ページ

6 $\frac{3}{4}+\frac{1}{6}$ の計算のしかたを考えましょう。

考え方 かえでさんは、分母どうしをかけて、公倍数を共通な分母にして計算しています。答えは約分できるので、約分しています。みなとさんは分母の最小公倍数を共通な分母にしています。どちらも同じ答えになりますが、最小公倍数を使ったほうが計算しやすいことがわかります。

答え **$\frac{3}{4}$ と $\frac{1}{6}$ を通分して、$\frac{9}{12}+\frac{2}{12}$ を計算すると、$\frac{11}{12}$ になります。**

教科書125ページ

7 $1\frac{5}{6}+2\frac{2}{3}$ の計算のしかたを考えましょう。

考え方 れおさんは、仮分数になおしてから通分して計算しています。つばささんは帯分数のまま通分して計算しています。どちらも同じ答えになりますが、帯分数のままのほうが計算しやすいことがわかります。

答え **$1\frac{5}{6}$ と $2\frac{2}{3}$ の分数部分を通分して、$1\frac{5}{6}+2\frac{4}{6}$ を計算します。**

答えの $3\frac{9}{6}$ の分数部分を約分して、$3\frac{3}{2}$ にします。

$3\frac{3}{2}$ の分数部分の $\frac{3}{2}$ は仮分数なので、整数部分にくり上げて、$4\frac{1}{2}$ にします。

教科書125ページ

11 計算をしましょう。　① $\frac{5}{6}+\frac{5}{8}$　② $1\frac{2}{3}+\frac{7}{12}$

考え方 ① 通分するときは、分母の最小公倍数で通分すると計算しやすいです。

$\frac{5}{6}+\frac{5}{8}=\frac{20}{24}+\frac{15}{24}=\frac{35}{24}$ または $1\frac{11}{24}$

② 整数部分と分数部分に分けて考えて、分数部分を通分してから計算します。

答えの分数部分を約分できるときは約分して、仮分数になったときは整数部分にくり上げます。

$$1\frac{2}{3}+\frac{7}{12}=1\frac{8}{12}+\frac{7}{12}=1\frac{\overset{5}{\cancel{15}}}{\underset{4}{\cancel{12}}}=2\frac{1}{4}$$

答え ① $\frac{35}{24}\left(1\frac{11}{24}\right)$　② $2\frac{1}{4}\left(\frac{9}{4}\right)$

教科書125ページ

12 ① $\frac{1}{6}+\frac{1}{12}$　② $\frac{4}{15}+\frac{2}{5}$　③ $\frac{1}{15}+\frac{5}{6}$　④ $\frac{5}{12}+\frac{13}{30}$

⑤ $\frac{3}{4}+\frac{5}{12}$　⑥ $\frac{11}{30}+\frac{41}{45}$　⑦ $\frac{5}{6}+\frac{3}{2}$　⑧ $\frac{13}{10}+\frac{13}{15}$

考え方 ① $\frac{1}{6}+\frac{1}{12}=\frac{2}{12}+\frac{1}{12}=\frac{\overset{1}{\cancel{3}}}{\underset{4}{\cancel{12}}}=\frac{1}{4}$　② $\frac{4}{15}+\frac{2}{5}=\frac{4}{15}+\frac{6}{15}=\frac{\overset{2}{\cancel{10}}}{\underset{3}{\cancel{15}}}=\frac{2}{3}$

③ $\frac{1}{15}+\frac{5}{6}=\frac{2}{30}+\frac{25}{30}=\frac{\overset{9}{\cancel{27}}}{\underset{10}{\cancel{30}}}=\frac{9}{10}$　④ $\frac{5}{12}+\frac{13}{30}=\frac{25}{60}+\frac{26}{60}=\frac{\overset{17}{\cancel{51}}}{\underset{20}{\cancel{60}}}=\frac{17}{20}$

⑤ $\frac{3}{4}+\frac{5}{12}=\frac{9}{12}+\frac{5}{12}=\frac{\overset{7}{\cancel{14}}}{\underset{6}{\cancel{12}}}=\frac{7}{6}$　⑥ $\frac{11}{30}+\frac{41}{45}=\frac{33}{90}+\frac{82}{90}=\frac{\overset{23}{\cancel{115}}}{\underset{18}{\cancel{90}}}=\frac{23}{18}$

⑦ $\frac{5}{6}+\frac{3}{2}=\frac{5}{6}+\frac{9}{6}=\frac{\overset{7}{\cancel{14}}}{\underset{3}{\cancel{6}}}=\frac{7}{3}$　⑧ $\frac{13}{10}+\frac{13}{15}=\frac{39}{30}+\frac{26}{30}=\frac{\overset{13}{\cancel{65}}}{\underset{6}{\cancel{30}}}=\frac{13}{6}$

答え ① $\frac{1}{4}$　② $\frac{2}{3}$　③ $\frac{9}{10}$　④ $\frac{17}{20}$

⑤ $\frac{7}{6}\left(1\frac{1}{6}\right)$　⑥ $\frac{23}{18}\left(1\frac{5}{18}\right)$　⑦ $\frac{7}{3}\left(2\frac{1}{3}\right)$　⑧ $\frac{13}{6}\left(2\frac{1}{6}\right)$

教科書125ページ

13 ① $\frac{1}{6}+1\frac{7}{8}$　② $3\frac{1}{5}+2\frac{11}{20}$　③ $1\frac{3}{4}+2\frac{5}{6}$

考え方 ① $\frac{1}{6}+1\frac{7}{8}=\frac{4}{24}+1\frac{21}{24}=1\frac{25}{24}=2\frac{1}{24}$

② $3\frac{1}{5}+2\frac{11}{20}=3\frac{4}{20}+2\frac{11}{20}=5\frac{\overset{3}{\cancel{15}}}{\underset{4}{\cancel{20}}}=5\frac{3}{4}$

③ $1\frac{3}{4}+2\frac{5}{6}=1\frac{9}{12}+2\frac{10}{12}=3\frac{19}{12}=4\frac{7}{12}$

答えの分数部分が仮分数になったとき、整数部分にくり上げるのを、わすれないようにしよう。

答え ① $2\frac{1}{24}\left(\frac{49}{24}\right)$　② $5\frac{3}{4}\left(\frac{23}{4}\right)$　③ $4\frac{7}{12}\left(\frac{55}{12}\right)$

教科書126ページ

8 ジャムを、くみさんは $\frac{1}{2}$kg、かずまさんは $\frac{2}{3}$kg 作りました。ちがいは何 kg でしょうか。

1 計算のしかたを考えましょう。

考え方 分母のちがう分数はそのままではひき算できないので、通分してから分子どうしをひき算します。

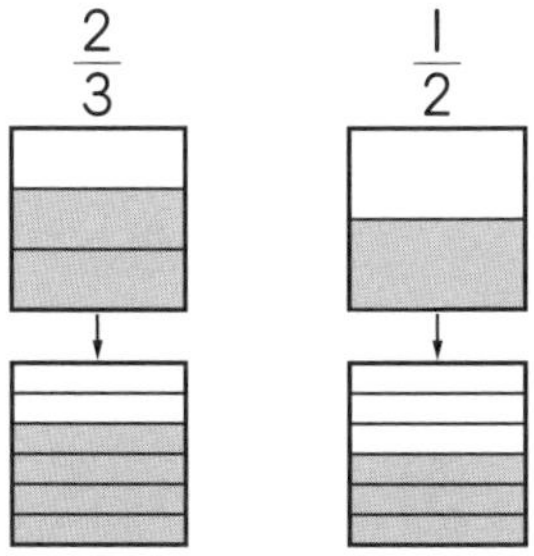

$$\frac{1}{2}=\frac{1\times3}{2\times3}=\frac{3}{6} \qquad \frac{2}{3}=\frac{2\times2}{3\times2}=\frac{4}{6}$$

$\frac{2}{3}$ のほうが大きいので、$\boxed{\frac{2}{3}-\frac{1}{2}}$

答え

$$\frac{2}{3}-\frac{1}{2}=\frac{\boxed{4}}{\boxed{6}}-\frac{\boxed{3}}{\boxed{6}}$$

$$=\frac{\boxed{1}}{\boxed{6}}$$

〔答え〕 $\frac{1}{6}$kg

教科書126ページ

14 $\frac{3}{5}-\frac{1}{2}$ の計算をしましょう。

考え方 分母のちがう分数のひき算は、通分してから分子どうしをひき算します。

$$\frac{3}{5}-\frac{1}{2}=\frac{6}{10}-\frac{5}{10}=\frac{1}{10}$$

答え $\frac{1}{10}$

教科書126ページ

15
① $\frac{3}{4}-\frac{1}{3}$ ② $\frac{5}{7}-\frac{2}{5}$ ③ $\frac{9}{8}-\frac{1}{6}$ ④ $\frac{13}{10}-\frac{5}{4}$

⑤ $\frac{2}{3}-\frac{7}{15}$ ⑥ $\frac{5}{6}-\frac{3}{10}$ ⑦ $\frac{3}{2}-\frac{7}{10}$ ⑧ $\frac{11}{10}-\frac{14}{15}$

考え方

① $\frac{3}{4}-\frac{1}{3}=\frac{9}{12}-\frac{4}{12}=\frac{5}{12}$ ② $\frac{5}{7}-\frac{2}{5}=\frac{25}{35}-\frac{14}{35}=\frac{11}{35}$

③ $\frac{9}{8}-\frac{1}{6}=\frac{27}{24}-\frac{4}{24}=\frac{23}{24}$ ④ $\frac{13}{10}-\frac{5}{4}=\frac{26}{20}-\frac{25}{20}=\frac{1}{20}$

⑤ $\frac{2}{3}-\frac{7}{15}=\frac{10}{15}-\frac{7}{15}=\frac{\overset{1}{\cancel{3}}}{\underset{5}{\cancel{15}}}=\frac{1}{5}$

⑥ $\frac{5}{6}-\frac{3}{10}=\frac{25}{30}-\frac{9}{30}=\frac{\overset{8}{\cancel{16}}}{\underset{15}{\cancel{30}}}=\frac{8}{15}$

⑦ $\frac{3}{2}-\frac{7}{10}=\frac{15}{10}-\frac{7}{10}=\frac{\overset{4}{\cancel{8}}}{\underset{5}{\cancel{10}}}=\frac{4}{5}$

⑧ $\frac{11}{10}-\frac{14}{15}=\frac{33}{30}-\frac{28}{30}=\frac{\overset{1}{\cancel{5}}}{\underset{6}{\cancel{30}}}=\frac{1}{6}$

答え ① $\frac{5}{12}$　② $\frac{11}{35}$　③ $\frac{23}{24}$　④ $\frac{1}{20}$

⑤ $\frac{1}{5}$　⑥ $\frac{8}{15}$　⑦ $\frac{4}{5}$　⑧ $\frac{1}{6}$

教科書127ページ

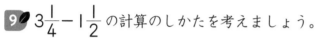

9 $3\frac{1}{4}-1\frac{1}{2}$ の計算のしかたを考えましょう。

考え方 かえでさんは、仮分数になおして計算しています。みなとさんは、帯分数のまま計算しようとしていますが、分数部分でひけないので、整数部分から 1 くり下げて、分数部分を仮分数になおして計算します。どちらも同じ答えになりますが、みなとさんの考え方のほうが計算のまちがいが少なくなります。

答え **$3\frac{1}{4}$ と $1\frac{1}{2}$ の分数部分を通分して、$3\frac{1}{4}-1\frac{2}{4}$ を計算します。**

分数部分でひけないので、$3\frac{1}{4}$ の整数部分から 1 くり下げて、$2\frac{5}{4}$ にします。

$2\frac{5}{4}-1\frac{2}{4}$ として計算して、答えは $1\frac{3}{4}$ になります。

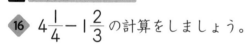

教科書127ページ

16 $4\frac{1}{4}-1\frac{2}{3}$ の計算をしましょう。

考え方 整数部分と分数部分に分けて考えて、分数部分を通分してから計算します。

分数部分でひけないときは、整数部分から 1 くり下げて、分数部分を仮分数になおして計算します。

$4\frac{1}{4}-1\frac{2}{3}=4\frac{3}{12}-1\frac{8}{12}=3\frac{15}{12}-1\frac{8}{12}=2\frac{7}{12}$

答え $2\frac{7}{12}\left(\frac{31}{12}\right)$

教科書127ページ

17 ① $2\frac{1}{7}-\frac{3}{5}$　② $5\frac{2}{5}-3\frac{2}{3}$　③ $2\frac{1}{6}-1\frac{5}{14}$

考え方 ① $2\frac{1}{7}-\frac{3}{5}=2\frac{5}{35}-\frac{21}{35}=1\frac{40}{35}-\frac{21}{35}=1\frac{19}{35}$

② $5\frac{2}{5}-3\frac{2}{3}=5\frac{6}{15}-3\frac{10}{15}=4\frac{21}{15}-3\frac{10}{15}=1\frac{11}{15}$

③ $2\frac{1}{6}-1\frac{5}{14}=2\frac{7}{42}-1\frac{15}{42}=1\frac{49}{42}-1\frac{15}{42}=\frac{\cancel{34}^{17}}{\cancel{42}_{21}}=\frac{17}{21}$

答え ① $1\frac{19}{35}\left(\frac{54}{35}\right)$　② $1\frac{11}{15}\left(\frac{26}{15}\right)$　③ $\frac{17}{21}$

教科書127ページ

10 $\frac{2}{3}+\frac{1}{2}-\frac{3}{4}$ の計算のしかたを考えましょう。

考え方 れおさんは、$\frac{2}{3}+\frac{1}{2}$ を通分して計算したあとに答えの $\frac{7}{6}$ と $\frac{3}{4}$ を通分して計算しています。ゆきさんは、2つの分数のときと同じように、3つの分数を通分してから、たし算、ひき算をしています。どちらも同じ答えになりますが、ゆきさんの考え方のほうが計算しやすいことがわかります。

答え **$\frac{2}{3}$ と $\frac{1}{2}$ と $\frac{3}{4}$ を通分して、**

$\frac{8}{12}+\frac{6}{12}-\frac{9}{12}$ を計算すると、$\frac{5}{12}$ になります。

$\frac{1}{12}$ を単位にして、
8+6−9 を使って
計算しています。

教科書127ページ

18 $\frac{1}{3}-\frac{1}{6}+\frac{1}{4}$ の計算をしましょう。

考え方 3つの分数のたし算、ひき算も、2つの分数のときと同じように、3つの分数を通分してから、たし算、ひき算をします。

$\frac{1}{3}-\frac{1}{6}+\frac{1}{4}=\frac{4}{12}-\frac{2}{12}+\frac{3}{12}=\frac{5}{12}$

答え $\frac{5}{12}$

教科書127ページ

19 ① $\frac{1}{3}+\frac{11}{8}-\frac{7}{12}$　② $\frac{1}{6}+\frac{4}{3}+\frac{1}{5}$　③ $\frac{7}{5}-\frac{1}{2}-\frac{1}{4}$

考え方 ① $\frac{1}{3}+\frac{11}{8}-\frac{7}{12}=\frac{8}{24}+\frac{33}{24}-\frac{14}{24}=\frac{\overset{9}{\cancel{27}}}{\underset{8}{\cancel{24}}}=\frac{9}{8}$

② $\frac{1}{6}+\frac{4}{3}+\frac{1}{5}=\frac{5}{30}+\frac{40}{30}+\frac{6}{30}=\frac{\overset{17}{\cancel{51}}}{\underset{10}{\cancel{30}}}=\frac{17}{10}$

③ $\frac{7}{5}-\frac{1}{2}-\frac{1}{4}=\frac{28}{20}-\frac{10}{20}-\frac{5}{20}=\frac{13}{20}$

答え ① $\frac{9}{8}\left(1\frac{1}{8}\right)$　② $\frac{17}{10}\left(1\frac{7}{10}\right)$　③ $\frac{13}{20}$

まとめ

教科書128ページ

1 $\frac{3}{15}$ と大きさの等しい分数を3つ書きましょう。

考え方 分数の分母と分子に、2、3、4、……をかけていくと、大きさの等しい分数を見つけることができます。また、分数の分母と分子をそれらの公約数でわると、大きさの等しい分数を見つけることができます。

答え 同じ、同じ

〔大きさの等しい分数〕 $\frac{1}{5}$、$\frac{6}{30}$、$\frac{9}{45}$ など。

$$\frac{\bigcirc}{\triangle}=\frac{\bigcirc\times\square}{\triangle\times\square}$$

$$\frac{\bigcirc}{\triangle}=\frac{\bigcirc\div\square}{\triangle\div\square}$$

教科書128ページ

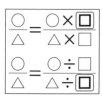

2 $\frac{16}{20}$ を約分しましょう。

考え方 $\frac{16}{20}=\frac{16\div4}{20\div4}=\frac{4}{5}$

答え 公約数

〔約分した分数〕 $\frac{4}{5}$

教科書128ページ

❸ $\frac{2}{5}$と$\frac{3}{8}$を通分しましょう。

考え方 $\frac{2\times8}{5\times8}=\frac{16}{40}$　$\frac{3\times5}{8\times5}=\frac{15}{40}$

答え **共通、最小公倍数**

〔通分した分数〕 $\frac{16}{40}$、$\frac{15}{40}$

教科書129ページ

❶ 数の大小を比(くら)べて、□にあてはまる等号か不等号を書きましょう。

① $\frac{6}{21}\square\frac{2}{7}$　② $\frac{5}{6}\square\frac{7}{9}$　③ $\frac{8}{9}\square\frac{13}{15}$

考え方 通分して、大小を比べます。

① $\frac{2}{7}=\frac{2\times3}{7\times3}=\frac{6}{21}$

② $\frac{5}{6}=\frac{5\times3}{6\times3}=\frac{15}{18}$　$\frac{7}{9}=\frac{7\times2}{9\times2}=\frac{14}{18}$

③ $\frac{8}{9}=\frac{8\times5}{9\times5}=\frac{40}{45}$　$\frac{13}{15}=\frac{13\times3}{15\times3}=\frac{39}{45}$

答え ① $\frac{6}{21}\boxed{=}\frac{2}{7}$　② $\frac{5}{6}\boxed{>}\frac{7}{9}$　③ $\frac{8}{9}\boxed{>}\frac{13}{15}$

教科書129ページ

❷ 計算をしましょう。

① $\frac{5}{8}+\frac{5}{12}$　② $\frac{1}{6}+\frac{7}{10}$　③ $1\frac{5}{6}+\frac{11}{18}$

④ $\frac{5}{3}-\frac{4}{5}$　⑤ $\frac{2}{3}-\frac{5}{12}$　⑥ $1\frac{2}{15}-\frac{3}{10}$

⑦ $\frac{5}{6}-\frac{1}{2}+\frac{1}{9}$　⑧ $\frac{5}{12}+\frac{3}{8}+\frac{1}{16}$　⑨ $\frac{19}{6}-\frac{8}{3}-\frac{1}{4}$

考え方 ① $\frac{5}{8}+\frac{5}{12}=\frac{15}{24}+\frac{10}{24}=\frac{25}{24}$　② $\frac{1}{6}+\frac{7}{10}=\frac{5}{30}+\frac{21}{30}=\frac{\overset{13}{\cancel{26}}}{\underset{15}{\cancel{30}}}=\frac{13}{15}$

③ $1\frac{5}{6}+\frac{11}{18}=1\frac{15}{18}+\frac{11}{18}=1\frac{\overset{13}{\cancel{26}}}{\underset{9}{\cancel{18}}}=1\frac{13}{9}=2\frac{4}{9}$

④ $\frac{5}{3}-\frac{4}{5}=\frac{25}{15}-\frac{12}{15}=\frac{13}{15}$　　⑤ $\frac{2}{3}-\frac{5}{12}=\frac{8}{12}-\frac{5}{12}=\frac{\overset{1}{\cancel{3}}}{\underset{4}{\cancel{12}}}=\frac{1}{4}$

⑥ $1\frac{2}{15}-\frac{3}{10}=1\frac{4}{30}-\frac{9}{30}=\frac{34}{30}-\frac{9}{30}=\frac{\overset{5}{\cancel{25}}}{\underset{6}{\cancel{30}}}=\frac{5}{6}$

⑦ $\frac{5}{6}-\frac{1}{2}+\frac{1}{9}=\frac{15}{18}-\frac{9}{18}+\frac{2}{18}=\frac{\overset{4}{\cancel{8}}}{\underset{9}{\cancel{18}}}=\frac{4}{9}$

⑧ $\frac{5}{12}+\frac{3}{8}+\frac{1}{16}=\frac{20}{48}+\frac{18}{48}+\frac{3}{48}=\frac{41}{48}$

⑨ $\frac{19}{6}-\frac{8}{3}-\frac{1}{4}=\frac{38}{12}-\frac{32}{12}-\frac{3}{12}=\frac{\overset{1}{\cancel{3}}}{\underset{4}{\cancel{12}}}=\frac{1}{4}$

答え　① $\frac{25}{24}\left(1\frac{1}{24}\right)$　② $\frac{13}{15}$　③ $2\frac{4}{9}\left(\frac{22}{9}\right)$　④ $\frac{13}{15}$　⑤ $\frac{1}{4}$
⑥ $\frac{5}{6}$　⑦ $\frac{4}{9}$　⑧ $\frac{41}{48}$　⑨ $\frac{1}{4}$

教科書129ページ

3 右の計算のまちがいを説明しましょう。
また、正しく計算しましょう。　$\frac{1}{4}+\frac{2}{3}=\frac{3}{7}$

考え方　図を使って考えます。

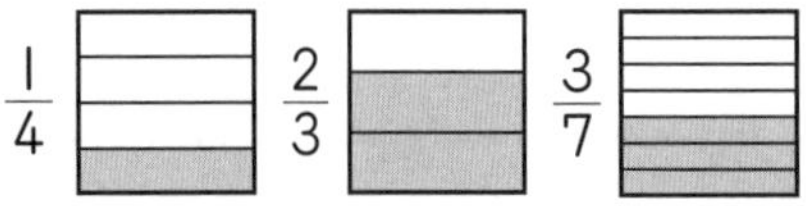

たした答えが $\frac{3}{7}$ だと、$\frac{2}{3}$ より少なくなってしまいます。通分して分母をそろえて計算します。

答え　**分数のたし算をするのに、分母どうし、分子どうしをたしているところがまちがいです。通分して分母をそろえて計算します。**

$\frac{1}{4}+\frac{2}{3}=\frac{3}{12}+\frac{8}{12}=\frac{11}{12}$　　〔答え〕 $\frac{11}{12}$

教科書129ページ

4 $\frac{3}{4}$mのリボンと、$\frac{2}{5}$mのリボンがあります。あわせて何mでしょうか。
また、ちがいは何mでしょうか。

考え方 あわせた長さはたし算、ちがいはひき算で求めます。

$$\frac{3}{4}+\frac{2}{5}=\frac{15}{20}+\frac{8}{20}=\frac{23}{20}$$

$$\frac{3}{4}-\frac{2}{5}=\frac{15}{20}-\frac{8}{20}=\frac{7}{20}$$

答え 〔あわせて〕 $\frac{23}{20}\left(1\frac{3}{20}\right)$m　　〔ちがい〕 $\frac{7}{20}$m

教科書129ページ

5 ブルーベリーが$\frac{1}{2}$kg、$\frac{1}{4}$kg、$\frac{3}{8}$kgあります。あわせて何kgあるでしょうか。

考え方 $\frac{1}{2}+\frac{1}{4}+\frac{3}{8}=\frac{4}{8}+\frac{2}{8}+\frac{3}{8}=\frac{9}{8}=1\frac{1}{8}$

答え $\frac{9}{8}\left(1\frac{1}{8}\right)$kg

9 平均

教科書131～133ページ

1 オレンジを5個しぼったら、それぞれ次の量のジュースがとれました。
オレンジ1個からとれるジュースの量は、何mLとみればよいでしょうか。

1 ならした量を計算で求める方法を考えましょう。

2 オレンジは、全部で20個あります。
1個のオレンジからとれるジュースの量の平均を80mLとすると、オレンジ全部では何mLのジュースがとれると考えられるでしょうか。

考え方 **1** ゆきさんは、コップ1個あたりの量が同じになるようにならすと、オレンジ1個からとれるジュースの量の見当をつけることができるので、全部のジュースを合わせてから、同じ量ずつ分けると考えています。

2 数直線に表して考えてみます。

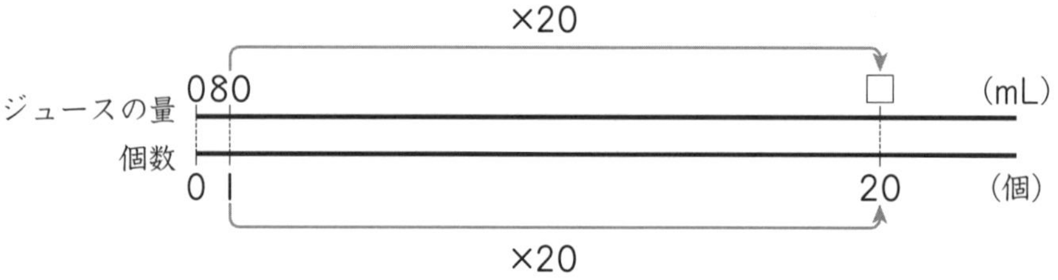

個数が20倍になるので、ジュースの量も20倍になります。

答え **1** 〔式〕 (80＋100＋75＋80＋65)÷5＝80 〔答え〕 80mL

2 〔式〕 80×20＝1600 〔答え〕 1600mL

教科書133ページ

1 4個のたまごの重さをはかったら、右のとおりでした。たまご1個の重さは、平均何gでしょうか。

考え方 (平均)＝(合計)÷(個数) の式で求められます。

(59＋68＋61＋64)÷4＝63

答え 63g

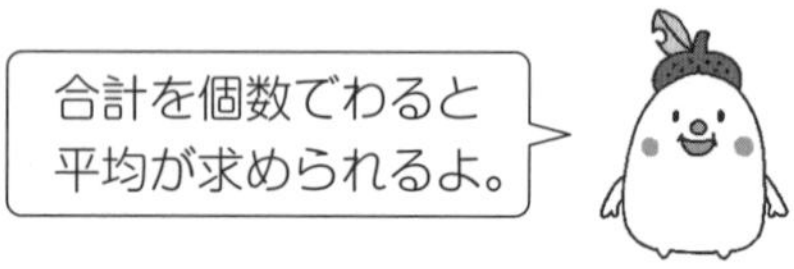

教科書133ページ

2 たまごが40個あります。そのうち何個かの重さをはかって平均を調べたら、67gでした。たまご全部では、何gになると考えられるでしょうか。

考え方 (全体の合計)＝(平均)×(個数) の式で求められます。

67×40＝2680

答え 2680g

教科書133ページ

3 下の表は、みわさんの家で1日に出るごみの量を調べたものです。1日に出るごみの量は、平均約何kgでしょうか。四捨五入して、$\frac{1}{10}$の位までのがい数で求めましょう。また、30日間では何kgのごみが出ると考えられるでしょうか。

考え方 (平均)＝(合計)÷(個数) の式で、1日に出るごみの量の平均を求めます。

(1.6＋1.4＋2.2＋2.7＋1.7＋3.2＋3.1)÷7

＝2.27……

また、(全体の合計)＝(平均)×(個数) の式で、30日間に出るごみの量を予想します。　2.3×30＝69

答え 〔1日に出るごみの量〕 約2.3kg

〔30日間に出るごみの量〕 約69kg

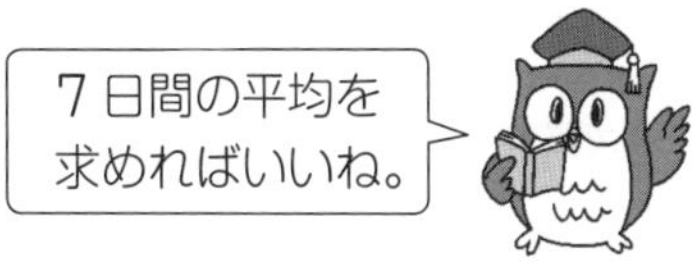

教科書134ページ

2 1 のオレンジをもう1個しぼったら、83mLのジュースがとれました。

このオレンジと、先にしぼった5個のオレンジを合わせて、6個のオレンジからとれるジュースの量の平均を求めましょう。

1 下の2人の考えは、どちらが正しいでしょうか。

2 6個分のジュースを全部合わせてから等分して、答えを確かめてみましょう。

考え方 みなとさんは、**1** で求めた平均の値にもう1個しぼったオレンジのジュースの量をたして、2でわっています。つばささんは、先にしぼった5個の合計にもう1個しぼったオレンジのジュースの量をたして、6でわっています。

(平均)＝(合計)÷(個数) なので、つばささんの考え方が正しいことがわかります。

答え 1 つばささん

2 〔式〕 (80＋100＋75＋80＋65＋83)÷6＝80.5

〔答え〕 80.5mL

教科書135ページ

3 下の表は、れんさんたちが地図の上ではかった学校から駅までの長さを表しています。地図の上で、学校から駅までの長さは、何mmといえるでしょうか。

1 下の2人の考えを説明しましょう。

考え方 だいきさんのはかった結果がとびぬけて大きいので、その数をふくめないで平均を求める場合があります。

(20.5＋20.2＋20.4＋20.1)÷4＝20.3

答え 20.3mm

1 ゆきさんは、5人のはかった結果を使って平均を求めています。みなとさんは、だいきさんのはかった結果がとびぬけて大きいので、だいきさんの結果をふくめないで4人のはかった結果を使って平均を求めています。

教科書135ページ

4 下の表は、あゆみさんの50m走の記録を表しています。50mを走るのにかかる時間は、平均何秒といえるでしょうか。

考え方 3回めの記録がとびぬけて大きいので、その数をふくめないで平均を求めるほうが正確（せいかく）といえます。

(9.56＋9.61＋9.44)÷3＝9.53̸6̸……（4）

答え 約9.54秒

教科書136ページ

4 下の表は、Aチームと Bチームの5試合の得点（とくてん）を表しています。この5試合で、1試合の平均（へいきん）得点が多いのは、どちらのチームでしょうか。

1 Aチームの1試合の平均得点を求めましょう。

2 Bチームの1試合の平均得点を求めましょう。

考え方 1 (平均)＝(合計)÷(個数) の式で求められます。

2 5試合の平均得点を求めるので、4試合めの0点もふくめて計算します。だから、みなとさんの考え方が正しいことがわかります。

答え 1 〔式〕 (4＋5＋3＋6＋3)÷5＝4.2　〔答え〕 4.2点

2 3.6点

教科書137ページ

5 下の表は、先週、わすれ物をした人の数を表しています。先週、わすれ物をした人は、平均何人でしょうか。

考え方 (1＋3＋0＋2＋1)÷5＝1.4

答え 1.4人

教科書138ページ

学んだことを使おう

考え方 ❶❷ (平均)＝(合計)÷(個数) の式で求められます。

❸ 自分の歩はばがわかると、それを使っていろいろなところの長さを調べることができます。

答え ❶ (歩いた長さ)÷(歩数) の式で求められます。

❷〔式〕 6.3÷10＝0.63 〔答え〕 0.63m ❸ 省略

まとめ

教科書139ページ

1 下の表は、まきさんたちが地域活動で拾ったあきかんの数を表しています。

1人が拾った数は、平均何個でしょうか。また、まきさんの組の35人では、何個のあきかんが拾えると考えられるでしょうか。

考え方 (平均)＝(合計)÷(個数) の式で、1人が拾ったあきかんの数の平均を求めます。また、(全体の合計)＝(平均)×(個数) の式で、まきさんの組の35人で拾えるあきかんの数を予想します。

答え 平均、(5＋6＋3＋2＋5)、4.2、4.2、4.2、4.2、147、147

平均＝合計÷個数

〔1人が拾った数〕 4.2個 〔35人で拾える数〕 147個

教科書140ページ

❶ れなさんとそうたさんがほったじゃがいもの重さは、右のとおりでした。じゃがいも1個(こ)の重さは、それぞれ平均(へいきん)何gでしょうか。

考え方 (平均)=(合計)÷(個数) の式で求められます。

〔れなさん〕 (89+95+134+125+157)÷5=120

〔そうたさん〕 585÷6=97.5

答え 〔れなさん〕 120g 〔そうたさん〕 97.5g

教科書140ページ

❷ かおりさんが的当てゲームを3回やったところ、1回の得点(とくてん)の平均が35点になりました。

4回めとして、もう1回やったところ、得点は55点でした。

4回の的当てゲームでは、1回の得点の平均は何点になるでしょうか。

考え方 的当てゲームを3回やったときの得点の合計は、35×3=105 です。

的当てゲームを4回やったときの得点の合計は、105+55=160 なので、1回の得点の平均は 160÷4=40 より、40点になります。

答え 40点

教科書140ページ

❸ 下の表は、理科の実験で、水がふっとうするまでにかかった時間を表しています。ふっとうするまでにかかった時間は、平均何分といえるでしょうか。

考え方 2回めの結果がとびぬけて大きいので、2回めの結果をふくめない4回分の結果を使って平均を求めます。

(12+14+13+11)÷4=12.5

答え 12.5分

教科書140ページ

❹ 下の表は、ひろきさんが1週間に飲んだ牛乳(ぎゅうにゅう)の量を表しています。1日に飲んだ牛乳の量は、平均何mLでしょうか。また、30日間では、何Lの牛乳を飲むと考えられるでしょうか。

考え方 (平均)=(合計)÷(個数) の式で、1日の牛乳の量の平均を求めます。

(420+0+420+520+420+510+440)÷7=390

また、(全体の合計)=(平均)×(個数) の式で、30日間で飲む牛乳の量を予想します。

390×30=11700

1L＝1000mL なので、11700mL＝11.7L

答え 〔平均〕 390mL　〔30日間〕 11.7L

教科書141ページ

算数ワールド

考え方 **1** 〔ゆきさんの考え〕 式に表して、計算して調べます。

奇数が5個、偶数が5個。

奇数　1＋3＋5＋7＋9＝25

偶数　2＋4＋6＋8＋10＝30

差　30−25＝5

〔はるさんの考え〕

図を使って、差を調べています。

図より、奇数5個と偶数5個の、それぞれの合計の差は5とわかります。

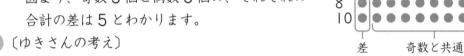

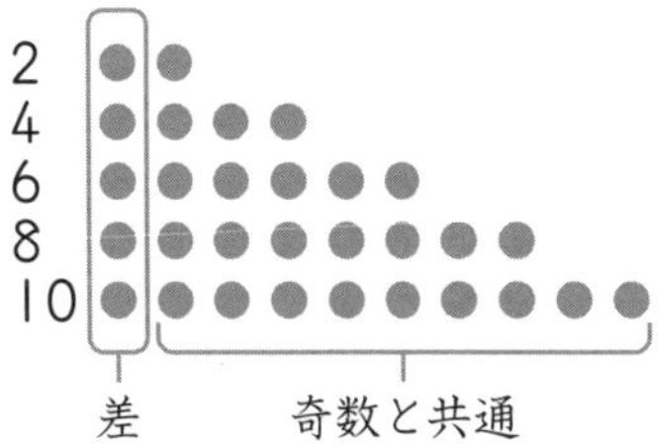

2 〔ゆきさんの考え〕

1から4までの数　(2＋4)−(1＋3)＝6−4＝2

1から6までの数　(2＋4＋6)−(1＋3＋5)＝12−9＝3

1から8までの数　(2＋4＋6＋8)−(1＋3＋5＋7)＝20−16＝4

〔はるさんの考え〕

1から4までの、奇数2個、偶数2個の整数で考えると、差は2

1から6までの、奇数3個、偶数3個の整数で考えると、差は3

1から8までの、奇数4個、偶数4個の整数で考えると、差は4

2人の考えから、奇数と偶数それぞれの合計の差は、奇数と偶数の個数と同じ数になることがわかります。

3 1から100までの、奇数50個、偶数50個の合計の差は50になります。

答え 50

1 5

2 奇数と偶数それぞれの合計の差は、奇数と偶数の個数と同じ数になります。

3 50

10 単位量あたりの大きさ

教科書143〜145ページ

1 どの班(はん)がこんでいるでしょうか。

1 A 班と B 班では、どちらがこんでいるでしょうか。
2 B 班と C 班では、どちらがこんでいるでしょうか。
3 A 班と C 班では、どちらがこんでいるでしょうか。
4 2 人の考えからどんなことがいえるでしょうか。
5 あおいさんは、どんな考え方をしているでしょうか。

考え方 1 面積が同じときは、人数が多いほうがこんでいるといえます。

2 人数が同じときは、面積が小さいほうがこんでいるといえます。

3 4 〔かえでさんの考え〕 公倍数を使って、まい数をそろえて比(くら)べています。

A班

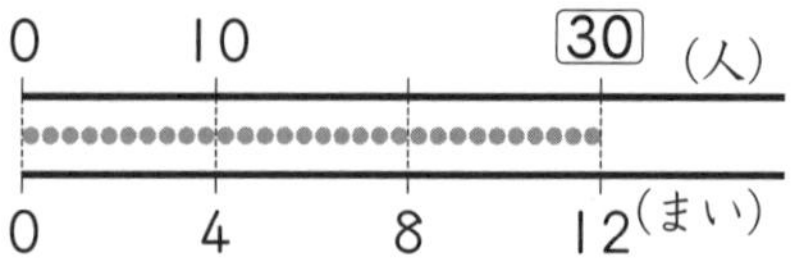

C班

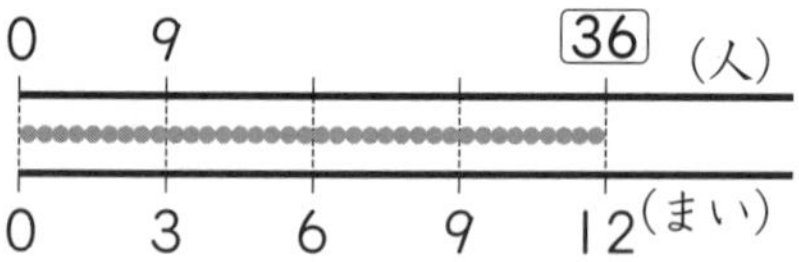

シートのまい数を 12 まいにそろえると、A 班は 30 人、C 班は 36 人になります。
12 まいあたりの人数が多いのは C 班です。

〔はるさんの考え〕 シート 1 まいあたりの人数を求めて比べています。

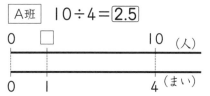

A班 10÷4=2.5

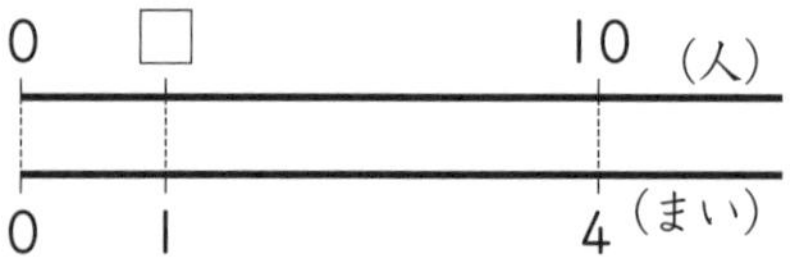

C班 9÷3=3

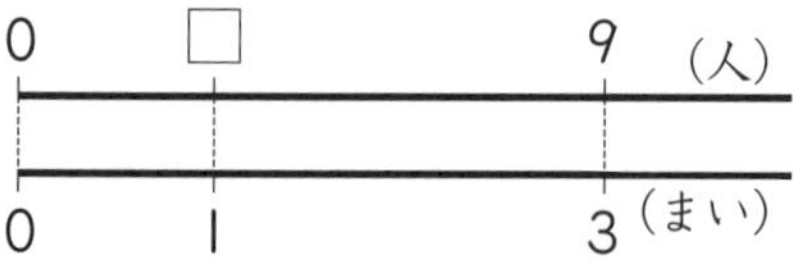

A 班は 10÷4=2.5、C 班は 9÷3=3 なので、1 まいあたりの人数が多いのは C 班です。

5 1 人あたりのシートのまい数を求めて比べています。

A班 4÷10=0.4

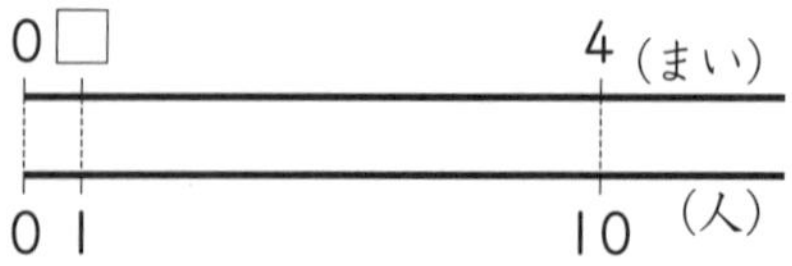

C班 3÷9=0.33

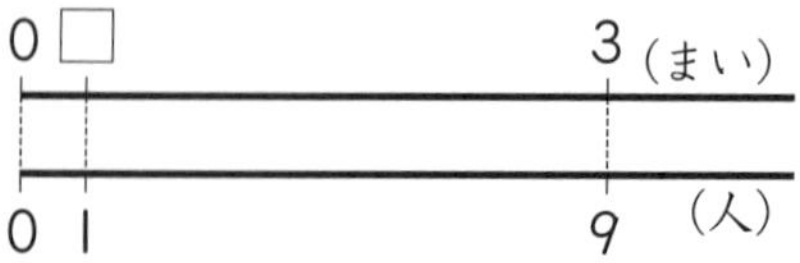

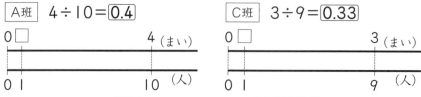

A 班は 4÷10=0.4、C 班は 3÷9=0.33…… より、1 人あたりのシートのまい数が少ないのは C 班です。

答え 1 A班

2 C班

3 4 かえでさんは、公倍数を使ってまい数をそろえて比べています。12まいあたりの人数が多いのはC班なので、C班がこんでいるとわかります。はるさんは、シート1まいあたりの人数を求めて比べています。1まいあたりの人数が多いのはC班なので、C班がこんでいるとわかります。

5 1人あたりのシートのまい数を求めて比べています。1人あたりのシートのまい数が少ないのはC班なので、C班がこんでいるとわかります。

教科書145ページ

1 下の表は、D班(はん)のシートの数と人数です。1 のA班、C班と比べて、こんでいる順にいいましょう。

考え方 比べるものが増(ふ)えると、公倍数を使った考えは手間がかかります。シート1まいあたりの人数で比べると、14÷5＝2.8 より、シート1まいあたり2.8人とわかります。1人あたりのシートのまい数で比べると、5÷14＝0.357…… より、1人あたり約0.36まいとわかります。

答え C班、D班、A班

教科書148ページ

2 右の図は、東京都杉並区(とうきょうとすぎなみく)と東京都世田谷区(せたがやく)の人口と面積を表しています。2つの区のこみぐあいを比(くら)べましょう。

1 それぞれ 1km^2 あたりに約何人住んでいるでしょうか。答えは四捨五入(ししゃごにゅう)して、一の位までのがい数で求めましょう。

2 杉並区と世田谷区では、どちらのほうがこんでいるでしょうか。

考え方 1 一の位までのがい数で求めるには、$\frac{1}{10}$ の位まで計算して、$\frac{1}{10}$ の位の数字を四捨五入します。

杉並区　591108÷34＝17385.5……（5を6に四捨五入）

世田谷区　943664÷58＝16270.0……

2 1 で同じ面積で比べているので、人口が多いほうがこんでいるといえます。

答え 1 〔杉並区〕 約17386人　〔世田谷区〕 約16270人

2 杉並区

教科書148ページ

◆2 右の表は、北海道と神奈川県の人口と面積を表しています。それぞれの人口密度を、四捨五入して、一の位までのがい数で求めましょう。

考え方 人口密度は、$1\,km^2$ あたりの人口です。一の位までのがい数で求めるには、$\frac{1}{10}$ の位まで計算して、$\frac{1}{10}$ の位の数字を四捨五入します。

北海道　5224614÷83424＝62.6……

神奈川県　9237337÷2416＝3823.4……

答え 〔北海道〕 **約63人**　〔神奈川県〕 **約3823人**

教科書149～150ページ

3 東小学校と西小学校は、畑でじゃがいもを育てました。どちらの畑のほうが、よくとれたといえるでしょうか。

1 じゃがいものとれぐあいを比べるためには、何と何がわかればよいでしょうか。

2 右の表を見て、じゃがいものとれぐあいを比べましょう。

3 はるさんが求めた答えは、何を表しているでしょうか。

考え方 数直線に表して、$1\,m^2$ あたりの重さで比べます。

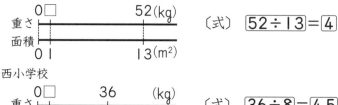

東小学校

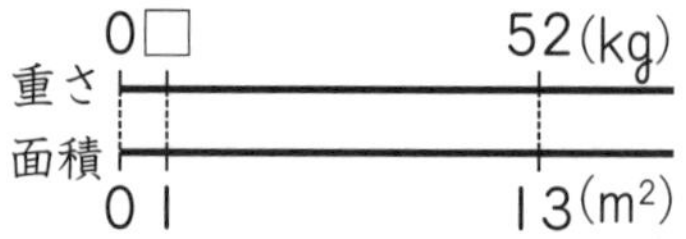

〔式〕 52÷13＝4

西小学校

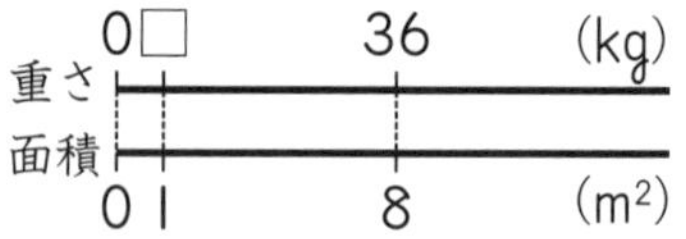

〔式〕 36÷8＝4.5

答え

1 とれたじゃがいもの重さと畑の面積

2 $1\,m^2$ あたりのとれたじゃがいもの重さは、東小学校が4kg、西小学校が4.5kgなので、西小学校の畑のほうがよくとれたといえます。

3 $1\,m^2$ あたりのとれたじゃがいもの重さを表しています。西小学校のほうが重いので、西小学校の畑のほうがよくとれたといえます。

教科書150ページ

◆3 280mLで112円のお茶と、400mLで140円のお茶があります。1mLあたりのねだんは、どちらのほうが安いでしょうか。

考え方 〔280mL のお茶〕 112÷280＝0.4　1mL あたり 0.4 円
〔400mL のお茶〕 140÷400＝0.35　1mL あたり 0.35 円

答え **400mL で 140 円のお茶**

教科書150ページ

4 40L のガソリンで 920km 走る自動車㋐と、52L のガソリンで 1040km 走る自動車㋑があります。どちらの車のほうがよく走るといえるでしょうか。

考え方 〔自動車㋐〕 920÷40＝23　ガソリン 1L あたり 23km 走る
〔自動車㋑〕 1040÷52＝20　ガソリン 1L あたり 20km 走る

答え **自動車㋐**

教科書151ページ

4 5m の重さが 200g のはり金があります。
このはり金 2.3m の重さは何 g でしょうか。
1 このはり金 1m あたりの重さを求めましょう。
2 このはり金 2.3m の重さを求めましょう。

考え方 1 5m で 200g だから、1m あたりの重さは 200÷5 で求められます。
2 長さが 1m の 2.3 倍になるので、重さも 1m の重さの 2.3 倍になります。

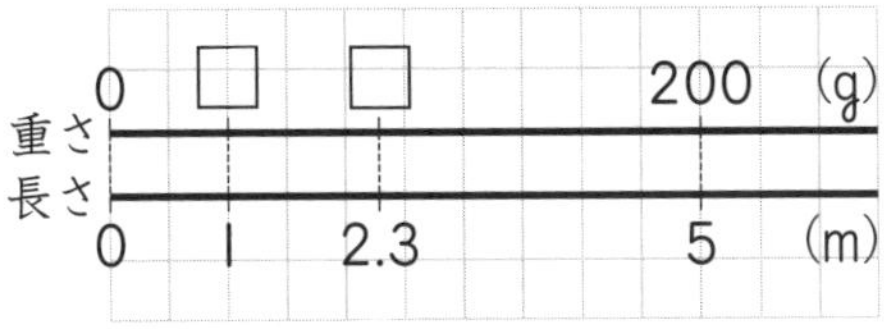

答え 1 〔式〕 200÷5＝40　〔答え〕 40g
2 〔式〕 40×2.3＝92　〔答え〕 92g

教科書151ページ

5 2m のねだんが 280 円のリボンがあります。
このリボン 3.5m のねだんを求めましょう。

考え方 まず、単位量（たんいりょう） 1m あたりのリボンのねだんを求めます。1m あたりのねだんを 3.5 倍すると、3.5m のねだんが求められます。
280÷2＝140 より、1m あたり 140 円
140×3.5＝490 より、490 円

答え **490 円**

教科書152ページ

えりさんがいっていることは、いつでも正しいといえるでしょうか。

考え方 それぞれの家から図書館までの道のりがちがうので、時間の短いゆうたさんが必ずしも速く走ったとはいえません。

答え **いえません。**

教科書153～154ページ

5 下の表は、えりさんたちが家から図書館まで走ったときの、道のりと時間を表しています。

だれがいちばん速く走ったでしょうか。

1 えりさんとみかさんでは、どちらが速く走ったでしょうか。

2 みかさんとゆうたさんでは、どちらが速く走ったでしょうか。

3 えりさんとゆうたさんでは、どちらが速く走ったでしょうか。

考え方 1 2 走った時間が同じであれば、走った道のりが長いほうが速いとわかります。走った道のりが同じであれば、かかった時間が短いほうが速いとわかります。

えりさんとみかさんは、同じ時間で走ったので、道のりの長いえりさんのほうが速いとわかります。

みかさんとゆうたさんは、走った道のりが同じなので、かかった時間が短いゆうたさんのほうが速いとわかります。

3 〔れおさんの考え〕

Ｉ分間あたりに走った道のりを調べます。

Ｉ分間に何 km 走ったかを計算して、走った道のりが長いほうが速いとわかります。

えり　$3 \div 20 = \boxed{0.15}$

ゆうた　$2 \div 15 = \boxed{0.133\cdots\cdots}$

〔ゆきさんの考え〕

Ｉkm 走るのにかかった時間を調べます。

Ｉkm 走るのにかかった時間を計算して、時間が短いほうが速いとわかります。

えり　$20 \div 3 = \boxed{6.66\cdots\cdots}$

ゆうた　$15 \div 2 = \boxed{7.5}$

どちらの考え方でも、えりさんのほうがゆうたさんより速いとわかります。ですから、3人のうちでいちばん速いのは、えりさんです。

答え **えりさんがいちばん速く走りました。**

1 えりさん

2 ゆうたさん

3 えりさん

教科書155ページ

6 4.2km の道のりを 6 分間で走る自動車㋐と、4.8km の道のりを 8 分間で走る自動車㋑があります。
どちらの自動車のほうが速いでしょうか。

考え方 速さの比べ方には、1 分間に進む道のりや、1km 進むのにかかる時間の、2 通りの求め方があります。どちらで計算しても、同じ答えになります。

〔1 分間に進む道のりを計算した場合〕
長い道のりを進んだほうが速いとわかります。
㋐ 4.2÷6＝0.7　　㋑ 4.8÷8＝0.6
1 分間に 0.7km 走った㋐のほうが速い。

〔1km 進むのにかかる時間を計算した場合〕
時間が短いほうが速いとわかります。
㋐ 6÷4.2＝1.42……　　㋑ 8÷4.8＝1.66……
1km を約 1.42 分で走った㋐のほうが速い。

答え ㋐

教科書155～156ページ

6 新幹線（しんかんせん）ひかり号は、540km を 3 時間で走り、やまびこ号は、350km を 2 時間で走りました。
ひかり号とやまびこ号の速さの比べ方を考えましょう。

1 それぞれ 1 時間あたりに何 km 進んだでしょうか。

2 ひかり号とやまびこ号では、どちらのほうが速く走ったといえるでしょうか。

3 ひかり号の分速は何 km でしょうか。
また、ひかり号の秒速は何 km でしょうか。

考え方 **1** 〔ひかり号〕

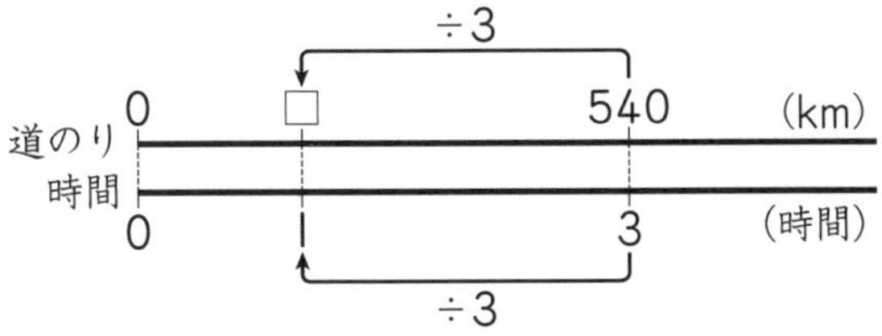

時間が $\frac{1}{3}$ になれば、進む道のりも $\frac{1}{3}$ になるので、540÷3＝180
ひかり号は 1 時間あたり 180km 進んだことがわかります。

〔やまびこ号〕

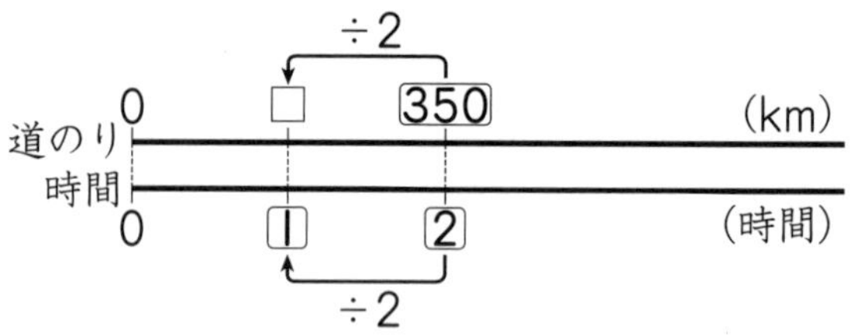

時間が $\frac{1}{2}$ になれば、進む道のりも $\frac{1}{2}$ になるので、350÷2＝175

やまびこ号は1時間あたり175km進んだことがわかります。

2 1時間に進んだ道のりが長いほうが速いといえます。

1時間に、ひかり号は180km、やまびこ号は175km進みます。

3 ひかり号の時速は180kmですから、この速さをもとにします。

時速は1時間に進む道のりで表した速さ、分速は1分間に進む道のりで表した速さです。1時間は60分なので、分速を求めるときは時速を60でわります。

180÷60＝3

また、分速は1分間に進む道のりで表した速さ、秒速は1秒間に進む道のりで表した速さです。1分は60秒なので、秒速を求めるときは分速を60でわります。

3÷60＝0.05

答え **1** 〔ひかり号〕 180km

〔やまびこ号〕 175km

2 **ひかり号のほうが速い。**

3 **分速3km、秒速0.05km**

教科書156ページ

7 新幹線のぞみ号は、1170kmを5時間で走りました。
のぞみ号の時速は何kmでしょうか。また、分速は何kmでしょうか。

考え方 「速さ＝道のり÷時間」の式にあてはめて求めます。

〔時速〕 1170÷5＝234

〔分速〕 234÷60＝3.9

答え **時速234km、分速3.9km**

教科書157ページ

7 5分間で4500m走る電車と、10秒間で170m走る馬がいます。電車と馬の速さの比べ方を考えましょう。

考え方 分速か秒速のどちらかにそろえて、2つの速さを比べます。

〔はるさんの考え〕 分速にそろえて比べています。

・電車の分速

〔式〕 4500÷5=900

分速900m

・馬の分速

〔式〕 170÷10=17

17×60=1020

分速1020m

〔つばささんの考え〕 秒速にそろえて比べています。

・馬の秒速

〔式〕 170÷10=17

秒速17m

・電車の秒速

〔式〕 4500÷5=900

900÷60=15

秒速15m

〔答え〕 馬のほうが速い。

答え **はるさんは、分速にそろえて比べています。電車は分速900m、馬は分速1020mなので、馬のほうが速いといえます。つばささんは、秒速にそろえて比べています。馬は秒速17m、電車は秒速15mなので、馬のほうが速いといえます。**

教科書157ページ

8 下のあからうの中から、分速600mと等しい速さを選びましょう。

あ 時速36000m　　い 時速360km　　う 秒速10m

考え方 あ 36000÷60=600 → 分速600m

い 時速360km=時速360000m、360000÷60=6000 → 分速6000m

う 10×60=600 → 分速600m

答え あ、う

教科書158ページ

8 自動車が、時速 80km で高速道路を走っています。
この自動車は、3時間で何km 進むでしょうか。

1 図や式などを使って、道のりの求め方を説明しましょう。

考え方 時間と道のりの関係を数直線で表すと、次のようになります。

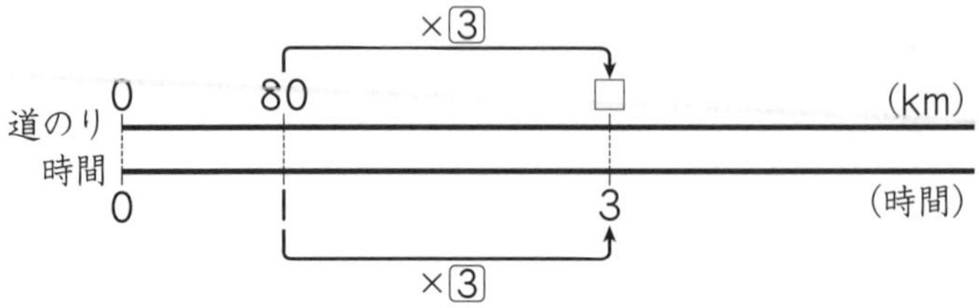

時速 80km は、1時間に 80 km 進む速さです。だから、3時間で進む道のりは、1時間で進む道のりの3倍になるので、80×3 = 240

〔答えの確(たし)かめ〕「速さ=道のり÷時間」の式にあてはめます。

道のり÷時間は、240÷3=80 となり、確かに時速 80km となっています。

答え 240km

教科書158ページ

9 時速 60km で飛ぶ鳥は、4時間で何km 進むでしょうか。

考え方 「道のり = 速さ × 時間」の式にあてはめて求めます。

時速 60km は、1時間に 60km 進む速さだから、4時間では、60km の4倍だけ進みます。

60×4=240

答え 240km

教科書158ページ

10 分速 180m の速さで 20 分間サイクリングをすると、何km 進むでしょうか。

考え方 分速でも時速のときと同じように、「道のり=速さ×時間」の式にあてはめて求めます。

180×20=3600　　3600m=3.6km

答え 3.6km

教科書158ページ

もっとやってみよう

考え方　チーターはおよそ秒速30mで走ります。

30×60＝1800 より、分速1800m、1800×60＝108000 より、時速108000m＝時速108km とわかります。

答え　③

教科書159ページ

9 自動車が、時速80kmで高速道路を走っています。
この自動車は、320kmの道のりを進むのに何時間かかるでしょうか。

1 図や式などを使って、時間の求め方を説明しましょう。

考え方　時間と道のりの関係を数直線で表すと、次のようになります。

1時間で80km、□時間で320km進むと考えると、80kmを□倍した道のりが320kmになります。

80×□＝320
　　□＝320÷80
　　　＝4

〔答えの確かめ〕「速さ＝道のり÷時間」の式にあてはめます。

道のり÷時間は、320÷4＝80 となり、確かに時速80kmとなっています。

また、「道のり＝速さ×時間」の式にあてはめると、

速さ×時間は、80×4＝320 となり、確かに道のりは320kmとなっています。

答え　4時間

教科書159ページ

11 秒速8mで走る人は、120m進むのに何秒かかるでしょうか。

考え方　「時間 ＝ 道のり ÷ 速さ」の式にあてはめます。

120÷8＝15

答え　15秒

教科書159ページ

⑫ 分速 150m で走る自転車は、6km 進むのに何分かかるでしょうか。

考え方 6km＝6000m です。

「時間＝道のり÷速さ」の式にあてはめて、

6000÷150＝40

答え 40 分

教科書159ページ

もっとやってみよう

考え方 ダチョウはおよそ秒速 20m で走ります。

20×60＝1200 より、分速 1200m、1200 × 60＝72000 より、時速 72000m＝ 時速 72km とわかります。

答え ③

教科書160ページ

学んだことを使おう

考え方 ❶ 2km＝2000m です。

標識(ひょうしき)のところは「駅まで 600m」なので、家から標識までの道のりは、2000−600＝1400 より、1400m です。9 時 25 分から 25 分間歩いたところが標識のところなので、そこでの時刻(じこく)は 9 時 50 分、残りは 10 分間となります。

❷ 標識のあるところまで歩いた分速は、1400÷25＝56 より、分速 56m

このまま同じ速さで駅に向かって 10 分間歩き続けると、56×10＝560 より、560m 進むことになります。

❸ 残り 600m を 10 分間で歩けばたろうさんは待ち合わせの時刻ちょうどに駅に着くことになるので、残りの道のりの分速は、

600÷10＝60 より、分速 60m

答え ❶

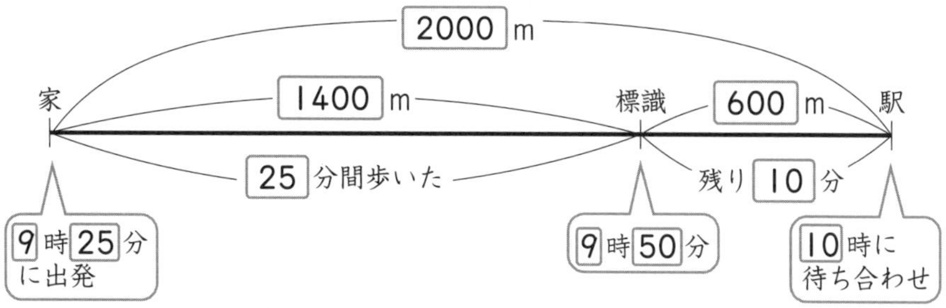

❷ 560m

❸ 分速 60m

まとめ

教科書161ページ

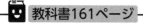

❶ 右のあ、いのこみぐあいを、たたみ１まいあたりの人数で比べましょう。

考え方 面積も人数もちがうときのこみぐあいの比べ方を考えます。

答え 6、1.5、8、1.25　〔答え〕 あ のほうがこんでいる。

教科書161ページ

❷ 西町の人口は 7400 人で、面積は 50 km^2 です。西町の人口密度（じんこうみつど）を求めましょう。

考え方 国や都道府県、市町村などに住んでいる人のこみぐあいは、人口密度で表します。

答え １ km^2、7400、50、148、148

教科書161ページ

❸ 次の速さ、道のり、時間を求める式を書きましょう。

① 300km の道のりを 5 時間で進む速さ

② 時速 60km で 5 時間進むときの道のり

③ 300km の道のりを時速 60km で進むのにかかる時間

考え方 ① 「速さ ＝ 道のり ÷ 時間」の式にあてはめます。

300÷5＝60

② 「道のり ＝ 速さ × 時間」の式にあてはめます。

60×5＝300

③ 「時間 ＝ 道のり ÷ 速さ」の式にあてはめます。

300÷60＝5

答え ① 〔式〕 $300 \div 5 = 60$ 〔答え〕 時速 60 km
② 〔式〕 $60 \times 5 = 300$ 〔答え〕 300 km
③ 〔式〕 $300 \div 60 = 5$ 〔答え〕 5 時間

教科書162ページ

1 下の表は、3 台のエレベーターに乗っている人数と面積を表したものです。どのエレベーターが、いちばんこんでいるでしょうか。

考え方 1 号機のこみぐあいについて、右のような図と式に表して考えます。

$8 \div 4 = 2$ の 2 は、1 m^2 あたりの人数を表しています。2 号機は $8 \div 5 = 1.6$、3 号機は $9 \div 5 = 1.8$ より、1 m^2 あたりの人数は 1 号機がいちばんこんでいることがわかります。

1号機

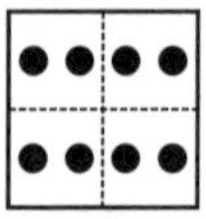

$8 \div 4 = 2$

答え 1 号機

教科書162ページ

2 2020 年の栃木県の人口は 1933146 人で、面積は 6408 km^2 です。栃木県の人口密度を、四捨五入して、一の位までのがい数で求めましょう。

（国勢調査）

考え方 人口密度は、1 km^2 あたりの人口です。一の位までのがい数で求めるには、$\frac{1}{10}$ の位まで計算して、$\frac{1}{10}$ の位の数字を四捨五入します。

$1933146 \div 6408 = 30\overset{2}{1}.6\cdots\cdots$

答え 約 302 人

教科書162ページ

3 330 mL で 120 円のジュースと、500 mL で 150 円のジュースがあります。1 mL あたりのねだんは、どちらのほうが安いでしょうか。

考え方

〔330 mL のジュース〕 $120 \div 330 = 0.363\cdots\cdots$ 1 mL あたり約 0.36 円
〔500 mL のジュース〕 $150 \div 500 = 0.3$ 1 mL あたり 0.3 円

答え 500 mL で 150 円のジュース

教科書162ページ

4 1.5km を 5 分で走る人と、50m を 8 秒で走る人がいます。どちらのほうが速いでしょうか。

考え方 分速か秒速のどちらかにそろえて、2 人の速さを比べます。

〔分速にそろえて比べる場合〕

・1.5km を 5 分で走る人

〔式〕 1.5÷5＝0.3　0.3km＝300m　→　分速 300m

・50m を 8 秒で走る人

〔式〕 50÷8＝6.25　6.25×60＝375　→　分速 375m

〔秒速にそろえて比べる場合〕

・1.5km を 5 分で走る人

〔式〕 1.5÷5＝0.3　0.3km＝300m　300÷60＝5　→　秒速 5m

・50m を 8 秒で走る人

〔式〕 50÷8＝6.25　→　秒速 6.25m

答え 50m を 8 秒で走る人

教科書162ページ

5 時速 90km で進む自動車があります。

① 2 時間 30 分で何 km 進むでしょうか。

② 45km 進むのに何分かかるでしょうか。

考え方 ① 「道のり＝速さ×時間」の式にあてはめます。

2 時間 30分＝2.5 時間だから、90×2.5＝225

② 45÷90＝0.5　0.5×60＝30 より、30 分

または、時速を分速になおしてから計算します。

90÷60＝1.5　→　分速 1.5km

「時間＝道のり÷速さ」の式にあてはめて、45÷1.5＝30

答え ① 225km

② 30 分

11 わり算と分数

教科書163～164ページ

1 2 Lのジュースを3人で等分したときの、1人分の体積の表し方を考えましょう。

1 商を分数で表す方法を考えましょう。

2 5÷3の商を分数で表しましょう。

考え方 **1** 2Lを3等分した量は、$\frac{1}{3}$Lの2個分なので、$\frac{2}{3}$Lと表すことができます。

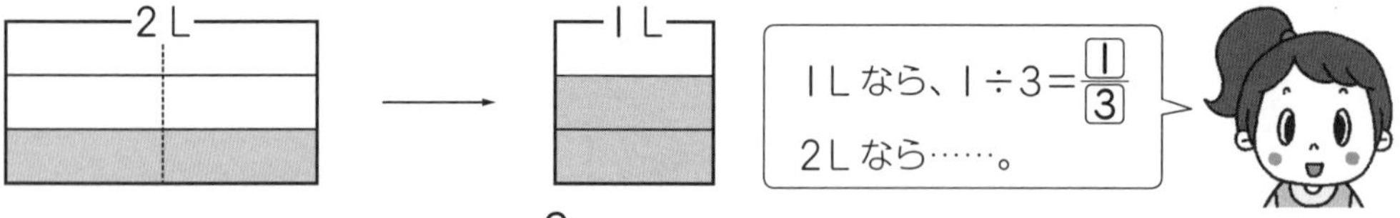

2L
1L
1Lなら、$1\div3=\frac{\boxed{1}}{\boxed{3}}$
2Lなら……。

このことを式で表すと、$2\div3=\frac{2}{3}$ となります。

2 5Lを3等分する、と考えます。5Lを3等分した量は、$\frac{1}{3}$Lの5個分なので、$\frac{5}{3}$Lと表すことができます。

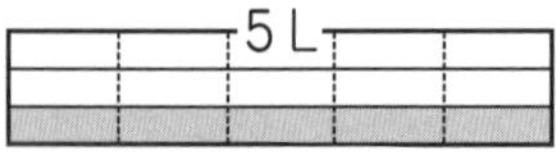

答え **1** $2\div3=\frac{\boxed{2}}{\boxed{3}}$　〔答え〕 $\frac{2}{3}$L

2 $5\div3=\frac{\boxed{5}}{\boxed{3}}$　〔答え〕 $\frac{5}{3}$

教科書165ページ

1 3mのテープを2等分した1本分の長さは何mでしょうか。式を書いて、答えを分数で表しましょう。

考え方 図に表すと下のようになります。

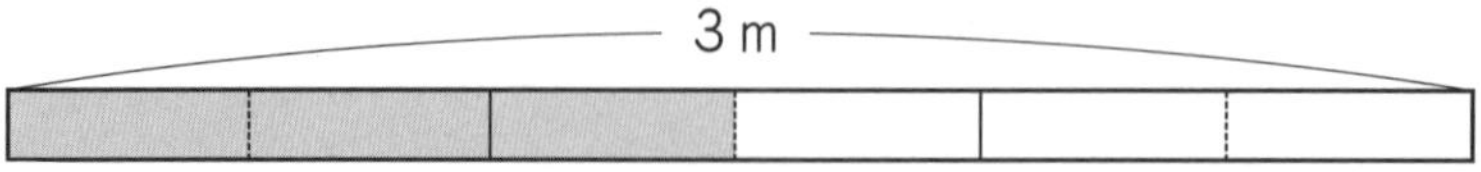

3mを2等分した1本分は$\frac{1}{2}$mの3本分です。

答え 〔式〕 $3\div2=\frac{3}{2}\left(1\frac{1}{2}\right)$　〔答え〕 $\frac{3}{2}\left(1\frac{1}{2}\right)$m

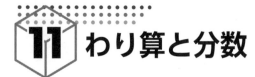

教科書165ページ

2 商を分数で表しましょう。

① $1 \div 7$　② $3 \div 5$　③ $3 \div 12$　④ $12 \div 8$

考え方 約分できるときは約分します。

① $1 \div 7 = \frac{1}{7}$　② $3 \div 5 = \frac{3}{5}$

③ $3 \div 12 = \frac{\overset{1}{\cancel{3}}}{\underset{4}{\cancel{12}}} = \frac{1}{4}$　④ $12 \div 8 = \frac{\overset{3}{\cancel{12}}}{\underset{2}{\cancel{8}}} = \frac{3}{2}$

答え ① $\frac{1}{7}$　② $\frac{3}{5}$　③ $\frac{1}{4}$　④ $\frac{3}{2}\left(1\frac{1}{2}\right)$

教科書165ページ

3 □にあてはまる数を書いて、分数をわり算の式で表しましょう。

① $\frac{1}{9} = \square \div 9$　② $\frac{5}{6} = 5 \div \square$　③ $\frac{8}{7} = \square \div \square$

考え方 分数をわり算で表すときは、分子÷分母の式で表します。

答え ① $\frac{1}{9} = \boxed{1} \div 9$　② $\frac{5}{6} = 5 \div \boxed{6}$　③ $\frac{8}{7} = \boxed{8} \div \boxed{7}$

教科書166ページ

2 3mのテープを5等分した1本分の長さは何mでしょうか。

1 分数と小数で表しましょう。

2 **1** で表した数を、それぞれ数直線に書きましょう。

考え方 **1** 3mのテープを5等分するので、3÷5の商が1本分の長さです。

$3 \div 5 = \frac{\boxed{3}}{\boxed{5}}$、$3 \div 5 = \boxed{0.6}$

2 $\frac{3}{5}$は$\frac{1}{5}$の3個分、0.6は0.1の6個分になります。

また、$\frac{3}{5}$mと0.6mは同じ長さを表しています。

答え **1** $\frac{3}{5}$m、0.6m

2

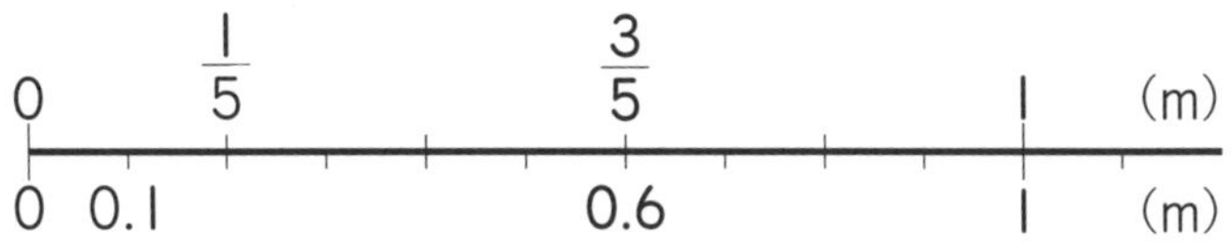

教科書166ページ

3 $\frac{5}{4}$ と 1.2 はどちらが大きいでしょうか。

考え方　小数にそろえて大きさを比(くら)べます。$\frac{5}{4}=\boxed{5}\div\boxed{4}=\boxed{1.25}$ より、$\frac{5}{4}$ のほうが大きいとわかります。

答え　$\frac{5}{4}$

教科書166ページ

4 9÷4 の商を分数と小数で表しましょう。

考え方　整数どうしのわり算の商は、わる数を分母、わられる数を分子として、分数で表します。また、分数を小数で表すときは、分子を分母でわります。

$9\div4=\frac{9}{4}$、$9\div4=2.25$

答え　$\frac{9}{4}\left(2\frac{1}{4}\right)$、2.25

教科書166ページ

5 小数で表しましょう。

① $\frac{1}{10}$　② $\frac{1}{4}$　③ $\frac{14}{5}$　④ $1\frac{1}{2}$

考え方　① $\frac{1}{10}=1\div10=0.1$　② $\frac{1}{4}=1\div4=0.25$

③ $\frac{14}{5}=14\div5=2.8$

④ 分数部分を小数で表して、$\frac{1}{2}=1\div2=0.5$、$1\frac{1}{2}=1.5$

または、仮分数(かぶんすう)になおして、$1\frac{1}{2}=\frac{3}{2}=3\div2=1.5$

答え　① 0.1　② 0.25　③ 2.8　④ 1.5

教科書167ページ

4 次の小数を分数で表しましょう。　① 0.3　② 1.47

考え方　$0.1=\frac{1}{10}$、$0.01=\frac{1}{100}$ です。

① 0.3 は 0.1 の 3 個分なので、0.3 は $\frac{1}{10}$ の 3 個分になります。

だから、$0.3=\frac{\boxed{3}}{\boxed{10}}$

② 1.47 は 0.01 の 147 個分なので、1.47 は $\frac{1}{100}$ の 147 個分になります。

だから、$1.47=\frac{\boxed{147}}{\boxed{100}}$

答え　① $\frac{3}{10}$　② $\frac{147}{100}$

教科書167ページ

5 次の整数を分数で表しましょう。　① 7　② 15

考え方　1 でわっても大きさは変わらないので、$7=7\div1$、$15=15\div1$ と表すことができます。

① $7=7\div1=\frac{7}{1}$　② $15=\boxed{15}\div\boxed{1}$

$=\frac{\boxed{15}}{\boxed{1}}$

答え　① $\frac{7}{1}$　② $\frac{15}{1}$

教科書167ページ

6 分数で表しましょう。　① 2.31　② 12

考え方　$0.01=\frac{1}{100}$ から、2.31 は $\frac{1}{100}$ の 231 個分なので、分母が 100 の分数で表すことができます。

また、整数は、分母が 1 の分数で表すことができます。

答え　① $\frac{231}{100}$　② $\frac{12}{1}$

教科書167ページ

7 数の大小を比べて、□に不等号を書きましょう。

① $0.1 \square \frac{3}{100}$　② $\frac{17}{10} \square 1.8$　③ $\frac{2}{5} \square 0.5$

考え方 小数か同じ分母の分数にそろえれば比べられます。同じ分母の分数にするには通分しなければならないので、小数にそろえたほうが比べやすくなります。

① $\frac{3}{100}=3\div100=0.03$　② $\frac{17}{10}=17\div10=1.7$　③ $\frac{2}{5}=2\div5=0.4$

答え ① $0.1 \boxed{>} \frac{3}{100}$　② $\frac{17}{10} \boxed{<} 1.8$　③ $\frac{2}{5} \boxed{<} 0.5$

教科書167ページ

8 $0.2+\frac{7}{10}$ を計算しましょう。

考え方 分数を小数になおすとわり切れないことがあるので、小数を分数になおして計算します。

$$0.2+\frac{7}{10}=\frac{2}{10}+\frac{7}{10}=\frac{9}{10}$$

答え $\frac{9}{10}$

教科書167ページ

もっとやってみよう

考え方 $\frac{1}{2}=1\div2=0.5$ なので、0.5より大きい数をさがします。

$\frac{15}{32}=0.46875$　$\frac{3}{5}=0.6$　$\frac{3}{8}=0.375$　$\frac{25}{49}=0.5102\cdots\cdots$

答え $\frac{3}{5}$、$\frac{25}{49}$

教科書168ページ

6 右のような長さのリボンがあります。赤、青のリボンの長さは、それぞれ白のリボンの長さの何倍でしょうか。

1 赤のリボンの長さは、白のリボンの長さの何倍でしょうか。

2 青のリボンの長さは、白のリボンの長さの何倍でしょうか。

考え方 白のリボンの長さを１とみたとき、赤、青のリボンの長さがどれだけにあたるかを考えます。

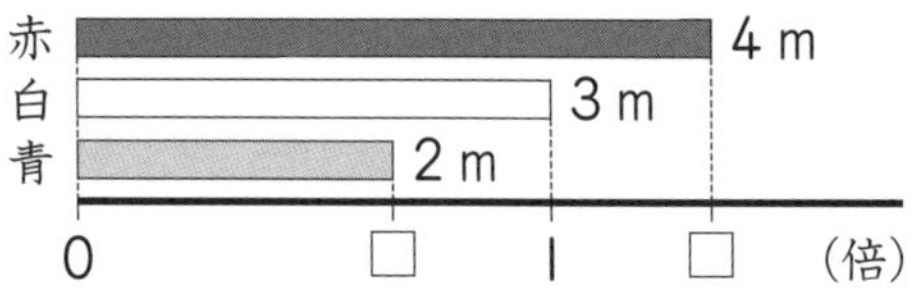

答え **1** 〔式〕 $\boxed{4 \div 3} = \dfrac{\boxed{4}}{\boxed{3}}$ 〔答え〕 $\dfrac{4}{3}\left(1\dfrac{1}{3}\right)$ 倍

2 〔式〕 $\boxed{2 \div 3} = \dfrac{\boxed{2}}{\boxed{3}}$ 〔答え〕 $\dfrac{2}{3}$ 倍

教科書168ページ

9 水そうに 3L、バケツに 7L の水が入っています。水そうには、バケツの何倍の水が入っているでしょうか。また、バケツには、水そうの何倍の水が入っているでしょうか。

考え方 バケツの水の量を１とみたとき、水そうの水の量がどれだけにあたるかを考えて、

$3 \div 7 = \dfrac{3}{7}$

水そうの水の量を１とみたとき、バケツの水の量がどれだけにあたるかを考えて、

$7 \div 3 = \dfrac{7}{3}$

答え **水そうには、バケツの $\dfrac{3}{7}$ 倍の水が入っています。**

バケツには、水そうの $\dfrac{7}{3}\left(2\dfrac{1}{3}\right)$ 倍の水が入っています。

まとめ

教科書170ページ

1 2÷7 の商を分数で表しましょう。

答え **分母、分子、$\dfrac{2}{7}$**

$\bigcirc \div \triangle = \dfrac{\boxed{\bigcirc}}{\boxed{\triangle}}$

教科書170ページ

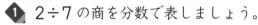

2 $\dfrac{4}{5}$ を小数で表しましょう。

考え方 わり算は分数で表すことができるので、分数もわり算で表すことができます。

答え 分子、分母、4、5、0.8

$$\frac{○}{△} = \boxed{○} \div \boxed{△}$$

教科書170ページ

3 0.29、6を、それぞれ分数で表しましょう。

考え方 0.1、0.01や整数は分数で表すとそれぞれどうなるか考えましょう。

答え 10、100、1

〔0.29〕 $\frac{29}{100}$　〔6〕 $\frac{6}{1}$

教科書171ページ

1 3Lのジュースを4人で等分したときの、1人分の体積は何Lでしょうか。式を書いて、答えを分数で求めましょう。

考え方 3Lを4等分した体積を図に表すと、答えは$\frac{1}{4}$Lの3個分であり、1Lより少なくなることがわかります。

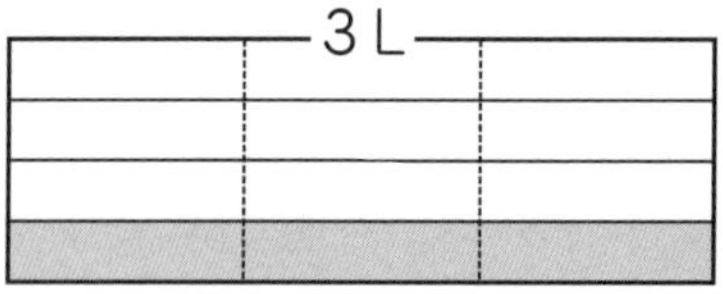

答え 〔式〕 $3 \div 4 = \frac{3}{4}$　〔答え〕 $\frac{3}{4}$L

教科書171ページ

2 商を分数で表しましょう。

① 7÷9　② 6÷8　③ 10÷6　④ 28÷12

考え方 整数どうしのわり算の商を分数で表すときは、わる数を分母に、わられる数を分子にします。約分できるときは約分します。

答え ① $\frac{7}{9}$　② $\frac{3}{4}$　③ $\frac{5}{3}\left(1\frac{2}{3}\right)$　④ $\frac{7}{3}\left(2\frac{1}{3}\right)$

教科書171ページ

3 分数をわり算の式で表しましょう。

① $\frac{1}{6}$　② $\frac{3}{7}$　③ $\frac{6}{13}$　④ $\frac{8}{3}$

考え方 分数をわり算で表すときは、分子÷分母の式で表します。

答え ① 1÷6　② 3÷7　③ 6÷13　④ 8÷3

教科書171ページ

4 分数は小数で、小数や整数は分数で表しましょう。

① $\frac{1}{5}$　② $\frac{15}{6}$　③ 11.7　④ 4

考え方　分数を小数で表すときは、分子を分母でわります。

$\frac{1}{10}$ の位までの小数を分数で表すときは、$0.1=\frac{1}{10}$ を利用して、$\frac{1}{10}$ の何個分になるかを考えます。

また、整数は、分母が 1 の分数で表すことができます。

答え　① 0.2　② 2.5　③ $\frac{117}{10}\left(11\frac{7}{10}\right)$　④ $\frac{4}{1}$

教科書171ページ

5 数の大小を比(くら)べて、□に不等号を書きましょう。

① 0.7□$\frac{2}{3}$　② $\frac{4}{15}$□0.27　③ 1.45□$1\frac{7}{20}$

考え方　分数を小数になおして大小を比べます。

① $\frac{2}{3}=2\div3=0.666\cdots\cdots$　② $\frac{4}{15}=4\div15=0.266\cdots\cdots$

③ $\frac{7}{20}=7\div20=0.35$

答え　① $0.7 > \frac{2}{3}$　② $\frac{4}{15} < 0.27$　③ $1.45 > 1\frac{7}{20}$

教科書171ページ

6 ゆうさんの部屋の面積は 9 m^2 で、教室の面積は 57 m^2 だそうです。
ゆうさんの部屋の面積は、教室の面積の何倍でしょうか。
また、教室の面積は、ゆうさんの部屋の面積の何倍でしょうか。

考え方　$9\div57=0.157\cdots\cdots$、$57\div9=6.333\cdots\cdots$ となり、小数では正確(せいかく)に表せないので、分数にして答えましょう。

$9\div57=\frac{9}{57}=\frac{3}{19}$　$57\div9=\frac{57}{9}=\frac{19}{3}$

答え　〔ゆうさんの部屋〕 $\frac{3}{19}$ 倍　〔教室〕 $\frac{19}{3}\left(6\frac{1}{3}\right)$ 倍

教科書172ページ

算数ワールド

考え方 **1** 〔それぞれのだんの答えの平均から求める〕

平均は、いくつかの量や数を等しい大きさになるようにならしたものです。

9のだんの答えのいちばん大きい数からいちばん小さい数に数をいくつか移してならす、2番めに大きい数から2番めに小さい数に数をいくつか移してならす、……と考えると、

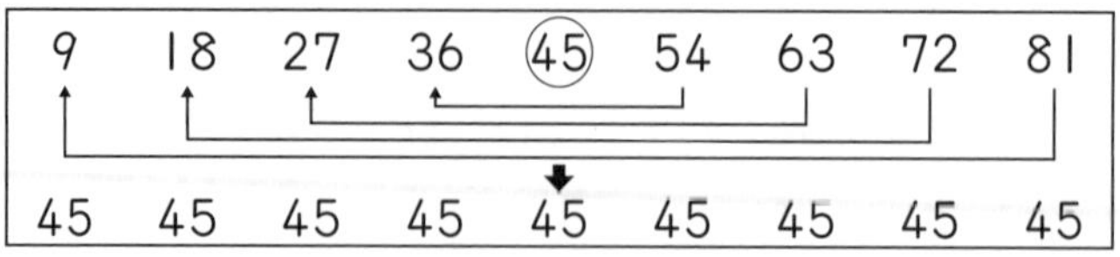

45にならすことができ、かける数が5のときの答えが平均になっていることがわかります。ほかのだんの答えも、同じように考えてならすと、ほかのだんも、かける数が5のときの答えが平均になっていることがわかります。

		かける数								
		1	2	3	4	5	6	7	8	9
かけられる数	1	1	2	3	4	5	6	7	8	9
	2	2	4	6	8	10	12	14	16	18
	3	3	6	9	12	15	18	21	24	27
	4	4	8	12	16	20	24	28	32	36
	5	5	10	15	20	25	30	35	40	45
	6	6	12	18	24	30	36	42	48	54
	7	7	14	21	28	35	42	49	56	63
	8	8	16	24	32	40	48	56	64	72
	9	9	18	27	36	45	54	63	72	81

(全体の合計)＝(平均)×(個数) の式で、それぞれのだんの答えの合計を求めると、

(1のだん)＝5×9＝45　　(2のだん)＝10×9＝90

(3のだん)＝15×9＝135　　(4のだん)＝20×9＝180

(5のだん)＝25×9＝225　　(6のだん)＝30×9＝270

(7のだん)＝35×9＝315　　(8のだん)＝40×9＝360

(9のだん)＝45×9＝405

となります。

(九九の表の答え全部の和)＝(それぞれのだんの答えの合計の和) なので、

45＋90＋135＋180＋225＋270＋315＋360＋405＝2025 となり、

九九の表の答え全部の和は2025と求められます。

〔九九の表の答え全部の平均から求める〕

それぞれのだんの答えを等しい大きさにならしてから、九九の表をたてに考えると、5のだんの九九の答えになっていることがわかります。

		かける数								
		1	2	3	4	5	6	7	8	9
かけられる数	1	5	5	5	5	5	5	5	5	5
	2	10	10	10	10	10	10	10	10	10
	3	15	15	15	15	15	15	15	15	15
	4	20	20	20	20	20	20	20	20	20
	5	25	25	25	25	25	25	25	25	25
	6	30	30	30	30	30	30	30	30	30
	7	35	35	35	35	35	35	35	35	35
	8	40	40	40	40	40	40	40	40	40
	9	45	45	45	45	45	45	45	45	45

5のだんの答えの平均は25なので、たては25にならすことができます。

		かける数								
		1	2	3	4	5	6	7	8	9
かけられる数	1	25	25	25	25	25	25	25	25	25
	2	25	25	25	25	25	25	25	25	25
	3	25	25	25	25	25	25	25	25	25
	4	25	25	25	25	25	25	25	25	25
	5	25	25	25	25	25	25	25	25	25
	6	25	25	25	25	25	25	25	25	25
	7	25	25	25	25	25	25	25	25	25
	8	25	25	25	25	25	25	25	25	25
	9	25	25	25	25	25	25	25	25	25

全部を25にならすことができるので、九九の表の答え全部の平均は25です。

九九の答えは、全部で81個あるので、(全体の合計)＝(平均)×(個数)の式で、九九の表の答え全部の和を求めると、25×81＝2025となり、それぞれのだんの答えの合計の和と等しくなります。

2 れおさんが囲んだ

8	10
12	15

の4個の数は、それぞれ九九の答えなので、

2×4	2×5
3×4	3×5

の形になおすことができます。

また、2×4は、2のだんの4個めの答え、
2×5は、2のだんの5個めの答え、
3×4は、3のだんの4個めの答え、
3×5は、3のだんの5個めの答え、と考えることもできます。

同じように考えて、左上の数をもとにして、4個の数のきまりを調べます。

囲んだ4個の数の左上の数を○のだんの△個めの答え、と考えると、右上の数は○のだんの(△+1)個めの答え、左下の数は(○+1)のだんの△個めの答え、右下の数は(○+1)のだんの(△+1)個めの答え、といえます。

○×△	○×(△+1)
(○+1)×△	(○+1)×(△+1)

ななめにかけ合わせて、計算のきまりを利用すると、

○×△×(○+1)×(△+1)=○×△×(○+1)×(△+1)

(○+1)×△×○×(△+1)=○×△×(○+1)×(△+1)

となり、同じかけ算の式になります。

答え **1** **2025**

2 **囲んだ4個の数をななめにかけ合わせた式に、計算のきまりを利用すると、どの場所でも同じかけ算の式になるので、どの場所でもれおさんが気づいたきまりが成り立ちます。**

教科書173ページ

復習 ④

考え方 **1** 小数のかけ算は、整数のかけ算とみて計算して、積の小数部分のけた数が、かけられる数とかける数の小数部分のけた数の和になるように、小数点をうちます。

小数のわり算は、わる数の小数点を右に移(うつ)して、整数にします。また、わられる数の小数点も、わる数の小数点と同じけた数だけ右へ移します。

2 3と8の最小公倍数は、3と8でわりきれるいちばん小さい数なので、8の倍数のうち、3でわりきれるいちばん小さい数を見つけます。また、最小公倍数の倍数が公倍数になります。

3 9と12の最大公約数は、9でも12でもわりきることができる数の中でいちばん大きい数なので、9の約数のうち、12をわりきれるいちばん大きい数を見つけます。また、最大公約数の約数が公約数になります。

4 分母のちがう分数のたし算やひき算は、通分してから計算します。

❺ (平均)＝(合計)÷(個数) の式で求められます。
(9＋8＋11＋6＋7)÷5＝8.2

❻ 1Lあたりのねだんは、水のねだんを水のかさでわって求めます。
500mL＝0.5Lです。
〔500mLで95円の水〕 95÷0.5＝190　1Lあたり190円
〔1.5Lで298円の水〕 298÷1.5＝198.6…　1Lあたり約199円

❼ もとの長さから何倍のびたかを求めます。

答え
❶ ① 2.04　② 25.728　③ 14.9037　④ 1.716
⑤ 0.8　⑥ 0.02　⑦ 1.4　⑧ 2.5　⑨ 325

❷ ① 〔最小公倍数〕 24　〔公倍数〕 24、48、72
② 〔最小公倍数〕 60　〔公倍数〕 60、120、180
③ 〔最小公倍数〕 28　〔公倍数〕 28、56、84

❸ ① 〔最大公約数〕 3　〔公約数〕 1、3
② 〔最大公約数〕 1　〔公約数〕 1
③ 〔最大公約数〕 6　〔公約数〕 1、2、3、6

❹ ① $\frac{8}{15}$　② $\frac{13}{24}$　③ $\frac{6}{5}\left(1\frac{1}{5}\right)$　④ $1\frac{1}{2}\left(\frac{3}{2}\right)$
⑤ $\frac{7}{12}$　⑥ $\frac{4}{9}$　⑦ $\frac{25}{24}\left(1\frac{1}{24}\right)$　⑧ $\frac{1}{2}$

❺ 8.2人

❻ 500mLで95円の水

❼ 〔式〕 ㋐のゴムひも 20÷10＝2　㋑のゴムひも 15÷5＝3
〔答え〕 ㋑のゴムひも

12 割合

教科書174ページ

上の表の□に数をあてはめて、いろいろな場合を考えてみましょう。

考え方 はるさんは、投げた数が入った数の 2 倍になっています。だから、れおさんのほうがよく入ったといえるのは、れおさんの投げた数が入った数の 2 倍より少ないとき、はるさんのほうがよく入ったといえるのは、れおさんの投げた数が入った数の 2 倍より多いときとわかります。

答え ㋐ (あてはまる数は)13、14、15、16、17、18、19、20、21、22、23

㋑ 25 以上の整数

教科書175ページ

㋒の場合について、下の 2 人の考えのどちらが正しいでしょうか。

考え方 みなとさんの考えでは、入った数と投げた数の差は 2 人とも 10 で同じですが、これだけでは同じだけよく入ったとはいえません。たとえば、投げた回数が 10 回、入った回数が 0 回ならば、数の差は 10 ですが、まったく入っていないので、同じだけよく入ったとはいえません。つばささんの考えだと、2 人とも投げた数が入った数の 2 倍になっているので、つばささんの方が正しいといえます。

答え つばささん

教科書175～177ページ

1 下の表は、あるチームのシュートの記録です。
だれがいちばんシュートがよく入ったといえるでしょうか。

1 いずみさんとえりかさんでは、どちらがよく入ったといえるでしょうか。比(くら)べ方を考えましょう。

2 2 人の考えを説明しましょう。

3 (教科書)175 ページのあかりさん、うたこさんの記録について、投げた数をもとにしたときの、入った数の割合(わりあい)を求めましょう。

4 同じチームのおとはさんが投げた数は 16 回で、入った数の割合は 0.5 でした。入った数は何回だったでしょうか。

考え方 **1** **2** 投げた数がちがうので、入った数や入らなかった数では比べることができません。

〔みなとさんの考え〕 投げた数をそろえて考えています。

$\frac{入った数}{投げた数}$ という分数にして通分し、投げた数をそろえます。

いずみさんは $\frac{8}{10}$、えりかさんは $\frac{9}{12}$ なので、通分すると $\left(\frac{48}{60}、\frac{45}{60}\right)$ となり、いずみさんのほうがよく入ったといえます。

〔かえでさんの考え〕 入った数が投げた数の何倍かを考えています。

(入った数)÷(投げた数) をそれぞれ求めます。

いずみさん　8÷10=0.8　　　　えりかさん　9÷12=0.75

だから、いずみさんのほうがよく入ったといえます。

3 〔あかりさん〕 投げた数は 10 回、入った数は 5 回なので、5÷10=0.5

〔うたこさん〕 投げた数は 4 回、入った数は 1 回なので、1÷4=0.25

4 数直線に表して考えます。

割合は 0.5 なので、16×0.5 で求められます。

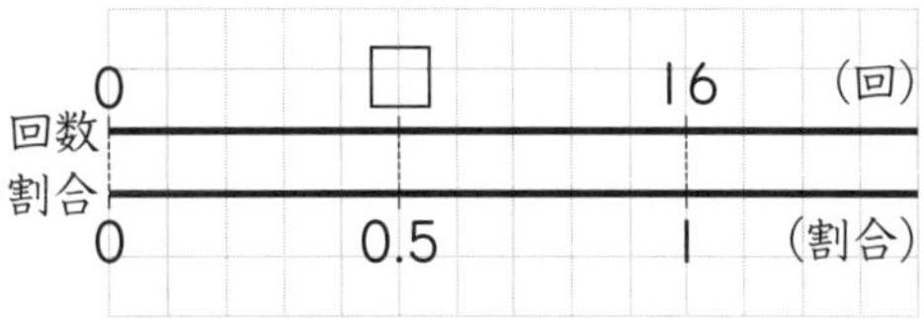

割合で比べると、あかりさんは 0.5、いずみさんは 0.8、うたこさんは 0.25、えりかさんは 0.75 より、いちばんシュートがよく入ったといえるのはいずみさんです。

答え **いずみさん**

1 **いずみさん**

〔比べ方〕 **投げた数をそろえる。入った数が投げた数の何倍かを考える。**

2 〔みなとさんの考え〕 **投げた数をそろえて考えています。**

いずみさん $\frac{8}{10}=\frac{48}{60}$、**えりかさん** $\frac{9}{12}=\frac{45}{60}$ **より、いずみさんのほうがよく入ったといえます。**

〔かえでさんの考え〕 **入った数が投げた数の何倍かを考えています。**

いずみさん 8÷10=0.8、えりかさん 9÷12=0.75 より、いずみさんのほうがよく入ったといえます。

3 〔あかりさん〕〔式〕 5÷10=0.5　〔答え〕 0.5

〔うたこさん〕〔式〕 1÷4=0.25　〔答え〕 0.25

4 〔式〕 16×0.5=8　〔答え〕 8 回

教科書177ページ

1 5 年 2 組のドッジボールの試合の成績(せいせき)は、4 勝 1 敗でした。試合数に対する勝った試合の割合を求めましょう。

考え方 (割合)＝(比かく量)÷(基準量) の式にあてはめます。
(比かく量)は勝った試合数、(基準量)は全試合数です。
4÷(4＋1)＝0.8

答え 0.8

教科書178ページ

2 右の表は、地域のゴミ拾いに参加した大人と子どもの人数を調べたものです。いろいろな見方で、割合を表しましょう。

1 参加した人全体に対する大人の割合を求めましょう。

2 参加した人全体に対する子どもの割合を求めましょう。

3 子どもをもとにしたときの、大人の割合を求めましょう。
また、大人をもとにしたときの、子どもの割合を求めましょう。

考え方 **1** 基準量は参加した人全体の人数、比かく量は大人の人数です。図に表すと、下のようになります。

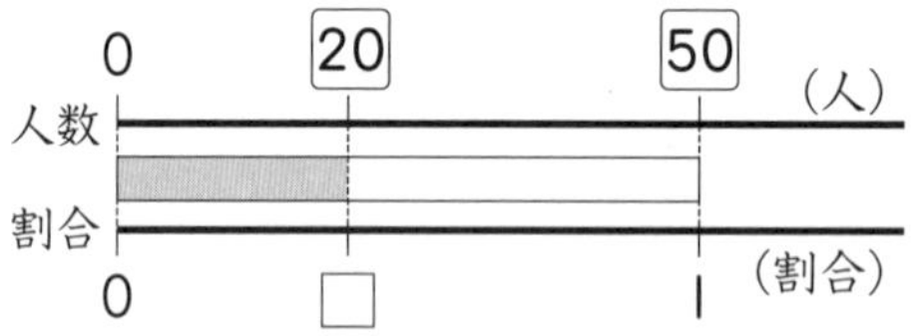

2 割合で考えると、参加した人全体は 1、**1** より大人の割合は 0.4 だったので、子どもの割合は 1－0.4 で求められます。

3 〔大人の割合〕
基準量は子どもの人数、比かく量は大人の人数です。図に表すと、下のようになります。

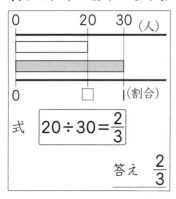

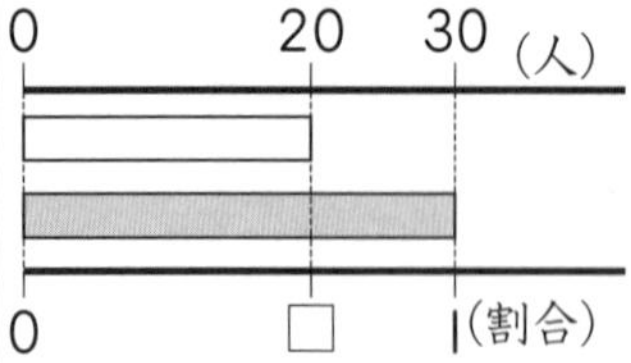

式 $20 \div 30 = \frac{2}{3}$

答え $\frac{2}{3}$

〔子どもの割合〕
基準量は大人の人数、比かく量は子どもの人数です。図に表すと、下のようになります。

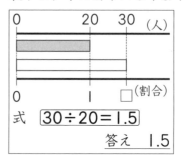

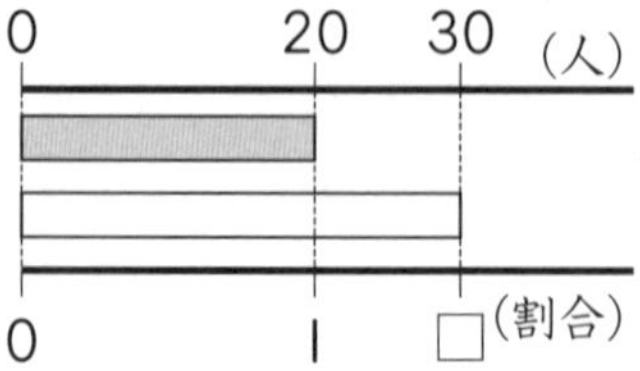

式 30÷20＝1.5

答え 1.5

答え 1 〔式〕 $\boxed{20 \div 50 = 0.4}$　〔答え〕 0.4

2 〔式〕 $1 - \boxed{0.4} = \boxed{0.6}$　〔答え〕 0.6

3 〔大人の割合〕〔式〕 $\boxed{20 \div 30 = \frac{2}{3}}$　〔答え〕 $\frac{2}{3}$

〔子どもの割合〕〔式〕 $\boxed{30 \div 20 = 1.5}$　〔答え〕 1.5

教科書178ページ

2 公園に大人が 10 人、子どもが 15 人います。
公園にいる人全体に対する子どもの割合を求めましょう。
また、大人をもとにしたときの、子どもの割合を求めましょう。

考え方 (割合)＝(比かく量)÷(基準量) の式にあてはめます。

〔公園にいる人全体に対する子どもの割合〕 比かく量は子どもの人数、基準量は公園にいる人全体なので、15÷(10＋15)＝15÷25＝0.6

〔大人をもとにしたときの、子どもの割合〕 比かく量は子どもの人数、基準量は大人の人数なので、15÷10＝1.5

答え 〔公園にいる人全体に対する子どもの割合〕 0.6

〔大人をもとにしたときの、子どもの割合〕 1.5

教科書179〜180ページ

3 あいさんの学校の 5 年生の人数は 112 人です。アンケートでは、そのうち 84 人が「算数が好き」と答えました。算数が好きな人の割合を求めましょう。

1 割合を求めましょう。

2 上の数直線をもとに、算数が好きな人の割合(わりあい)を、百分率(ひゃくぶんりつ)で表しましょう。
また、計算で求める方法を考えましょう。

考え方 1 (割合)＝(比かく量)÷(基準量) の式にあてはめます。

2 数直線で、割合を表す小数が 0.75 のところをみると、百分率は 75％です。
また、百分率は、もとにする量を 100 とみた割合の表し方なので、もとにする量を 1 とみたときの割合を 100 倍します。

答え 1 〔式〕 $\boxed{84 \div 112} = \boxed{0.75}$　〔答え〕 0.75

2 $84 \div 112 \times \boxed{100} = \boxed{75}$　〔答え〕 75％

教科書180ページ

3 ともみさんは、定価が850円のバッグを680円で買いました。定価の何%で買ったことになるでしょうか。

考え方 (比かく量)は680円、(基準量)は定価の850円です。
(比かく量)÷(基準量)×100の式にあてはめて、680÷850×100=80

答え 80%

教科書180ページ

4 20問のクイズで、ゆいさんは問題の80%に正解しました。
ゆいさんが不正解だった問題は、全体の何%でしょうか。

考え方 基準量は100%なので、100−80=20

答え 20%

教科書180ページ

5 小数や整数で表された割合を百分率で、百分率で表された割合を小数で表しましょう。
① 0.02　② 0.3　③ 1　④ 76%　⑤ 56.4%

考え方 小数や整数で表された割合を100倍すると、百分率で表された割合になります。
また、百分率で表された割合を$\frac{1}{100}$にすると、小数で表された割合になります。

答え ① 2%　② 30%　③ 100%　④ 0.76　⑤ 0.564

教科書181ページ

4 ある地域で行われた職業体験イベントの定員は150人で、応ぼ者は270人でした。定員に対する応ぼ者の割合は何%でしょうか。
1 基準量と比かく量を、それぞれいいましょう。
2 定員に対する応ぼ者の割合を、百分率で求めましょう。

考え方 1 基準量は定員、比かく量は応ぼ者の人数です。
2 (比かく量)÷(基準量)×100の式にあてはめます。

答え 1 〔基準量〕150人　〔比かく量〕270人
2 〔式〕270÷150×100=180　〔答え〕180%

教科書181ページ

6 下の表は、みおさんの学校でクラブの希望調べをした結果です。定員に対する希望者の割合を、それぞれ百分率で求めましょう。

考え方 (比かく量)は希望者数、(基準量)は定員数です。

(比かく量)÷(基準量)×100 の式にそれぞれあてはめて、

工作　30÷20×100=150　　パソコン　24÷15×100=160

音楽　30÷40×100=75　　家庭科　21÷30×100=70

答え 〔工作〕 150%　〔パソコン〕 160%

〔音楽〕 75%　〔家庭科〕 70%

教科書181ページ

7 電車の車両の定員が 140 人で、乗っている人数が 245 人のとき、定員に対する乗車人数の割合を、百分率で求めましょう。

考え方 (比かく量)は実際に乗っている人数の 245 人、(基準量)は定員の 140 人です。

(比かく量)÷(基準量)×100 の式にあてはめて、245÷140×100=175

答え 175%

教科書182ページ

5 みほさんの学校の児童 400 人に、ボランティアをしたことがあるかきいたところ、70% の児童が「ある」と答えたそうです。「ある」と答えた児童の人数を求めましょう。

1 図や式などを使って、求め方を説明しましょう。

考え方 数直線をかいて、(比かく量)の求め方を考えます。

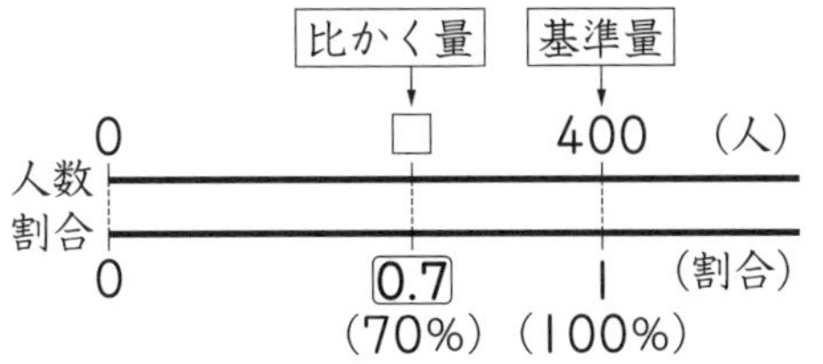

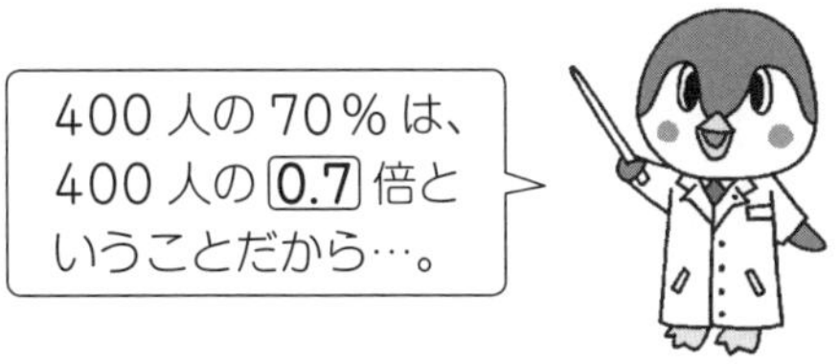

答え 〔式〕 400×0.7=280　〔答え〕 280 人

教科書182ページ

8 ある小学校の来年の児童数は、今年の児童数の 105% になる予定だそうです。今年の児童数は 500 人です。来年の児童数は何人になる予定でしょうか。

考え方 (比かく量)は来年の児童数、(基準量)は今年の児童数の 500 人です。また、105% の割合を小数で表すと 1.05 です。

(比かく量)=(基準量)×(割合) の式にあてはめて、500×1.05=525

答え 525 人

教科書183ページ

6 まことさんが通う学校の今年の児童数は 480 人で、10 年前の児童数の 120% にあたります。10 年前の児童数は何人だったでしょうか。

1 図や式などを使って、求め方を説明しましょう。

考え方

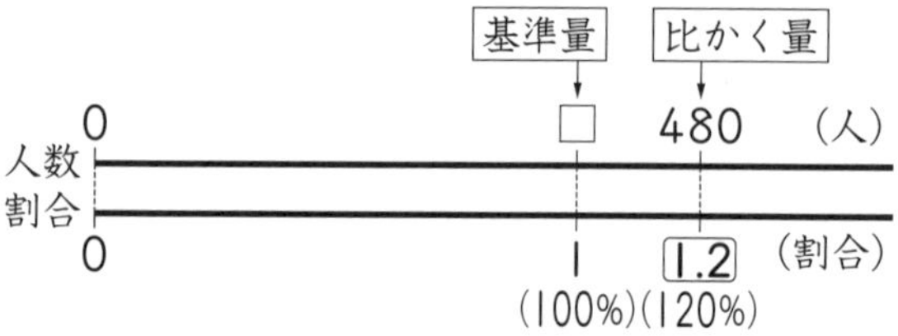

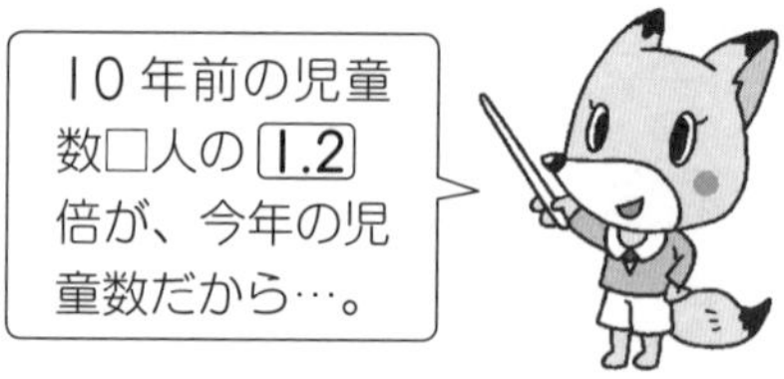

(比かく量)は今年の児童数の 480 人、(基準量)は 10 年前の児童数の□人です。また、120% の割合を小数で表すと 1.2 です。

10 年前の児童数□人の 1.2 倍が、今年の児童数だから、

(比かく量)=(基準量)×(割合) の式にあてはめると、480=□×1.2

答え □×1.2=480

□=480÷1.2

=400　　〔答え〕 400 人

教科書183ページ

9 西山公園の池の面積は $3600m^2$ で、これは公園全体の面積の 15% にあたります。西山公園全体の面積は何 m^2 でしょうか。

考え方 (比かく量)は西山公園の池の面積の $3600m^2$、(基準量)は西山公園全体の面積です。また、15% の割合を小数で表すと 0.15 です。

(基準量)＝(比かく量)÷(割合) の式にあてはめて、

3600÷0.15＝24000

答え $24000m^2$

教科書184ページ

7 定価(ていか) 4000 円の服が、30% 引きのねだんで売られています。この服は何円で買えるでしょうか。

1 答えの求め方を考えて、説明しましょう。

考え方 〔みなとさんの考え〕 4000 円の 30% を求めて、4000 円からひいて求めています。

〔かえでさんの考え〕 数直線に表すと、4000 円の 30% 引きということは、4000 円の 70% であることがわかります。

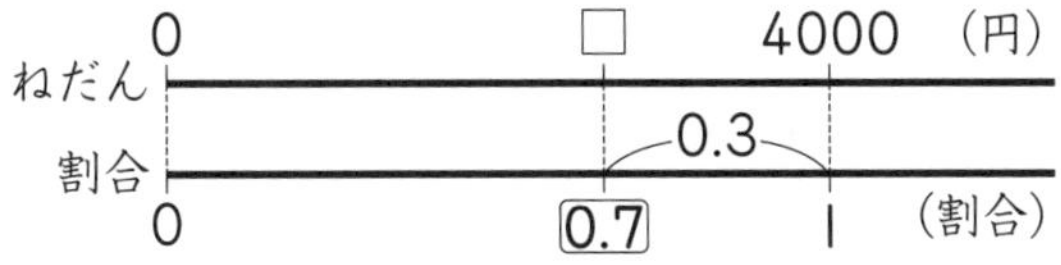

答え 〔みなとさんの考え〕 4000×0.3＝[1200]

4000−[1200]＝[2800]　〔答え〕 2800 円

〔かえでさんの考え〕 4000×(1−[0.3])＝[2800]　〔答え〕 2800 円

教科書184ページ

10 ある町の今年の人口は、昨年よりも 3% 増加(ぞうか)したそうです。昨年の人口は 8700 人でした。今年の人口は何人でしょうか。

考え方 昨年よりも 3% 増加したということは、昨年の人口 8700 人の 103% になっています。また、103% の割合を小数で表すと 1.03 です。

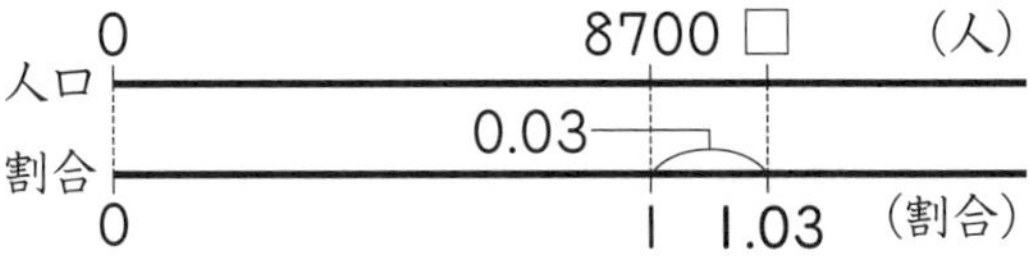

8700×1.03＝8961

答え 8961 人

教科書185ページ

8 くつが1800円で売られています。これは、定価の20%引きのねだんだそうです。このくつの定価は何円でしょうか。

1 答えの求め方を考えて、説明しましょう。

考え方 定価を□円として、その20%引きのねだんが1800円になると考えます。

数直線に表すと、□円の20%引きということは、□円の80%が1800円であることがわかります。

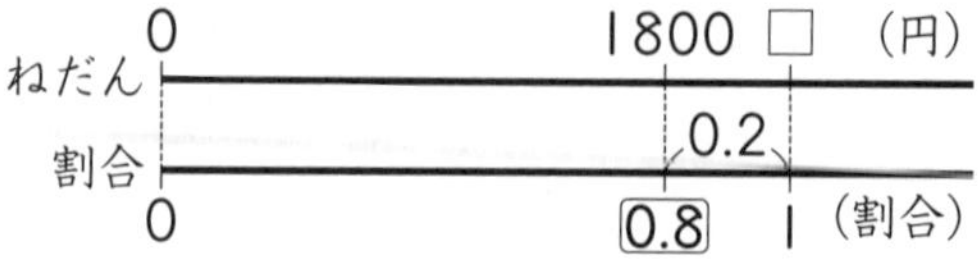

答え □×(1－[0.2])＝1800

□＝1800÷[0.8]

＝[2250]　〔答え〕 2250円

教科書185ページ

9 手芸用のテープが30%増量(ぞうりょう)して売られています。

増量後のテープの長さは130cmです。

増量前のテープの長さは何cmでしょうか。

1 はるさんとゆきさんは、場面を図に表しました。

どちらが正しい図でしょうか。

2 答えの求め方を考えて、説明しましょう。

考え方 **1** (比かく量)は増量後のテープの長さ、(基準量)は増量前のテープの長さです。増量前のテープの長さを1としているのは、ゆきさんなので、ゆきさんが正しいといえます。

2 増量前のテープの長さを□cmとして、その30%増量した長さが130cmになると考えます。

答え **1** ゆきさん

2 〔式〕 増量前のテープの長さを□cmとすると、

□×(1＋0.3)＝130

□＝130÷1.3

＝100　〔答え〕 100cm

教科書186ページ

11 シャンプーが20%増量して売られています。

増量後のシャンプーの量は480mLです。

増量前のシャンプーの量は何mLでしょうか。

考え方 増量前のシャンプーの量を□mLとして、その20%増量したシャンプーの量が480mLになると考えます。

□×(1+0.2)=480
□=480÷1.2
=400

答え 400mL

教科書186ページ

12 定価1000円のシャツが、40%引きで売られています。
下の㋐から㋓の中から定価1000円の図に対して、40%引き後のねだんを表している図を、選びましょう。

考え方 40%引きということは、1000×(1−0.4)=1000×0.6 なので、40%引き後のねだんを表している図は㋒です。

答え ㋒

教科書187ページ

学んだことを使おう

考え方 ❶ 土曜日の西町店では、すべての弁当が20%引きになります。20%引きということは、定価の80%になっています。80%の割合を小数で表すと0.8なので、土曜日に西町店でさけ弁当を買うと、1個あたり 450×0.8=360 より、360円になります。

土曜日の東町店では、350円より高い弁当がすべて350円になるので、東町店で買うほうが、さけ弁当1個あたり10円、さけ弁当4個では40円安くなります。

❷ どちらの店で買うほうが安くなるかを考えましょう。

土曜日の西町店では、すべての弁当が定価の80%になっているので、4種類の弁当をそれぞれ1個ずつ買うと、(450+430+320+380)×0.8=1264 より、1264円になります。

また、土曜日の東町店では、350円より高い弁当がすべて350円になるので、4種類の弁当をそれぞれ1個ずつ買うと、350+350+320+350=1370 より、1370円になります。

代金を比べると、西町店のほうが、1370−1264=106 より、106円安くなるね。

答え ❶ 東町店で買うほうが得です。
なぜなら、**東町店で買うほうが 40 円安くなるからです。**など
❷ わたしなら、西町店で買います。
なぜなら、**西町店で買うほうが 106 円安くなるからです。**など

まとめ

教科書188ページ

❶ かなえさんは、バスケットボールの試合で 15 回シュートして、6 回入りました。シュートが入った回数の割合を求めましょう。

考え方 (割合)＝(比かく量)÷(基準量) の式にあてはめます。
(比かく量)はシュートが入った回数、(基準量)は全シュート数です。
6÷15＝0.4

答え **比かく量、基準量、基準量、比かく量**
〔シュートが入った回数の割合〕 0.4

教科書188ページ

❷ 小数や整数で表された割合を百分率（ひゃくぶんりつ）で、百分率や歩合で表された割合を小数で表しましょう。
① 1 ② 0.8 ③ 0.04 ④ 110% ⑤ 8 割

考え方 パーセントで表した割合を百分率といいます。

答え **1%、10%、1 割、100%**
① 100% ② 80% ③ 4% ④ 1.1 ⑤ 0.8

教科書189ページ

❶ ある会場に集まった子ども 200 人のうち、80 人が小学生でした。
子ども全体に対する小学生の人数の割合として正しいものを、下のⓐからⓔの中から選びましょう。

考え方 図に表して考えます。

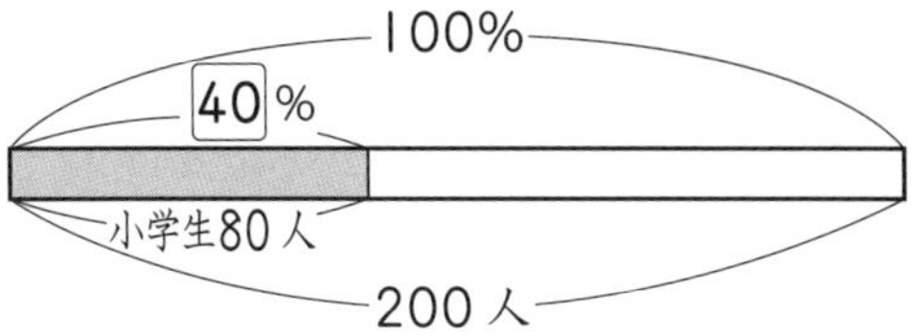

（比かく量）は小学生の人数、（基準量）が子ども全体の人数です。

80÷200×100＝40

答え ㋒

教科書189ページ

2 ゆうきさんたちの野球の試合の昨年の成績は、9勝6敗でした。試合数に対する勝った試合の割合を、百分率で求めましょう。

考え方 （比かく量）は勝った試合数の9試合、（基準量）は全試合数の9＋6＝15（試合）です。

（比かく量）÷（基準量）×100 の式にあてはめて、

9÷15×100＝60

答え 60％

教科書189ページ

3 果じゅうが40％ふくまれているジュースがあります。このジュース470mLには、果じゅうが何mL入っているでしょうか。

考え方 （比かく量）はジュースにふくまれている果じゅうの量、（基準量）はジュースの量です。また40％の割合を小数で表すと0.4です。

（比かく量）＝（基準量）×（割合） の式にあてはめて、

470×0.4＝188

答え 188mL

教科書189ページ

4 当たりくじの割合が全体の5%になるようにくじを作ります。当たりくじは20本用意します。くじは全部で何本用意すればよいでしょうか。

考え方 (比かく量)は当たりくじ20本、(基準量)はくじ全部の本数です。また、5%の割合を小数で表すと0.05です。

(基準量)=(比かく量)÷(割合) の式にあてはめて、

20÷0.05=400

答え 400本

教科書189ページ

5 定価(ていか)4500円の服が、3600円で売られています。このねだんは定価の何%でしょうか。また、定価の何%引きでしょうか。

考え方 (比かく量)は3600円、(基準量)は定価の4500円です。

(比かく量)÷(基準量)×100 の式にあてはめて、

3600÷4500×100=80

また、定価の80%ということは、定価の20%引きです。

答え 80%、20%引き

13 割合とグラフ

教科書191～193ページ

1 (教科書)190 ページのブルーベリーの収(しゅう)かく量(りょう)について、グラフに表して調べましょう。

1 ゆきさんは、ブルーベリーの収かく量のデータをぼうグラフに表しました。このグラフを見て、気がついたことを話し合いましょう。

2 上のグラフを見て、それぞれのブルーベリーの収かく量の割合(わりあい)を、右の表に書きましょう。

3 (教科書)192 ページのあ、いのグラフから、どんなことがよみとれるでしょうか。

考え方 **1** ぼうグラフは、ぼうの長さで数の大きさを表したグラフです。

2 **3** 帯(おび)グラフは、全体を長方形で表し、それぞれの割合にしたがって区切ったグラフです。また、円(えん)グラフは、全体を円で表し、それぞれの割合にしたがって半径で区切ったグラフです。どちらのグラフも、割合の合計は 100% になります。

答え **1** ・**東京(とうきょう)の収かく量は、群馬(ぐんま)よりも 100t ぐらい多いです。**

・**群馬、長野(ながの)、茨城(いばらき)の収かく量は、あまり変わりません。** など

2 ブルーベリーの収かく量と割合

〔2018年〕

都道府県	収かく量(t)	割合(%)
東京	384	16
群馬	271	11
長野	259	11
茨城	240	10
その他	1234	52
合計	2388	100

3 ・**東京の収かく量が全体の $\frac{1}{6}$ ぐらいということがわかります。**

・**東京と群馬で、全体の $\frac{1}{4}$ ぐらいです。**

・**東京、群馬、長野、茨城を合わせると、全体の $\frac{1}{2}$ ぐらいです。** など

教科書193ページ

1 次の円グラフと帯グラフは、東京都の果樹のさいばい面積の割合を表したものです。

① それぞれの果樹のさいばい面積の割合は、全体の何％でしょうか。

② ブルーベリーのさいばい面積は何haでしょうか。

考え方 ① グラフから、めもりの数をよみとります。

② (比かく量)＝(基準量)×(割合) の式にあてはめて、

1027×0.12＝123.24

答え ① 〔くり〕 41％　〔かき〕 13％　〔ブルーベリー〕 12％

〔日本梨〕 8％　〔梅〕 8％　〔その他〕 18％

② 123.24ha

教科書194～195ページ

2 右の表は、2008年のブルーベリーの収かく量を表したものです。これを帯グラフや円グラフに表しましょう。

1 全体に対するそれぞれの割合を百分率で求めて、上の表に書きましょう。

2 ブルーベリーの収かく量の割合を、帯グラフに表しましょう。

3 ブルーベリーの収かく量の割合を、円グラフに表しましょう。

考え方 **1** 〔長野〕 426÷1872×100＝22.7……

〔群馬〕 179÷1872×100＝9.5……

〔東京〕 167÷1872×100＝8.9……

〔茨城〕 149÷1872×100＝7.9……

〔その他〕 951÷1872×100＝50.8……

割合の合計が100％をこえてしまうので、いちばん多い部分か「その他」で調整します。ここでは、多すぎる1％を「その他」の割合からひいて、「その他」の割合を50％とします。

2 帯グラフに表すときは、割合の大きい順に左からかいていき、「その他」は最後にかきます。

3 円グラフに表すときは、割合の大きい順に右回りに区切っていき、「その他」は最後にかきます。

答え **1** ブルーベリーの収かく量と割合

〔2008 年〕

都道府県	収かく量(t)	割合(%)
長野	426	23
群馬	179	10
東京	167	9
茨城	149	8
その他	951	50
合計	1872	100

2 ブルーベリーの収かく量の割合〔2008 年〕（合計 1872 t）

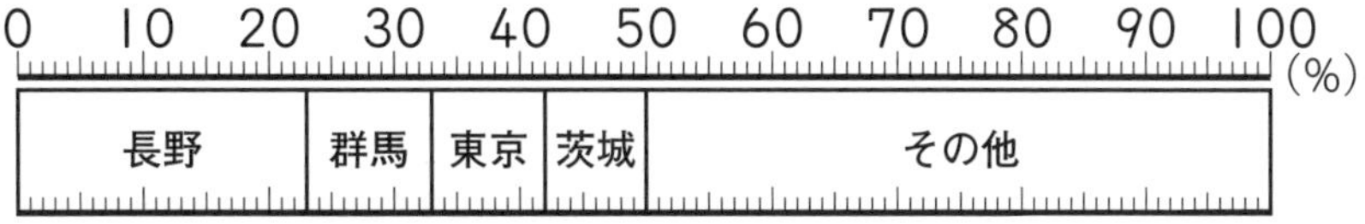

3 ブルーベリーの収かく量の割合

〔2008 年〕（合計 1872 t）

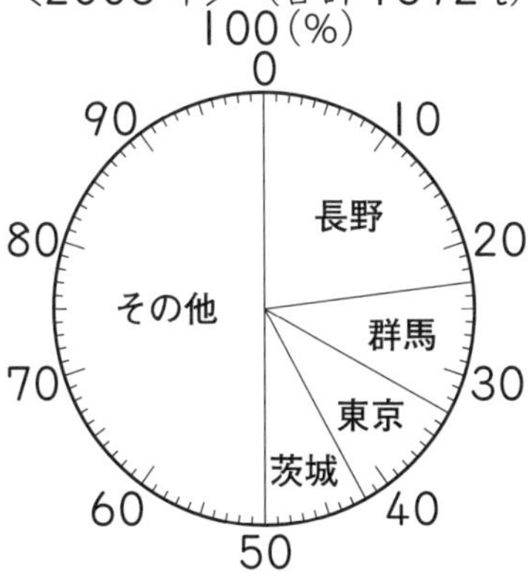

教科書195ページ

2 下の表は、2013 年のブルーベリーの収かく量を表したものです。
それぞれの収かく量の割合を求めて、帯グラフと円グラフに表しましょう。

考え方 百分率は、四捨五入して整数で表しましょう。

〔長野〕 444÷2700×100＝16.4……

〔東京〕 377÷2700×100＝13.9……（4）

〔茨城〕 299÷2700×100＝11.0……

〔群馬〕 263÷2700×100＝9.7……（10）

〔その他〕 1317÷2700×100＝48.7……（9）

帯グラフや円グラフに表すときには、割合の大きい順に区切ってかき、「その他」は最後にかきます。

答え

ブルーベリーの収かく量と割合
〔2013 年〕

都道府県	収かく量(t)	割合(%)
長野	444	16
東京	377	14
茨城	299	11
群馬	263	10
その他	1317	49
合計	2700	100

ブルーベリーの収かく量の割合
〔2013 年〕（合計 2700 t）

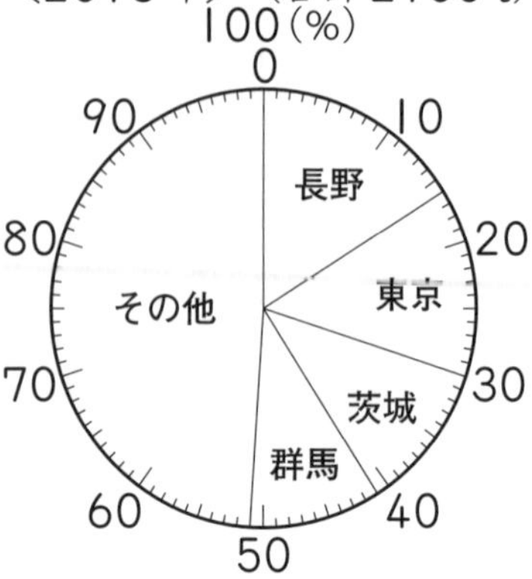

ブルーベリーの収かく量の割合〔2013 年〕（合計 2700 t）

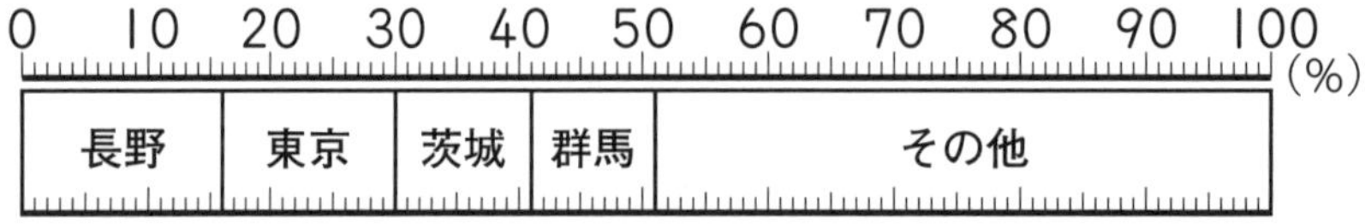

教科書196〜197ページ

3 ゆきさんは、ブルーベリーの収かく量の割合を、下のような帯グラフに表しました。この帯グラフから、どんなことがよみとれるでしょうか。

1 2008年の東京の収かく量を求めるには、グラフのどこに着目すればよいでしょうか。また、収かく量を求める式を書きましょう。

2 2008年と2013年を比べて、収かく量の割合が減っている県はどこでしょうか。

3 みなとさんは、グラフを見て、下のように話しています。
みなとさんの話は正しいといえるでしょうか。理由も説明しましょう。

考え方 **1** (比かく量)=(基準量)×(割合) の式にあてはめます。
基準量は合計、割合はグラフからめもりの数をよみとります。

2 グラフのめもりの数が減った県をさがしましょう。

3 グラフからわかるのは、収かく量の割合の増減(ぞうげん)です。
〔2008年〕 1872×0.23=430.56 〔2013年〕 2700×0.16=432

答え **1** **2008年のグラフの合計と東京のめもりの数**
〔式〕 **1872×0.09**

2 **長野**

3 **正しいといえません。**
〔理由〕 **2008年の収かく量は430.56t、2013年の収かく量は432tなので、収かく量は増(ふ)えているからです。**

教科書197ページ

3 (教科書)196ページ **3** のグラフを見て、下のあからえについて、「正しい」、「正しくない」、「この資料(しりょう)からはわからない」のどれかを答えましょう。また、理由も説明しましょう。

あ 2013年に、収かく量の割合がいちばん多かったのは東京である。
い 2013年の群馬の収かく量は、2008年よりも増えている。
う 2008年から2018年にかけて、東京の収かく量の割合は毎年増えている。
え 2008年に比べて、2018年の長野の収かく量は、半分以下になっている。

考え方 あ 収かく量の割合は、グラフのめもりの数からよみとれます。
い 収かく量は、(合計)×(割合)です。
〔2008年〕 1872×0.1=187.2 〔2013年〕 2700×0.1=270

㋒　グラフがあるのは2008年、2013年、2018年だけです。

㋓〔2008年〕 $1872\times0.23=430.56$

〔2018年〕 $2388\times0.11=262.68$

$431\div2=215.5$ なので、2008年に比べて、2018年の収かく量は、半分以下にはなっていません。

答え ㋐　**正しくない**

〔理由〕 収かく量の割合がいちばん多かったのは長野です。

㋑　**正しい　〔理由〕 群馬の収かく量は2008年が187.2t、2013年が270tで、増えていると言えます。**

㋒　**この資料からはわからない　〔理由〕 グラフがあるのは2008年、2013年、2018年だけなので、それ以外の年も毎年増えているかどうかはわかりません。**

㋓　**正しくない　〔理由〕 長野の収かく量は、2008年は430.56t、2018年は262.68tなので、2008年に比べて、2018年の収かく量は半分以下にはなっていません。**

教科書199ページ

学んだことを使おう

考え方 **1** ㋐のグラフでは山梨(やまなし)県のぼうの長さがいちばん長いので、2018年のももの収かく量はいちばんだとわかります。㋑のグラフでは2008年から2018年の間に山梨県のももの収かく量は減っていますが、他の県のグラフより上にあるので、10年間の収かく量はずっといちばんだとわかります。㋒のグラフでは、全体に対する割合をよみとります。どの年も山梨県の割合は全体の30%をこえていていちばんだとわかります。

まとめ

教科書200ページ

1 下の帯グラフは、いちごの収(しゅう)かく量(りょう)の割合(わりあい)を表したものです。

① それぞれの収かく量の割合は、全体の何%でしょうか。

② それぞれの収かく量の割合を、左の円グラフに表しましょう。

③ 栃木(とちぎ)と福岡(ふくおか)の収かく量の割合を合わせると、全体の約何分の一でしょうか。

考え方 ① グラフから、めもりの数をよみとります。

② 円グラフに表すときは、割合の大きい順に右回りに区切っていき、「その他」は最後にかきます。

③ 栃木と福岡の収かく量の割合を合わせると、24％になります。これは、全体の約 $\frac{1}{4}$ になっていることがわかります。

答え 帯グラフ、円グラフ

① 〔栃木〕 14％
〔福岡〕 10％
〔熊本〕 8％
〔長崎〕 7％
〔静岡〕 7％
〔その他〕 54％

② いちごの収かく量の割合〔2020年〕
（合計159千t）

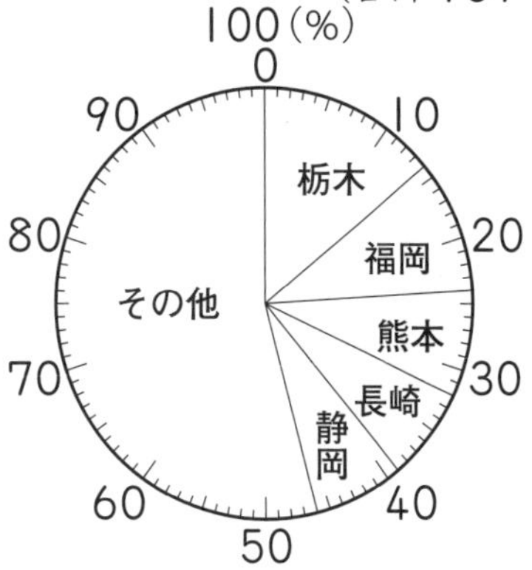

③ 約 $\frac{1}{4}$

教科書201ページ

1 下のグラフは、みかんの収かく量の割合の変化を表したものです。

① 2020年のそれぞれの収かく量の割合は全体の何％でしょうか。

② 和歌山の収かく量の割合は、1990年に比べて増えたでしょうか、減ったでしょうか。

③ ゆきさんは、グラフを見て、下のように話しています。
ゆきさんの話は正しいといえるでしょうか。

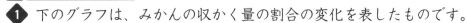

考え方 ① グラフから、めもりの数をよみとります。

② 1990年の和歌山の収かく量の割合は、12％です。

③ 1990年と2020年の和歌山の収かく量の割合は、それぞれ12％と22％です。1990年の和歌山の収かく量は、170×0.12＝20.4 より、約20万tとわかります。また、2020年は、80×0.22＝17.6（8） より約18万tとわかります。だから、収かく量は減っています。

答え ① 〔和歌山〕 22％ 〔静岡〕 16％ 〔愛媛〕 15％
〔熊本〕 11％ 〔その他〕 36％

② 増えました。

③ 正しいといえません。

教科書202ページ

算数ワールド

考え方　台形は、向かい合った1組の辺が平行な四角形です。

平行四辺形は、向かい合った2組の辺が平行な台形とみることができます。

ひし形は、4つの辺の長さがすべて等しい平行四辺形、長方形は4つの角がすべて直角な平行四辺形とみることができます。

正方形は、4つの角がすべて直角なひし形、または4つの辺の長さがすべて等しい長方形とみることができます。

答え

	㋐平行な辺の組がある。	㋑平行な辺の組が2組ある。	㋒4つの辺の長さがすべて等しい。	㋓4つの角がすべて直角。
台形	○			
平行四辺形	○	○		
ひし形	○	○	○	
長方形	○	○		○
正方形	○	○	○	○

教科書203ページ

復習　⑤

考え方　❶ 小数にするか同じ分母の分数にそろえれば比べられます。同じ分母の分数にするには通分しなければならないので、小数にそろえたほうが比べやすくなります。

① $\frac{5}{6}=5\div6=0.833\cdots\cdots$　② $\frac{2}{5}=2\div5=0.4$

③ $\frac{13}{25}=13\div25=0.52$

❷ 分数を小数で表すときは、分子を分母でわります。

$\frac{1}{10}$ や $\frac{1}{100}$ の位までの小数を分数で表すときは、$0.1=\frac{1}{10}$、$0.01=\frac{1}{100}$ を利用して、$\frac{1}{10}$ や $\frac{1}{100}$ の何個分になるかを考えます。

また、整数は分母が1の分数で表すことができます。

❸ 小数で表された割合を100倍すると、百分率で表された割合になります。

また、百分率で表された割合を $\frac{1}{100}$ にすると、小数で表された割合になります。

4 ① (比かく量)は物語の本のねだんの 720 円、(基準量)は科学の本のねだんの 960 円です。(比かく量)÷(基準量)×100 の式にあてはめて、

720÷960×100＝75

② (比かく量)は絵本のねだん、(基準量)は物語の本のねだんの 720 円です。また、55％ の割合を小数で表すと 0.55 です。

(比かく量)＝(基準量)×(割合) の式にあてはめて、720×0.55＝396

③ (比かく量)は国語辞典のねだん、(基準量)は科学の本のねだんの 960 円です。また、180％ の割合を小数で表すと 1.8 です。

(比かく量)＝(基準量)×(割合) の式にあてはめて、960×1.8＝1728

5 増量(ぞうりょう)前の量を□mL として、その 20％ 増(ま)しの量が 600mL になると考えます。

図に表すと、□mL の 20％ 増しということは、□mL の 120％ が 600mL であることがわかります。

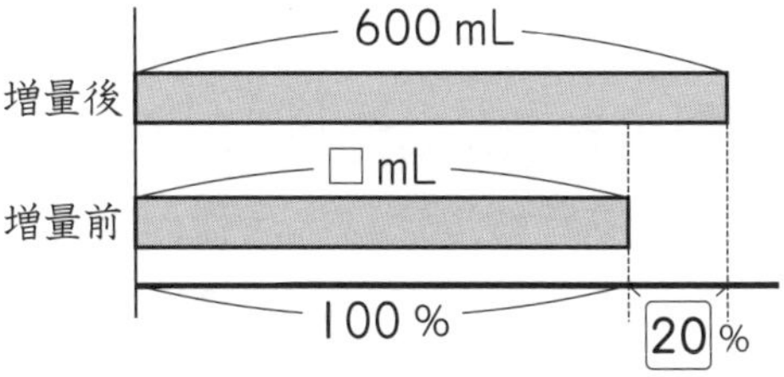

□×(1＋0.2)＝600

□＝600÷1.2

＝500

答え

1 ① ＞　② ＜　③ ＞

2 ① 0.4　② 4.25　③ $\frac{239}{10}\left(23\frac{9}{10}\right)$

④ $\frac{11}{100}$　⑤ $\frac{20}{1}$

3 ① 10％　② 108％　③ 38.5％　④ 0.27

⑤ 1.54

4 ① 75％　② 396円　③ 1728円

5 500mL

14 四角形や三角形の面積

教科書204ページ

長方形㋐の面積と平行四辺形㋑の面積は、等しいでしょうか。

考え方　長方形の面積＝たて×横 なので、5×6＝30

答え　長方形㋐の面積は 30 cm^2

教科書205～206ページ

1 平行四辺形㋑の面積の求め方を考えましょう。

1 平行四辺形㋑の面積は、どんな大きさの長方形の面積と等しいでしょうか。

2 平行四辺形㋑の面積は何 cm^2 でしょうか。

考え方　1 〔つばささんの考え〕 平行四辺形から直角三角形を切り取って移動(いどう)して長方形に形を変えています。

〔れおさんの考え〕 平行四辺形を直角のある 2 つの台形に切り分け、一方を移動して長方形に形を変えています。

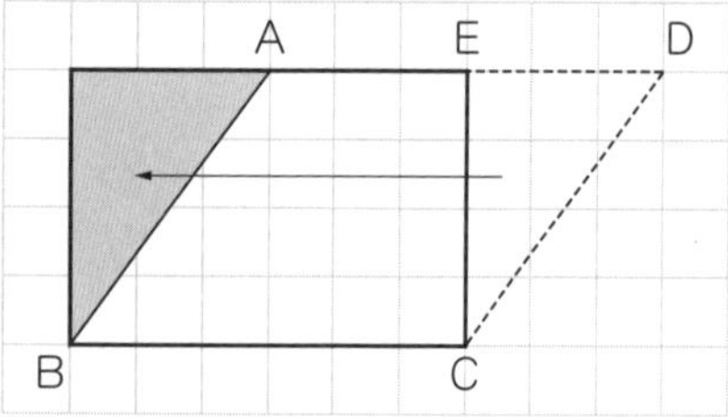

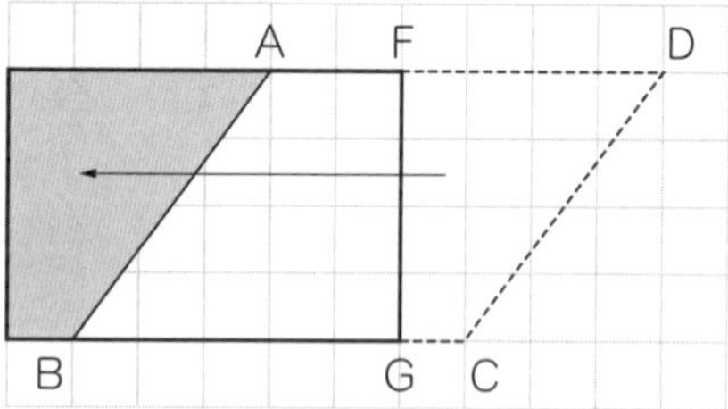

平行四辺形から長方形に形を変えたとき、長方形の横にあたる長さは辺 BC(辺 AD)の長さ、たてにあたる長さは切り口の直線 CE(直線 FG)の長さです。

2 長方形の面積は、(たて)×(横) で求めることができます。

答え　1 たて 4 cm、横 6 cm の長方形

2 〔式〕 4×6＝24　〔答え〕 24 cm^2

教科書207～208ページ

2 平行四辺形(う)の面積を、計算で求める方法を考えましょう。

1 平行四辺形(う)の、どことどこの長さを使えば面積が求められるでしょうか。

2 底辺と高さという言葉を使って、平行四辺形の面積の公式を考えましょう。

考え方 平行四辺形から直角三角形を切り取って移動し、長方形に形を変えて考えれば、面積は（たて）×（横）で求めることができます。

長方形の横にあたる長さは、平行四辺形の１つの辺（辺 BC）の長さ、たてにあたる長さは、辺 BC とそれに平行な辺との間に垂直にかいた直線（直線 AE）の長さです。

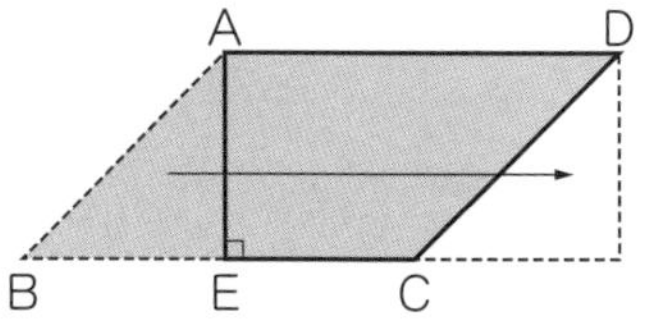

答え **1** （例） **辺 BC の長さと、点 A から辺 BC に垂直にかいた直線の長さ**

〔式〕 3×6(6×3)＝18 〔答え〕 18cm²

2 **平行四辺形の面積＝底辺×高さ**

教科書208ページ

1 次のような平行四辺形の面積を求めましょう。

考え方 平行四辺形の面積の公式にあてはめます。

① 7×4＝28

② 8×5＝40

答え ① 28cm² ② 40m²

教科書208ページ

2 左の平行四辺形の面積を、2通りの底辺の決め方で求めましょう。

考え方

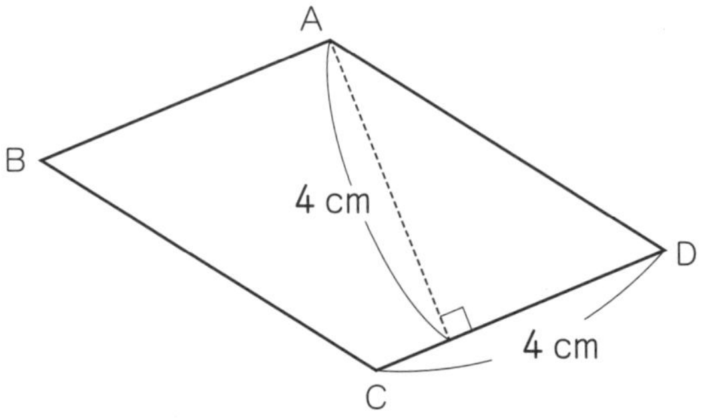

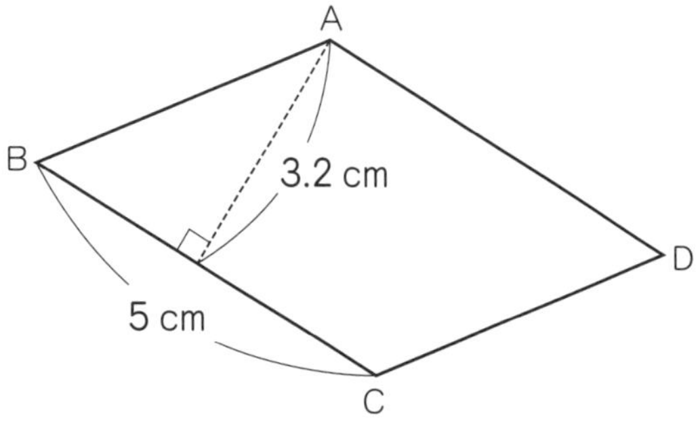

答え 4×4＝16 または 5×3.2＝16 〔答え〕 16cm²

教科書208ページ

3 左の図の辺 EF を底辺として、面積が $6cm^2$ になる平行四辺形を 2 つかきましょう。

考え方 (平行四辺形の面積)＝(底辺)×(高さ) より、高さを□cm とすると、

2×□＝6
□＝6÷2
＝3

なので、高さが 3cm の平行四辺形をかけばよいことがわかります。

答え (例)

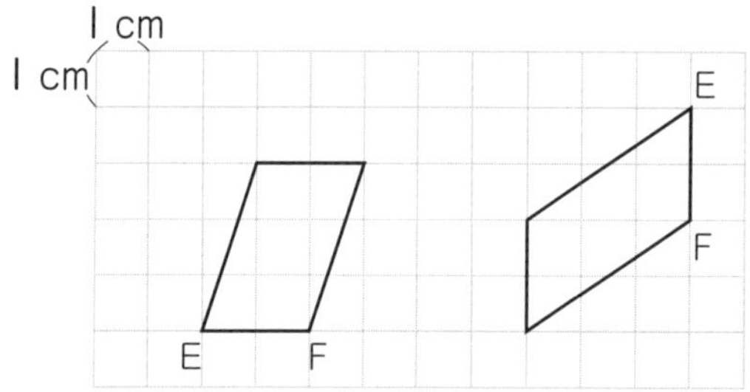

教科書209ページ

3 右の平行四辺形の面積を、辺 BC を底辺として求めましょう。

1 面積の求め方を説明しましょう。

考え方 〔つばささんの考え〕 平行四辺形 ABCD を、対角線 AC で 2 つの三角形(三角形 ABC と三角形 ACD)に分けます。

三角形 ACD を三角形 ABC の左に移動すると、平行四辺形 ABCD と面積の等しい平行四辺形ができます。

この平行四辺形の底辺の長さは辺 BC の 3cm、高さは変わっていないので 6cm です。

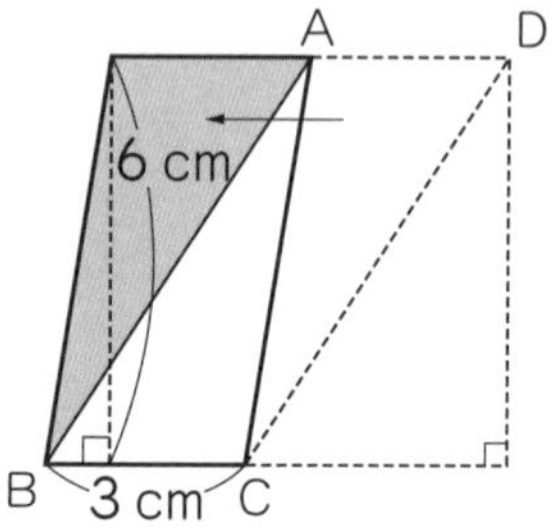

〔みなとさんの考え〕 平行四辺形 ABCD を 2 つ、辺 AB と辺 DC が重なるように合わせると、底辺の長さが 6cm、高さが 6cm の平行四辺形ができます。

この平行四辺形の半分の面積が平行四辺形 ABCD の面積なので、底辺が 6÷2＝3、高さ 6cm の平行四辺形と同じです。

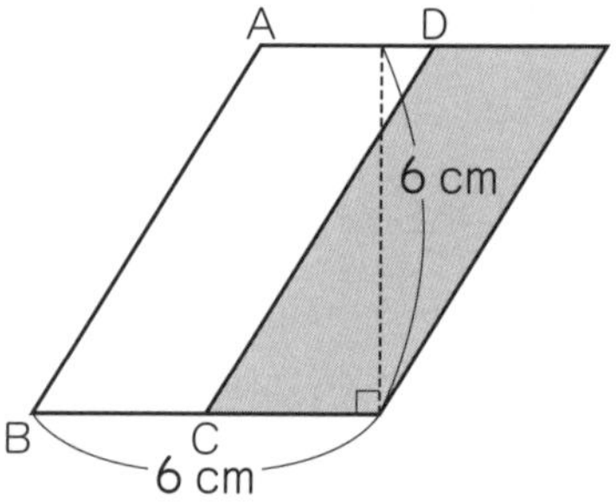

答え 〔式〕 3×6＝18 〔答え〕 $18cm^2$

教科書209ページ

4 次のような平行四辺形の面積を求めましょう。

考え方 平行四辺形の高さは、図形の外側にとることもできます。

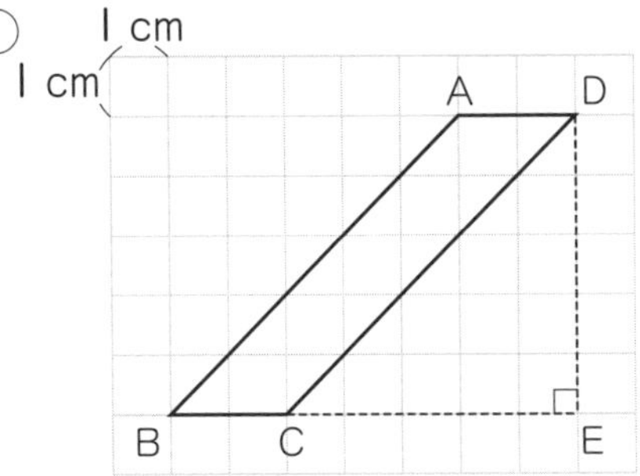

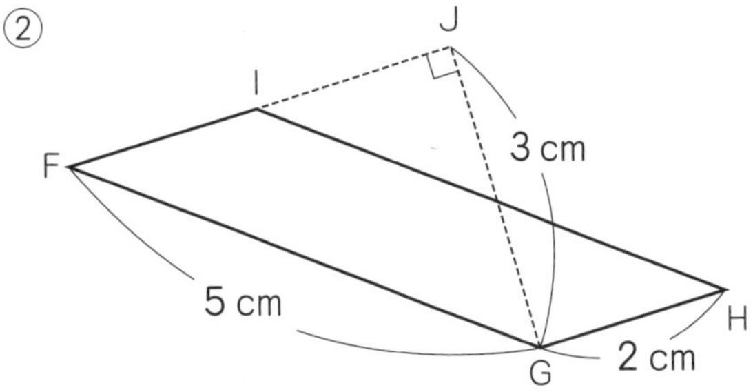

辺 BC を底辺とすると、高さは直線 DE になります。

$2\times5=10$

辺 FI を底辺とすると、高さは直線 GJ になります。

$2\times3=6$

答え ① 10cm^2　② 6cm^2

教科書210ページ

4 下の㋐から㋒の平行四辺形の面積を比（くら）べましょう。

1 ㋐から㋒の平行四辺形の底辺は、どれも 2cm です。
面積が等しくなる理由を説明しましょう。

考え方 どの平行四辺形も底辺が 2cm、高さが 3cm で、底辺の長さと高さがそれぞれ等しいので、面積も等しくなります。　$2\times3=6$

答え ㋐から㋒の平行四辺形の面積はすべて等しく、6cm^2

1 ㋐から㋒の平行四辺形は底辺と高さが等しいので、面積も等しくなります。

教科書210ページ

5 ㋕から㋘の中から、平行四辺形 ABCD と面積が等しい平行四辺形をすべて選びましょう。

考え方 5 つの平行四辺形の高さはすべて等しいので、㋕から㋘の中から、平行四辺形 ABCD と底辺の長さが等しい平行四辺形をさがします。

答え ㋖、㋘

教科書211～212ページ

5 下の三角形の面積の求め方を考えましょう。

1 3人の考えを説明しましょう。

2 この三角形の面積は何 cm^2 でしょうか。

考え方 **1** 〔かえでさんの考え〕 三角形を2つの直角三角形に分けて、それぞれの直角三角形と合同な三角形を、1つずつ合わせて、面積が2倍の長方形に形を変えています。

〔みなとさんの考え〕 はじめに三角形の高さの半分のところで切って、小さい三角形と台形に分けています。次に小さい三角形を台形に合わせて、平行四辺形に形を変えています。

〔はるさんの考え〕 合同な三角形を合わせて、面積が2倍の平行四辺形に形を変えています。

2 〔かえでさんの考え〕 長方形の横にあたる長さは辺BCの長さ、たてにあたる長さは頂点（ちょうてん）Aから辺BCに垂直にかいた直線AEの長さです。

長方形の面積はもとの三角形の2倍なので、

(長方形の面積)÷2＝4×6÷2

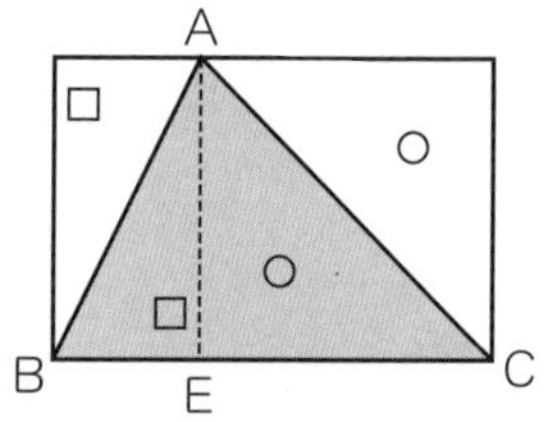

〔みなとさんの考え〕 平行四辺形の底辺にあたる長さは辺BCの長さ、高さにあたる長さは頂点Aから辺BCに垂直にかいた直線AEの半分の長さです。

平行四辺形の面積の公式にあてはめて、

(底辺)×(高さ)＝6×(4÷2)＝**6×4÷2**

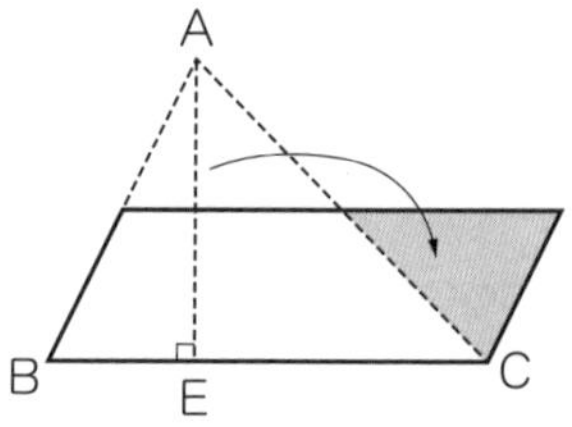

〔はるさんの考え〕 平行四辺形の底辺にあたる長さは辺BCの長さ、高さにあたる長さは頂点Aから辺BCに垂直にかいた直線AEの長さです。

三角形の面積はこの平行四辺形の面積の半分なので、

6×4÷2

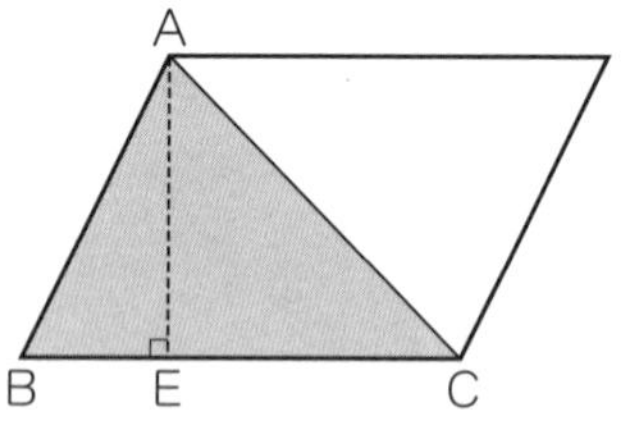

答え **1** 長方形の面積は、(たて)×(横) で求めることができるので、かえでさんは面積が2倍の長方形に形を変えて面積を求めようとしています。

また、平行四辺形の面積は、(底辺)×(高さ) で求めることができるので、みなとさんは面積が等しい平行四辺形、はるさんは面積が2倍の平行四辺形に形を変えて面積を求めようとしています。

2 12 cm^2

教科書213～214ページ

6 下の三角形の面積を、計算で求める方法を考えましょう。

1 三角形のどことどこの長さを使えば、面積が求められるでしょうか。

2 底辺と高さという言葉を使って、三角形の面積の公式を考えましょう。

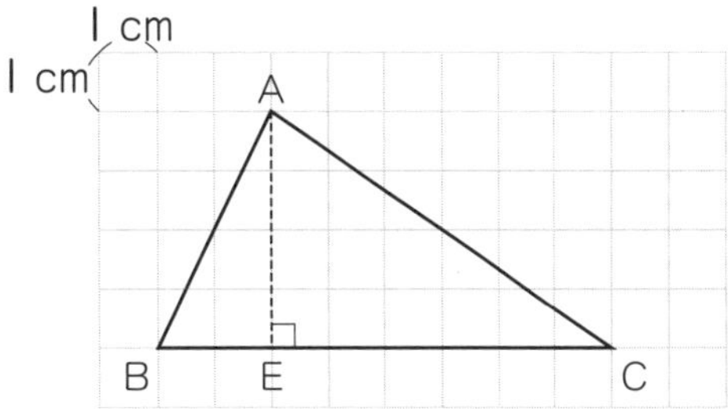

考え方 **5** で求めたように、長方形に形を変えた場合は（横）×（たて）÷2、平行四辺形では（底辺）×（高さ）÷2 で面積を求められるので、三角形の 1 つの辺（辺 BC）の長さと、その辺と向かい合った頂点から底辺に垂直にかいた直線（直線 AE）の長さがわかれば面積が求められます。

答え **1** （例） **辺 BC の長さと、点 A から辺 BC に垂直にかいた直線の長さ**

〔式〕 8×4÷2＝16 〔答え〕 16 cm^2

2 **三角形の面積＝底辺×高さ÷2**

教科書214ページ

6 次のような三角形の面積を求めましょう。

考え方 三角形の面積の公式にあてはめます。

① 5×8÷2＝20

② 5×7÷2＝17.5

答え ① 20 cm^2 ② 17.5 m^2

教科書214ページ

7 左の三角形の面積を、必要なところの長さをはかって求めましょう。

考え方 辺 BC を底辺とすると、頂点 A から辺 BC に垂直にかいた直線が、高さにあたる直線になります。

辺 BC の長さと、高さにあたる直線の長さをはかって、三角形の面積の公式にあてはめると、9×3÷2＝13.5

答え （例）

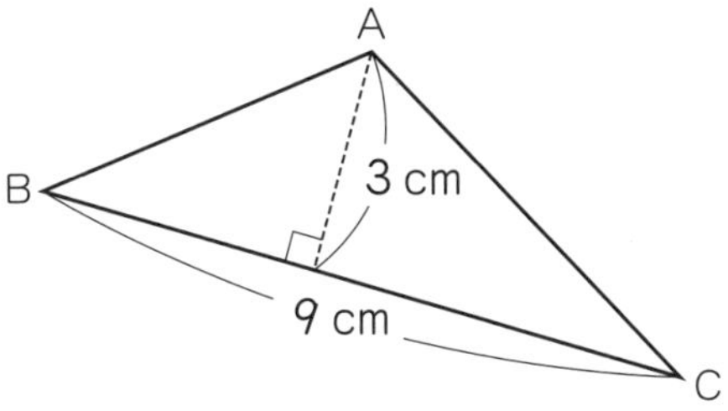

〔面積〕 13.5 cm^2

教科書214ページ

8 左の図の辺 DE を底辺として、面積が 4cm^2 になる三角形を 2 つかきましょう。

考え方 (三角形の面積)＝(底辺)×(高さ)÷2 より、高さを□cm とすると、

4×□÷2＝4

4×□＝4×2

＝8

□＝8÷4

＝2

なので、高さが 2cm の三角形をかけばよいことがわかります。

答え (例)

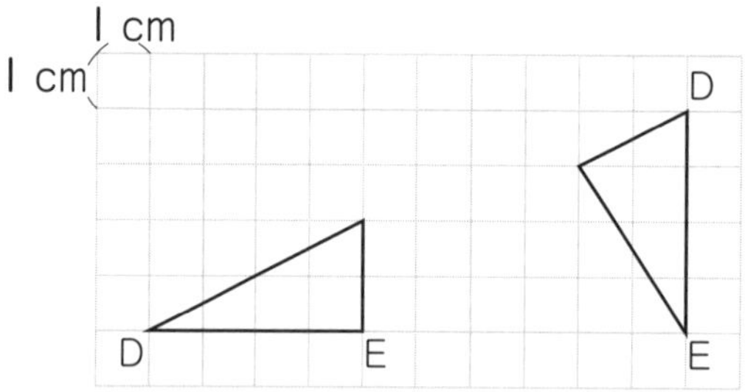

教科書215ページ

7 右の三角形の面積を、辺 BC を底辺として求めましょう。

1 面積の求め方を説明しましょう。

考え方 〔はるさんの考え〕 合同な三角形を 2 つ合わせると、底辺が辺 BC、高さが頂点 D から辺 BC に垂直にかいた直線 DE の長さの平行四辺形になります。三角形の面積はこの平行四辺形の半分の面積です。

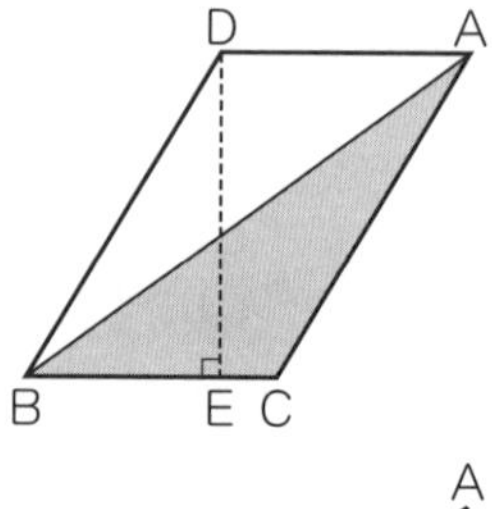

4×5÷2

〔つばささんの考え〕 辺 BC を C の方向にのばした線上に、頂点 A から垂直に直線 AE をかきます。三角形 ABE から三角形 ACE をひけば面積が求められます。辺 AE は 5cm なので、

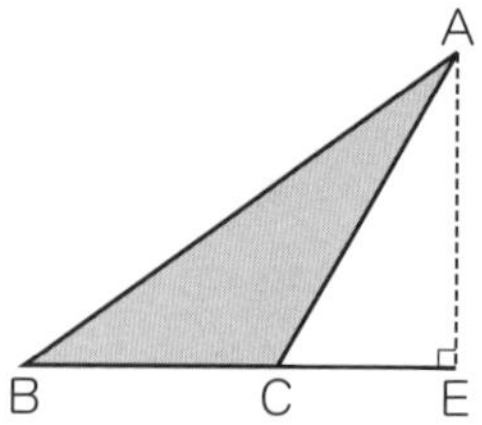

7×5÷2－3×5÷2＝(7－3)×5÷2

＝4×5÷2

＝10

答え 〔式〕 4×5÷2＝10 〔答え〕 10cm^2

教科書215ページ

9 次のような三角形の面積を求めましょう。

考え方 三角形の高さは、図形の外側にもとることができます。

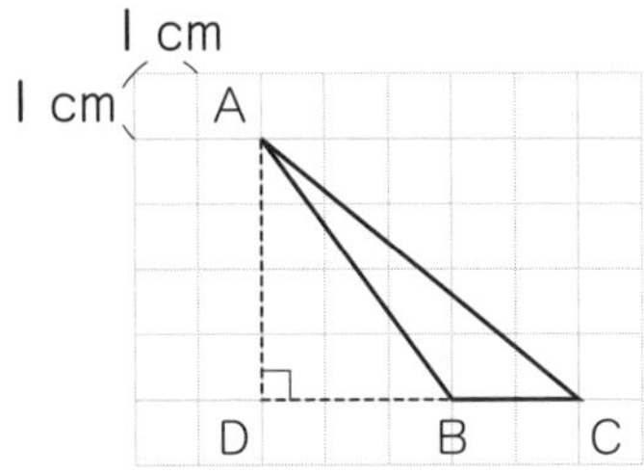

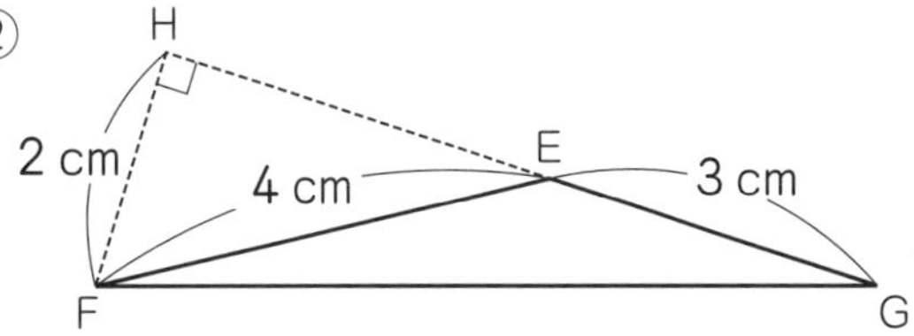

辺BCを底辺とすると、高さは直線ADになります。

2×4÷2=4

辺EGを底辺とすると、高さは直線FHになります。

3×2÷2=3

答え ① 4cm^2　② 3cm^2

教科書216ページ

8 下の㋐から㋒の三角形の面積を比(くら)べましょう。

1 ㋐から㋒の三角形の底辺は、どれも2cmです。
面積が等しくなる理由を説明しましょう。

考え方 どの三角形も、底辺を2cmの辺にすると、高さは3cmになるので、

2×3÷2=3

1 底辺の長さと高さがそれぞれ等しいので、面積も等しくなります。

答え ㋐から㋒の三角形の面積はすべて等しく、3cm^2

1 **三角形の面積は、底辺×高さ÷2で求められます。㋐から㋒の三角形は底辺の長さと高さがそれぞれ等しいので、面積も等しくなります。**

教科書216ページ

10 ㋕から㋘の中から、三角形ABCと面積が等しい三角形をすべて選びましょう。

考え方 5つの三角形の高さはすべて等しいので、㋕から㋘の中から、三角形ABCと底辺の長さが等しい三角形をさがします。

答え ㋖、㋘

教科書216ページ

11 長方形ABCDを、右の図のように分けました。
この図の中から、面積が等しい三角形を見つけましょう。

考え方 長方形ABCDは直線ACで半分に分けられるので、三角形ABCと三角形ACDは面積が等しくなります。また、三角形ABCは直線AEで半分に分けられ、三角形ACDは直線AFで半分に分けられるので、三角形ABEと三角形ACEと三角形ACFと三角形ADFは面積が等しくなります。

答え **三角形ABCと三角形ACD**
三角形ABEと三角形ACEと三角形ACFと三角形ADF

教科書218ページ

9 底辺が4cmの三角形の高さを1cm、2cm、……と変えると、面積はどのように変わるでしょうか。

1 高さを○cm、面積を△cm^2として、○と△の関係を式に表しましょう。

2 高さ○cmと面積△cm^2の関係を、表を使って調べましょう。

3 高さが8cmのとき、面積は何cm^2になるでしょうか。
また、面積が20cm^2のとき、高さは何cmになるでしょうか。

考え方 1 三角形の面積の公式を確認(かくにん)しましょう。

2 4×1÷2=2
4×2÷2=4
4×3÷2=6
⋮
となります。高さが1増(ふ)えると面積は2増え、高さが2倍、3倍になると、面積も2倍、3倍になります。

3 1から、高さを○cm、面積を△cm^2とするときの○と△の関係は、4×○÷2=△ なので、整理すると、○×2=△ の式で表すことができます。
○に8をあてはめると、
8×2=16
となるので、高さが8cmのときの面積は16cm^2です。
また、△に20をあてはめると、
○×2=20
○=20÷2=10
となるので、面積が20cm^2のときの高さは10cmです。

答え 1 **4**×○÷2=△

2

高さ○(cm)	1	2	3	4	5	6	
面積△(cm^2)	2	4	6	8	10	12	

3 〔高さが8cmのときの面積〕 16cm^2
〔面積が20cm^2のときの高さ〕 10cm

教科書219～220ページ

10 台形あの面積の求め方を考えましょう。

1 3人の考えを説明しましょう。

2 台形あの面積は何 cm^2 でしょうか。

考え方 〔はるさんの考え〕 台形ABCDと合同な台形を合わせると平行四辺形ができるので、
(平行四辺形の面積)÷2の式で、台形ABCDの面積を求めることができます。

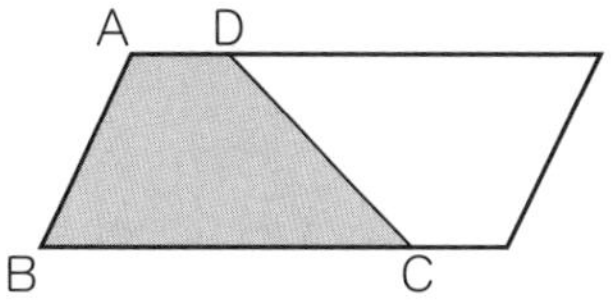

この平行四辺形の底辺の長さは、
(辺AD)+(辺BC)=2+8
高さは4cmなので、
(平行四辺形の面積)÷2=[(2+8)×4÷2]

〔つばささんの考え〕 台形ABCDは、対角線ACで2つの三角形(三角形ABCと三角形ACD)に分けることができるので、

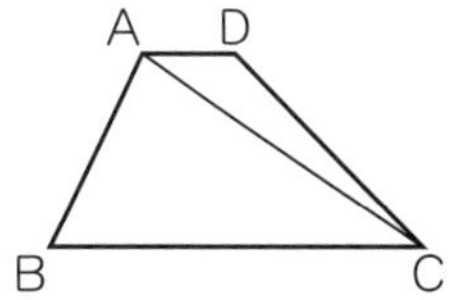

(台形ABCDの面積)
=(三角形ABCの面積)+(三角形ACDの面積)
=8×4÷2+2×4÷2
=[(8+2)×4÷2]

〔れおさんの考え〕 台形ABCDを高さの半分のところで切り、2つの台形にして、一方を移動して平行四辺形に形を変えています。

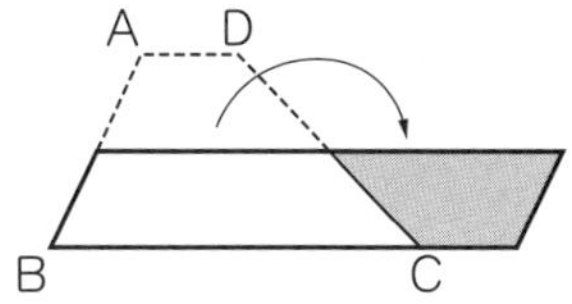

この平行四辺形の底辺の長さは、
(辺AD)+(辺BC)=2+8
高さは4÷2なので、
(平行四辺形の面積)=(2+8)×(4÷2)
=[(2+8)×4÷2]

答え 1 〔はるさんの考え〕 **合同な台形を2つ合わせると平行四辺形になるので、この平行四辺形の面積を求めて2でわっています。**

〔つばささんの考え〕 **台形は対角線で2つの三角形に分けることができるので、この2つの三角形の面積を合わせると、台形の面積が求められます。**

〔れおさんの考え〕 **台形を高さの半分のところで切り、2つの台形にして、一方を移動すると平行四辺形になります。この平行四辺形の面積は、もとの台形の面積と等しくなります。**

2 $20cm^2$

教科書221ページ

11 10 の考えをもとにして、台形の面積の公式を考えましょう。

1 (教科書)220 ページのはるさんの考えをもとにして、台形の面積の公式を考えましょう。

考え方 台形 ABCD の 2 倍の面積の平行四辺形の底辺の長さは、

(辺 AD)＋(辺 BC)＝(上底＋下底)

高さは台形 ABCD と変わらないので、

(平行四辺形の面積)÷2＝(上底＋下底)×(高さ)÷2

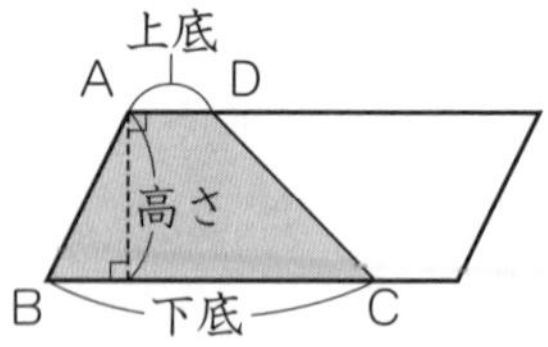

答え **台形の面積＝(上底＋下底)×高さ÷2**

教科書221ページ

12 次のような台形の面積を求めましょう。

考え方 ① 上底は 4cm、下底は 8cm、高さは 6cm です。

台形の面積の公式にあてはめて、 (4＋8)×6÷2＝36

② 上底は 8m、下底は 7.2m、高さは 5m です。

台形の面積の公式にあてはめて、 (8＋7.2)×5÷2＝38

答え ① 36cm^2 ② 38m^2

教科書222ページ

12 (教科書)219 ページのひし形㋑の面積の求め方を考えましょう。

1 3 人の考えを説明しましょう。

2 ひし形㋑の面積は何 cm^2 でしょうか。

3 ひし形の面積の公式を考えましょう。

考え方 1 〔みなとさんの考え〕 ひし形の周りに長方形をかきます。また、ひし形に 2 本の対角線をかくと、長方形のたての長さと横の長さになります。

〔かえでさんの考え〕 ひし形は対角線で 2 つの合同な三角形に分けることができます。

〔れおさんの考え〕 ひし形を対角線で 2 つの合同な三角形に切り分け、一方を移動して平行四辺形に形を変えています。

2 〔みなとさんの考え〕 ひし形の周りの長方形の、
横にあたる長さは（対角線 FH の長さ）＝8cm、
たてにあたる長さは（対角線 EG の長さ）＝4cm となるので、

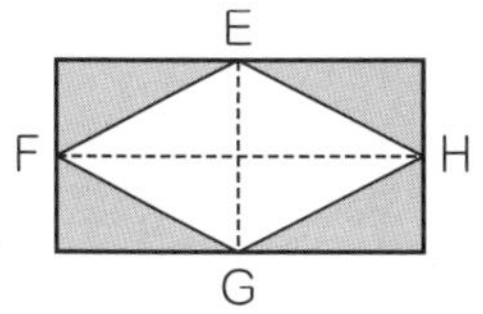

（長方形の面積）÷2＝（たて）×（横）÷2
＝4×8÷2

〔かえでさんの考え〕 対角線で分けた 2 つの合同な三角形の、
底辺にあたる長さは（対角線 FH の長さ）＝8cm、
高さにあたる長さは（対角線 EG の半分の長さ）＝4÷2
となるので、

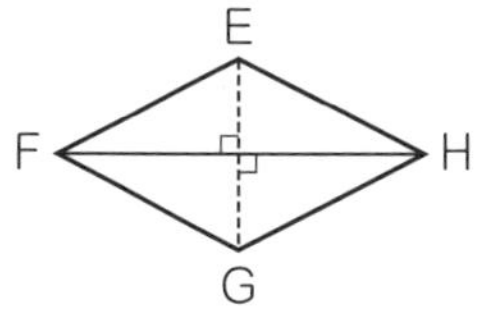

（三角形の面積）×2＝（底辺）×（高さ）÷2×2
＝（底辺）×（高さ）
＝8×（4÷2）
＝8×4÷2

〔れおさんの考え〕 ひし形を平行四辺形に形を変えたとき、
底辺にあたる長さは（対角線 FH の長さ）＝8cm、
高さにあたる長さは（対角線 EG の半分の長さ）＝4÷2
となるので、

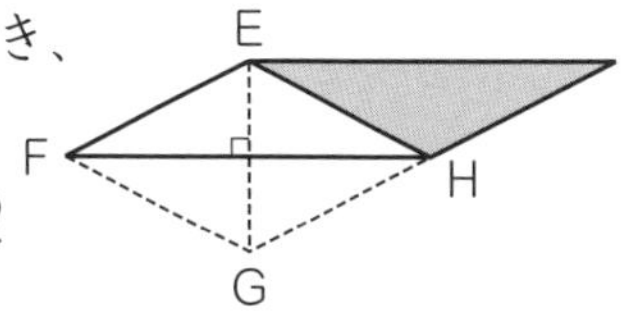

（平行四辺形の面積）＝（底辺）×（高さ）＝8×（4÷2）＝8×4÷2

3 ひし形の 2 本の対角線を公式に使いましょう。

答え

1 〔みなとさんの考え〕 **ひし形の周りに長方形をかくと、長方形の面積の半分がひし形の面積になります。**

〔かえでさんの考え〕 **ひし形は対角線で 2 つの合同な三角形に分けることができるので、1 つの三角形の面積を 2 倍すると、ひし形の面積になります。**

〔れおさんの考え〕 **ひし形を対角線で 2 つの合同な三角形に切り分け、一方を移動すると平行四辺形になります。この平行四辺形の面積は、もとのひし形の面積と等しくなります。**

2 **16cm^2**

3 **ひし形の面積＝一方の対角線×もう一方の対角線÷2**

教科書223ページ

13 右のようなひし形の面積を求めましょう。

考え方 ひし形の面積の公式にあてはめます。

① 9×6÷2=27

② (4×2)×(3×2)÷2=8×6÷2=24

答え ① 27 cm^2　② 24 m^2

教科書223ページ

13 (教科書)219ページの四角形㋒の面積の求め方を考えましょう。

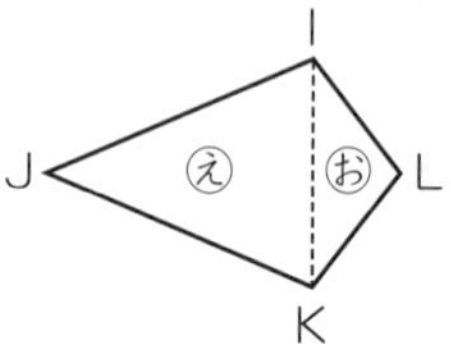

考え方 かえでさんがつくった、5×6÷2=15、5×2÷2=5という式は、それぞれ三角形の面積を求める式になっています。その和を求めていることから、四角形㋒を三角形㋓と三角形㋔に分けていると考えられます。

5×6÷2=15 …三角形㋓の面積

5×2÷2=5 …三角形㋔の面積

15+5=20 …三角形㋓の面積 + 三角形㋔の面積 = 四角形㋒の面積

答え **対角線IKで四角形は2つの三角形に分けられます。四角形の面積はその2つの三角形の面積の和として求めることができます。**

教科書223ページ

14 右の四角形の面積を、必要なところの長さをはかって求めましょう。

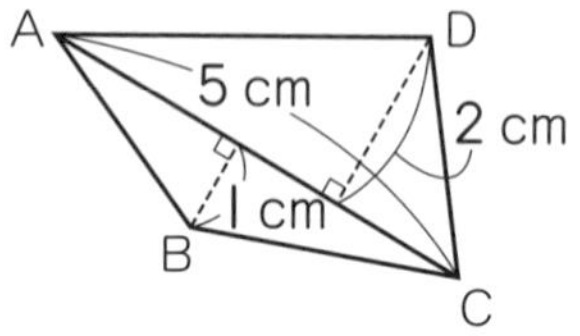

考え方 対角線で分けた2つの三角形の面積を合わせると、四角形の面積を求めることができます。

それぞれの三角形の底辺と高さにあたる長さをはかって、三角形の面積の公式にあてはめます。

(5×1÷2)+(5×2÷2)=2.5+5=7.5

答え 7.5 cm^2(7 cm^2 以上 8 cm^2 以下は正答とする)

教科書223ページ

別の図形とみて

考え方 ひし形㋕はたての辺を底辺とみると、高さは3cmなので、4×3=12

正方形㋖の対角線はそれぞれ6cmなので、6×6÷2=18

答え 〔ひし形㋕〕 12 cm^2

〔正方形㋖〕 18 cm^2

教科書224ページ

14 右のような形をした葉があります。この葉のおよその面積を、方眼（ほうがん）を使って求めましょう。

1 一部が形にかかっている方眼は、その面積を半分と考えることにします。葉の面積は約何 cm^2 でしょうか。

考え方 形の内側に完全に入っている方眼の面積は $1cm^2$、一部が形にかかっている方眼の面積は $0.5cm^2$ として、およその面積を求めます。

答え 〔形の内側に完全に入っている方眼の数〕 14 個（こ）

〔一部が形にかかっている方眼の数〕 20 個

1 14＋20÷2＝24　〔答え〕 約 $24cm^2$

教科書225ページ

学んだことを使おう

考え方 **1** 対角線で 2 つに分けた三角形の面積は等しいので、三角形 GHI と三角形 GIJ の面積は等しくなっています。

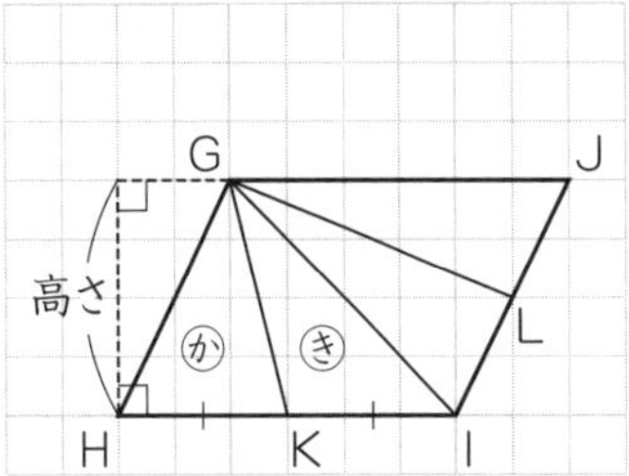

右の図において、(か)の底辺を辺 HK、(き)の底辺を辺 KI とすると、高さは等しくなります。辺 HK と辺 KI の長さは等しいので、(か)と(き)は面積が等しくなります。

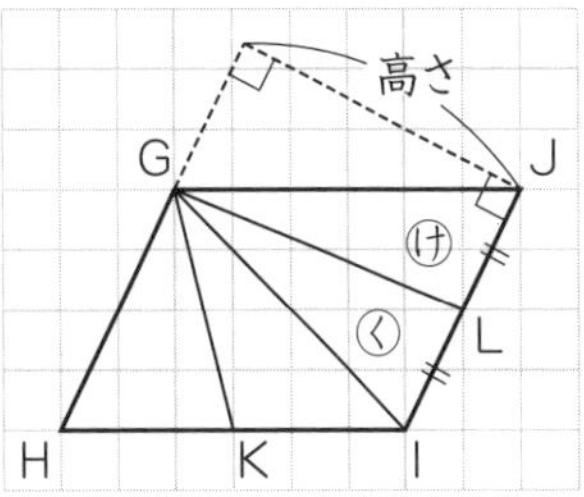

右下の図において、(く)の底辺を辺 IL、(け)の底辺を辺 JL とすると、高さは等しくなります。辺 IL と辺 JL の長さは等しいので、(く)と(け)は面積が等しくなります。

だから、(か)、(き)、(く)、(け)は面積が等しくなり、平行四辺形は 4 等分されているといえます。

〔ひし形〕 ひし形は、4 つの辺の長さがすべて等しい平行四辺形ともいえるので、ひし形でも 4 等分されます。

〔台形〕 対角線で 2 つに分けた三角形の面積が等しくないので、4 等分されません。

答え **1** **4 等分されています。**

〔ひし形の場合〕 **4 等分されています。**

〔台形の場合〕 **4 等分されません。**

まとめ

教科書226ページ

1 次のような平行四辺形や三角形、台形の面積を求めましょう。

考え方 それぞれの面積の公式を使って面積を求めます。

① 7×5＝35

② 7×6.4÷2＝22.4

③ (2.5＋7.5)×5÷2＝25

答え

平行四辺形の面積＝底辺×[高さ]

三角形の面積＝[底辺×高さ÷2]

台形の面積＝[(上底＋下底)×高さ÷2]

〔説明文〕 BC、7、5、FG、7、6.4、HK、IJ、2.5、7.5、5

〔面積〕 ① 35 cm^2　② 22.4 cm^2　③ 25 cm^2

教科書227ページ

1 下のあからうの平行四辺形のうち、7×6 の式で面積が求められるものはどれでしょうか。

考え方 平行四辺形では、1つの辺を底辺とするとき、底辺とそれに平行な辺との間に垂直にかいた直線の長さを高さとして、面積を求めます。底辺が7cm、高さが6cm なのはいのみです。

答え い

教科書227ページ

2 下のかからくの三角形のうち、6×5÷2 の式で面積が求められるものはどれでしょうか。

考え方 三角形では、1つの辺を底辺とするとき、それと向かい合った頂点から底辺に垂直にかいた直線の長さを高さとして、面積を求めます。底辺が6cm、高さが5cm なのはかだけです。

答え か

教科書227ページ

❸ 次のような図形の面積を求めましょう。

考え方 ①(平行四辺形の面積)＝(底辺)×(高さ) の式にあてはめます。

3×4＝12

② 3cm の辺と 4cm の辺の間の角は直角なので、4cm の辺を底辺とすると、高さは 3cm です。

(三角形の面積)＝(底辺)×(高さ)÷2 の式にあてはめます。

4×3÷2＝6

③ (ひし形の面積)＝(一方の対角線)×(もう一方の対角線)÷2 の式にあてはめます。

(2×2)×(1.5×2)÷2＝6

答え ① 12 cm^2　② 6 cm^2　③ 6 cm^2

15 正多角形と円

教科書229～230ページ

1 上のようにして作った多角形㋐、㋑、㋒の特ちょうを調べましょう。

1 六角形㋐の辺の長さを調べましょう。また、角の大きさを調べましょう。

2 八角形㋑と、四角形㋒の辺の長さや角の大きさを調べましょう。
また、折り線でできた三角形が合同かどうか調べましょう。

考え方 **1** ㋐の六角形は正六角形（せいろくかくけい）といい、6つの辺の長さがすべて等しく、6つの角の大きさもすべて等しくなっています。

2 ㋑の八角形は正八角形といい、8つの辺の長さがすべて等しく、8つの角の大きさもすべて等しくなっています。㋒の四角形は正方形(正四角形)といい、4つの辺の長さがすべて等しく、4つの角の大きさもすべて等しくなっています。

また、八角形㋑も四角形㋒も、ぴったり重なるように折って作った形なので、折り線でできた三角形は合同といえます。

答え **1** **6つの辺の長さはすべて2cm、6つの角の大きさはすべて120°**

2 ㋑ **8つの辺の長さはすべて1.5cm、8つの角の大きさはすべて135°**

㋒ **4つの辺の長さはすべて2.8cm、4つの角の大きさはすべて90°**

〔折り線でできた三角形〕 **合同といえます。**

教科書231ページ

1 下の多角形㋕から㋘のうち、正多角形（せいたかくけい）はどれでしょうか。
また、それは何という図形でしょうか。

考え方 辺の長さがすべて等しく、角の大きさもすべて等しい多角形が正多角形です。
それぞれの多角形のすべての辺の長さと角の大きさを調べます。

答え **㋖、正三角形　　㋗、正五角形**

教科書231ページ

2 正八角形のかき方を考えましょう。

1 正八角形は、合同な二等辺三角形がいくつ集まった形といえるでしょうか。

2 円の中心の周りの角を等分するように半径をかいて、正八角形の頂点（ちょうてん）を決めていきます。㋐の角度を何度にすればよいでしょうか。

3 つづきをかいて、正八角形を完成させましょう。

考え方 1 合同な二等辺三角形が 8 つできれば正八角形になります。

2 円の中心の周りの角を 8 等分したときの角度が㋐の角度になるようにします。

360÷8＝45

答え 1 8 つ

2 45°

3

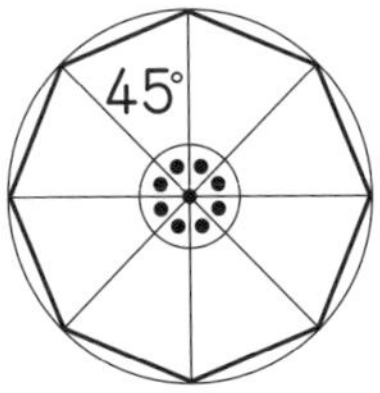
45°

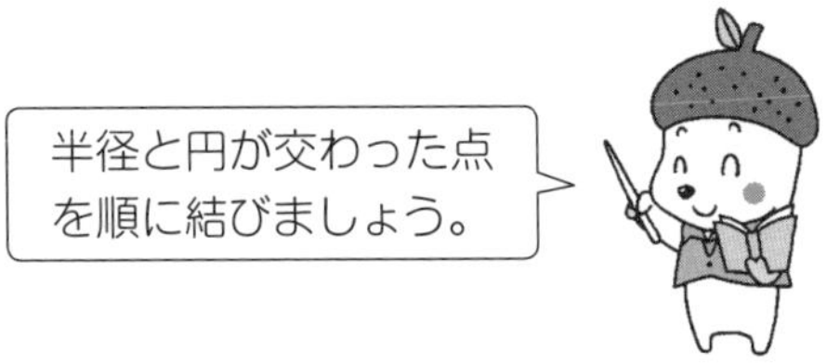
半径と円が交わった点
を順に結びましょう。

教科書232ページ

3 円の中心の周りの角を等分する方法で、正六角形をかきましょう。

考え方 正六角形は、円の中心の周りの角を 6 等分するように半径をかいて、半径と円が交わった点を順に結んでかくことができます。 360÷6＝60

答え

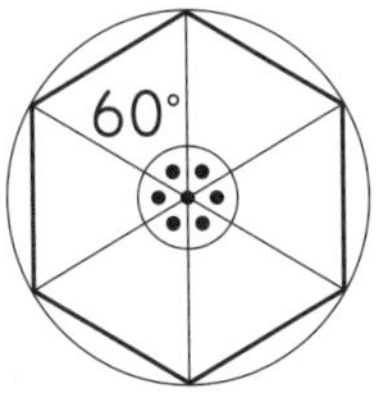
60°

教科書232ページ

2 右の図は正五角形です。㋐から㋒の角度は何度でしょうか。また、円の中心の周りの角を等分する方法で、半径 4 cm の円に正五角形をかきましょう。

考え方　あ　円の中心の周りの角を５等分したときの角度があの角度になっているので、360÷5＝72

い　三角形の３つの角の大きさの和は180°です。また、正五角形の中にできる５つの三角形はすべて合同な二等辺三角形になっているので、いの角度を□°とすると、

□×2＋72＝180
□×2＝180－72
＝108
□＝108÷2
＝54

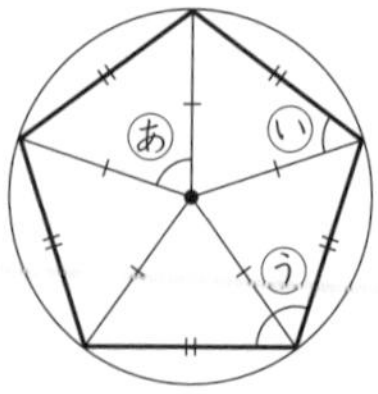

う　いと大きさの等しい角を２つ合わせた角になっているので、

54×2＝108

正五角形は、円の中心の周りの角を５等分するように半径をかいて、半径と円が交わった点を順に結んでかくことができます。

答え　あ　72°
い　54°
う　108°

〔正五角形〕

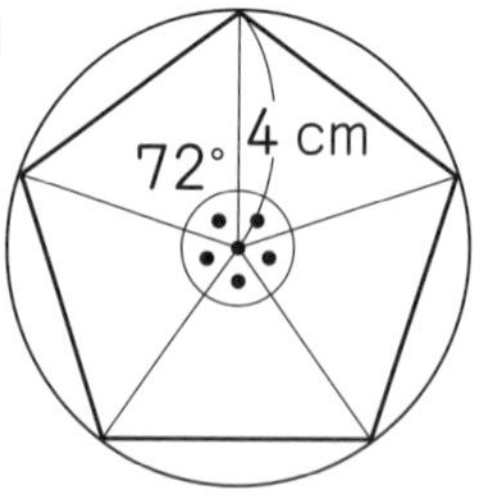

教科書232ページ

正多角形の角の大きさを調べよう

考え方　それぞれの多角形の角の大きさの和は次の表の通りです。

形	三角形	四角形	五角形	六角形	七角形	八角形
角の大きさの和	180°	360°	540°	720°	900°	1080°

正多角形は角の大きさがすべて等しいので、角の大きさの和を角の数でわれば、１つの角の大きさがわかります。

答え　あ　60°　い　90°　う　108°　え　120°　か　135°

教科書233ページ

4 正六角形は、下のように円の周りを半径の長さで区切る方法でもかくことができます。実際にかいてみましょう。

1 なぜ、このかき方で正六角形がかけるのでしょうか。右の図を使って考えましょう。

考え方 三角形OABがどんな三角形か考えます。辺OAと辺OBはどちらも円の半径なので、㋐と㋑は同じ角度です。

また、360÷6＝60 なので、㋒は60°です。

(180−60)÷2＝60 なので、三角形OABは正三角形となります。

だから、辺OAと辺ABは同じ長さです。

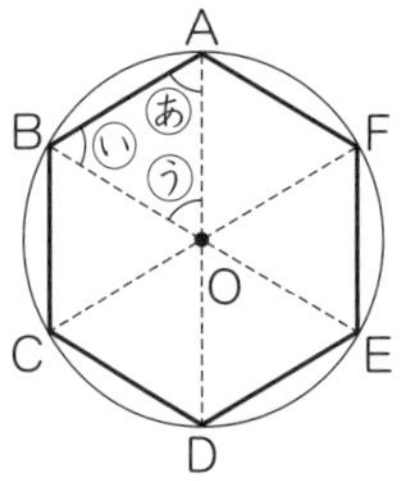

答え

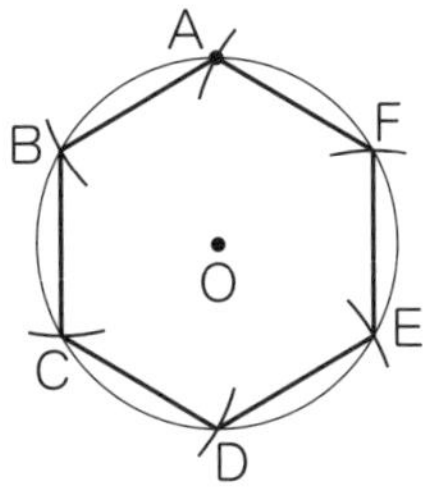

1 円の周りを半径の長さで区切ってかくと、6つの正三角形がかけます。正三角形の1つの角は60°なので、円の中心の周りを6等分しています。だから、このかき方で正六角形がかけます。

また、正三角形の1辺が円の半径と等しいので、正六角形の周りの長さは円の半径の 6 倍になります。

教科書233ページ

時計でできる正多角形

考え方 頂点の数を調べます。4時間ごと、3時間ごと、2時間ごとのめもりをそれぞれ結ぶと、頂点の数は3、4、6になります。

答え 〔4時間ごと〕 **正三角形**　〔3時間ごと〕 **正方形(正四角形)**

〔2時間ごと〕 **正六角形**

教科書234〜235ページ

プログラミングにちょう戦

考え方 実際に自分が進むとどうなるか想像しながら、考えてみましょう。

〔どんな図形ができるかな〕 右の図を使って考えます。

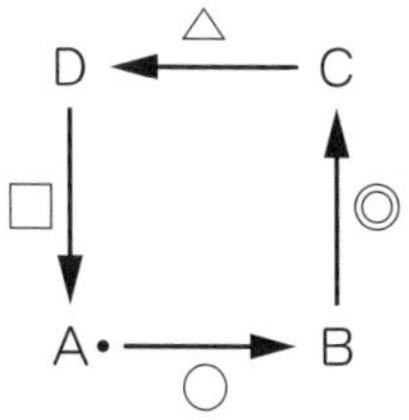

① Aから○の矢印にそって5cm進みます。
② Bにとう着して、90°左に回転するので、Cの方向を向きます。
③ Bから◎の矢印にそって5cm進みます。
④ Cにとう着して、90°左に回転するので、Dの方向を向きます。
⑤ Cから△の矢印にそって5cm進みます。
⑥ Dにとう着して、90°左に回転するので、Aの方向を向きます。
⑦ Dから□の矢印にそって5cm進みます。

〔正三角形をかいてみよう〕

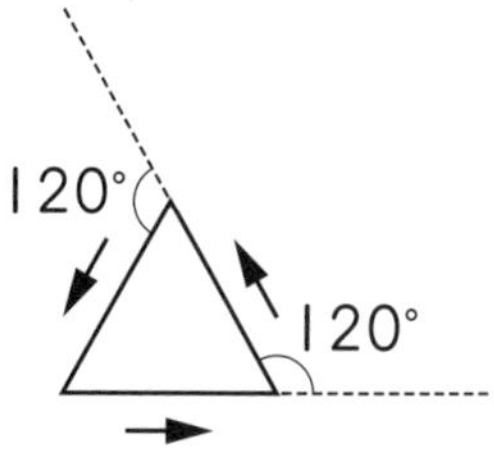

左の図を参考にして考えてみましょう。

〔正六角形をかいてみよう〕　正三角形の場合をもとに、実際に正六角形の上を自分が進むとどうなるか想像してみましょう。まず、5cm 前に進みます。そのあと、「回転する角度を 60° にして、5cm 前に進みます」を 5 回くり返すと正六角形が完成します。5回くり返すところをみなとさんの命令を使って手順をまとめましょう。

答え　〔どんな図形ができるかな〕

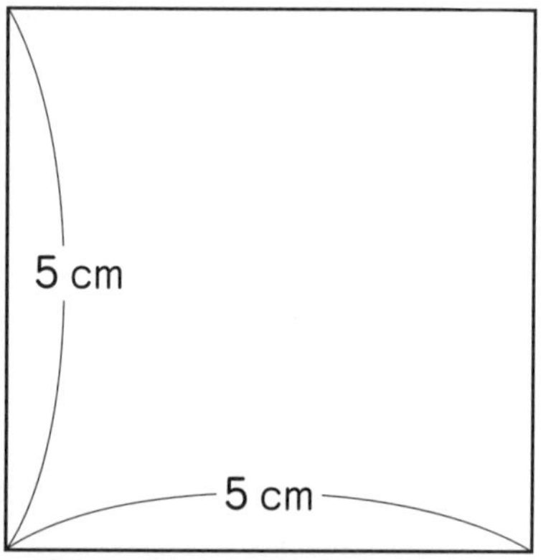

〔正三角形をかいてみよう〕
（例）

〔正六角形をかいてみよう〕
（例）

教科書236～237ページ

5 円の周りを円周(えんしゅう)といいます。円周の長さと直径の長さの関係を調べましょう。

1 下の図のように、円の内側に正六角形を、円の外側に正方形をそれぞれかきました。直径の長さをもとにして、円周の長さの見当をつけましょう。

2 いろいろな円の円周の長さと直径の長さを調べて、下の表に書きましょう。

3 それぞれの円で、円周の長さが直径の長さの何倍になっているかを調べて、上の表に書きましょう。

考え方 **1** 正六角形の辺の長さは、円の半径の長さと同じなので、正六角形の周りの長さは円の直径の長さの3倍です。円周の長さは正六角形の周りの長さより長いので、円周の長さは直径の長さの［3］倍より長いです。また、正方形の辺の長さは、円の直径の長さと同じなので、正方形の周りの長さは円の直径の長さの4倍です。円周の長さは正方形の周りの長さより短いので、円周の長さは直径の長さの［4］倍より短いです。

2 それぞれの円の円周にそって、糸や細いひもを重ねると、円周の長さをはかることができます。また、まきじゃくを使ってはかることもできます。

3 円周÷直径 は約3.14になります。

6.2÷2＝3.1　　37.7÷12＝3.141……

25.1÷8＝3.137……（7を切り捨て、3を4に直して3.14）

答え **1** 直径の長さの［3］倍＜円周の長さ＜直径の長さの［4］倍

2 **3** （例）

調べたもの	円周(cm)	直径(cm)	円周÷直径(倍)
1円玉	6.2	2	3.1
CD	37.7	12	3.14
テープ	25.1	8	3.14

教科書238ページ

6 直径が100mの観覧車(かんらんしゃ)があります。円周の長さを求めましょう。

1 式に表して、答えを求めましょう。

考え方 円周の長さは、直径の長さを3.14倍すると求められます。

答え 〔式〕［100×3.14］＝［314］　〔答え〕314m

教科書239ページ

3 右のような円の円周の長さを求めましょう。

考え方 (円周)=(直径)×(円周率)の式にあてはめます。

① 15×3.14=47.1　　② 5.5×2×3.14=34.54

答え ① 47.1m　② 34.54m

教科書239ページ

4 右のような図形の周りの長さを求めましょう。

考え方 ① 直径の長さ5cmと、直径5cmの円の円周の半分の長さを合わせた長さが周りの長さになります。 5+5×3.14÷2=5+7.85=12.85

② 半径2つ分の長さ2×2(m)と、直径2×2(m)の円の円周の$\frac{1}{4}$の長さを合わせた長さが周りの長さになります。

(2×2)+(2×2)×3.14÷4=4+3.14=7.14

答え ① 12.85cm　② 7.14m

教科書239ページ

7 円の直径の長さを1cm、2cm、……と変えると、円周の長さはどのように変わるでしょうか。

1 直径の長さを○cm、円周の長さを△cmとして、○と△の関係を式に表しましょう。

2 直径の長さ○cmと円周の長さ△cmの関係を、表を使って調べましょう。

考え方 **1** (円周)=(直径)×(円周率)の公式に直径の長さ○cm、円周の長さ△cmをあてはめると、○×3.14=△

2 1×3.14=3.14　2×3.14=6.28　3×3.14=9.42
4×3.14=12.56　5×3.14=15.7　6×3.14=18.84

答え **1** 〔式〕 ○×3.14=△

2

直径 ○(cm)	1	2	3	4	5	6	
円周 △(cm)	3.14	6.28	9.42	12.56	15.7	18.84	

教科書240ページ

8 右の車いすのタイヤの円周の長さは145cmありました。このタイヤの直径の長さを求めましょう。

1 直径の長さを□cmとして式に表し、答えを求めましょう。

考え方 直径を□cmとして、(円周)=(直径)×(円周率)の式にあてはめます。

答え 〔式〕 □×3.14=145

□=145÷3.14

=46.17……

=46.2

〔答え〕 約46.2cm

教科書240ページ

5 校庭に、円周が24mの円をかきます。直径は約何mにすればよいでしょうか。式に表して、答えを求めましょう。

考え方 (直径)=(円周)÷(円周率)の式にあてはめます。

答え 〔式〕 24÷3.14=7.64…… 〔答え〕 約7.6m

教科書241ページ

6 右の湖の周りの長さは約8kmです。湖の形を円とみると、直径は約何kmでしょうか。円周率3.14の代わりに3を使って計算し、四捨五入(ししゃごにゅう)して、$\frac{1}{10}$の位までのがい数で求めましょう。

考え方 (直径)=(円周)÷(円周率)の式にあてはめて、8÷3=2.66……

答え 約2.7km

教科書241ページ

周りの長さをはかって

考え方 (直径)=(円周)÷(円周率)の式にあてはめます。$\frac{1}{10}$の位までのがい数で求めると、

2.95÷3.14=0.93……

答え 約0.9m

直径の長さがはかりにくいものでも、この方法で長さを調べることができるね。

教科書241ページ

もっとやってみよう

考え方 百の位までのがい数で求めると、40000÷3＝13333.……

答え 約13300km

教科書242ページ

学んだことを使おう

考え方 ❶ スタートの位置からカーブが終わる位置までの内側の長さは、スタートの位置からカーブが始まる位置までの長さと、直径30mの円の円周の半分の長さを合わせた長さになるので、

20＋30×3.14÷2＝20＋47.1＝67.1

カーブが終わる位置からゴールまでの長さを□mとすると、

□＋67.1＝100

□＝100－67.1

＝32.9

❷ ゴールの位置が同じになるようにするので、コースごとにカーブの部分が長くなる分、スタートの位置をずらすことになります。

また、コースが1つ外側になると、カーブの部分の半径が1m長くなるので、直径は2m長くなることになります。

直径30m、30＋2(m)の円の円周の半分の長さとして、1、2コースのカーブの部分の内側の長さをそれぞれ求めると、

1コース　30×3.14÷2＝47.1

↓＋3.14

2コース　(30＋2)×3.14÷2＝50.24

2コースは1コースよりカーブの部分が3.14m長くなるので、スタートの位置を3.14mずらせばよいことがわかります。

答え ❶ 100－(20＋30×3.14÷2)＝32.9　〔答え〕32.9m

❷ 3.14mずらせばよいです。

まとめ

教科書243ページ

1 右の多角形は何という図形でしょうか。また、円の中心の周りの角を等分する方法で、半径 4 cm の円にその多角形をかきましょう。

考え方 この多角形は正六角形なので、円の中心の周りの角を 6 等分すればよいことがわかります。

360÷6＝60

答え **等しく、等しい、六、6**

〔多角形〕

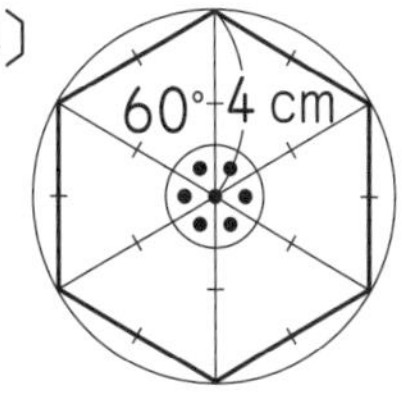

教科書243ページ

2 円周の長さは、直径の長さの約何倍になっているでしょうか。

考え方 円周率について、確認しましょう。

答え **円周、直径、3.14**

円周率＝円周÷直径
円周＝直径×円周率

教科書244ページ

1 円の中心の周りの角を 120° で等分した正多角形をかきましょう。また、それは何という図形でしょうか。

考え方 正○角形は、円の中心の周りの角を○等分するとかくことができるので、360° を何等分した角度になっているかを考えます。360÷120＝3 より、3 等分なので、正三角形とわかります。

答え

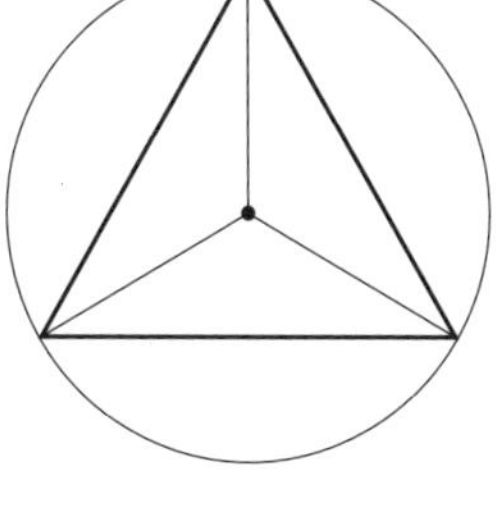

〔図形〕 **正三角形**

教科書244ページ

2 半径5cmの円の中心の周りの角を等分して、正六角形をかきました。

① (あ)の角度は何度でしょうか。

② 正六角形の周りの長さは何cmでしょうか。

③ 円周の長さは何cmでしょうか。

考え方 ① 円の中心の周りの角を6等分したときの角度が(あ)の角度になっているので、360÷6=60

② 円の周りを半径の長さで区切って作られた多角形が正六角形なので、1辺は半径の長さと同じです。

5×6=30

③ (円周)=(半径)×2×(円周率) の式にあてはめます。

5×2×3.14=31.4

答え ① 60° ② 30cm ③ 31.4cm

教科書244ページ

3 次のような図形の周りの長さを求めましょう。

考え方 ① 10×2×3.14=62.8 ② 16+16×3.14÷2=41.12

③ 右の図において、(あ)は円周の長さの $\frac{1}{4}$、(い)は半径で10cmなので、

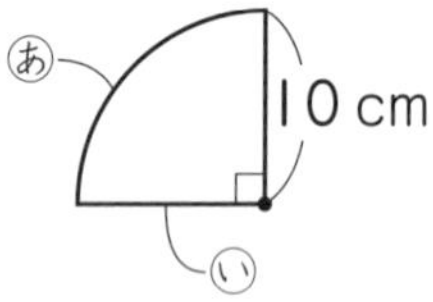

10×2×3.14÷4+10+10=35.7

答え ① 62.8cm ② 41.12cm ③ 35.7cm

教科書244ページ

4 右のような赤い線と青い線の長さを、それぞれ求めましょう。また、長さを比(くら)べましょう。

考え方 〔赤い線〕 直径10cmの円の円周の半分と、直径20cmの円の円周の半分を組み合わせた線なので、

10×3.14÷2+20×3.14÷2=15.7+31.4=47.1

〔青い線〕 直径30cmの円の円周の半分なので、 30×3.14÷2=47.1

答え 〔赤い線〕 47.1cm 〔青い線〕 47.1cm

どちらも47.1cmであり、同じ長さです。

教科書244ページ

5 円の形をしている、長さ 5km のランニングコースがあります。このコースの直径は約何 km でしょうか。四捨五入して、$\frac{1}{10}$ の位までのがい数で求めましょう。

考え方 5÷3.14＝1.59……

答え 約 1.6km

教科書245ページ

復習 ⑥

考え方 **1**〔物語〕 45÷116×100＝38.7……

〔辞書〕 35÷116×100＝30.1……

〔科学〕 24÷116×100＝20.6……

〔その他〕 12÷116×100＝10.3……

帯グラフに表すときは、割合の大きい順に左からかいていき、「その他」は最後にかきます。

2 ① 平行四辺形では、底辺とそれに平行な辺との間に垂直にかいた直線の長さが高さなので、4×4＝16

② 三角形の高さは、図形の外側にとることもできます。
6×9÷2＝27

③ 台形の平行な 2 つの辺が上底と下底なので、(4＋6)×5÷2＝25

④ (ひし形の面積)＝(一方の対角線)×(もう一方の対角線)÷2 の式にあてはめて、(6×2)×(8×2)÷2＝96

3 ① 9.5×2×3.14＝59.66

② 34＋34×3.14÷2＝87.38

答え **1**

学級文庫の本のさっ数と割合

種類	物語	辞書	科学	その他	合計
さっ数　（さつ）	45	35	24	12	116
割合　（%）	39	30	21	10	100

学級文庫の本のさっ数の割合

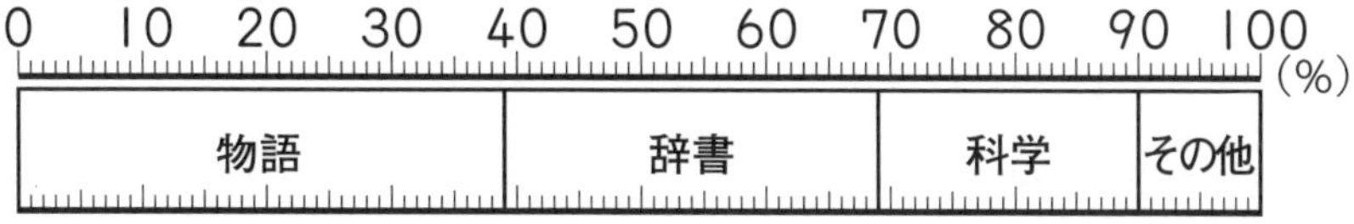

2 ① 16cm² ② 27cm² ③ 25cm² ④ 96cm²

3 ① 59.66cm ② 87.38cm

16 角柱と円柱

教科書246ページ

ⓐからⓒの箱を、直方体、立方体と、それ以外の立体に分けましょう。

考え方　長方形だけで囲まれた形や、長方形と正方形で囲まれた形が直方体、正方形だけで囲まれた形が立方体です。

答え　〔直方体〕　ⓔ、ⓚ、ⓚ
〔立方体〕　ⓤ、ⓚ
〔それ以外の立体〕　ⓐ、ⓘ、ⓞ、ⓚ、ⓚ

教科書247〜248ページ

1 直方体でも立方体でもない立体の特ちょうを調べます。下のⓢからⓒの立体を、2つのなかまに分けましょう。

1 ゆきさんは、(教科書)247ページのⓢからⓒの立体を、下のように分けました。どのように分けたのでしょうか。

考え方　1　真上から見ると多角形に見える立体と、真上から見ると円に見える立体に分けることができます。

答え　1　**真上から見ると多角形に見える立体と、真上から見ると円に見える立体に分けました。**

教科書248〜249ページ

2 角柱(かくちゅう)、円柱(えんちゅう)の面について調べましょう。

1　1のⓢからⓒの角柱と円柱の底面(ていめん)の形を調べましょう。また、側面(そくめん)の形を調べましょう。

2　直方体は何角柱でしょうか。また、立方体は何角柱でしょうか。

考え方　1　角柱の2つの底面は合同な多角形になっていて、側面は長方形か正方形になっています。また、円柱の2つの底面は合同な円になっていて、側面は曲面になっています。

2　直方体は底面が長方形か正方形、立方体は底面が正方形になっているので、どちらも底面が四角形の角柱です。

答え 1 〔底面〕 ㋚ **三角形** ㋛ **四角形** ㋝ **六角形** ㋟ **五角形**
㋜ **円** ㋞ **円** ㋠ **円**
〔側面〕 ㋚ **長方形** ㋛ **長方形** ㋝ **長方形** ㋟ **長方形**
㋜ **曲面** ㋞ **曲面** ㋠ **曲面**

2 〔直方体〕 **四角柱** 〔立方体〕 **四角柱**

教科書250ページ

◆1 次の立体の底面は、どんな図形でしょうか。
また、立体の名前を書きましょう。

考え方 合同で平行な2つの面が底面です。

2つの底面が三角形、四角形、五角形、……になっている立体は、それぞれ三角柱、四角柱、五角柱、……です。また、底面が円になっている立体は円柱です。

答え ① **五角形、五角柱** ② **円、円柱** ③ **三角形、三角柱**
④ **三角形、三角柱** ⑤ **四角形、四角柱**

教科書250ページ

3 角柱の頂点(ちょうてん)、辺、面の数を調べて、表にまとめましょう。
1 表を見て、いろいろなきまりを見つけましょう。

考え方 どの角柱も、底面の辺の数と比(くら)べて、頂点の数は2倍、辺の数は3倍、面の数は2多くなっています。

答え

	三角柱	四角柱	五角柱	六角柱
1つの底面の辺の数	3	4	5	6
頂点の数	6	8	10	12
辺の数	9	12	15	18
面の数	5	6	7	8

1 **(例)□角柱の頂点の数は □×2、辺の数は □×3、面の数は □+2 になっています。**

教科書251ページ

4 下のような三角柱㋐と円柱㋑の見取図のかき方を考えましょう。
1 見取図のつづきを、それぞれかきましょう。

考え方 1 側面の辺はすべて平行で同じ長さにします。また、底面は合同で平行な2つの面なので、対応する辺をそれぞれ平行で同じ長さにします。見えない辺や円周の一部は点線で表します。

答え 1 ㋐

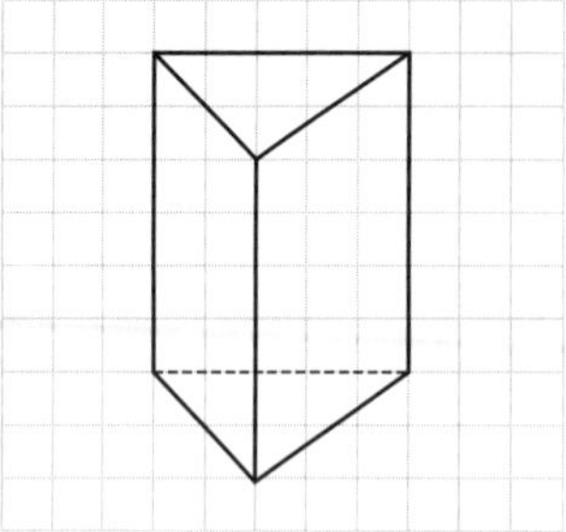

㋑

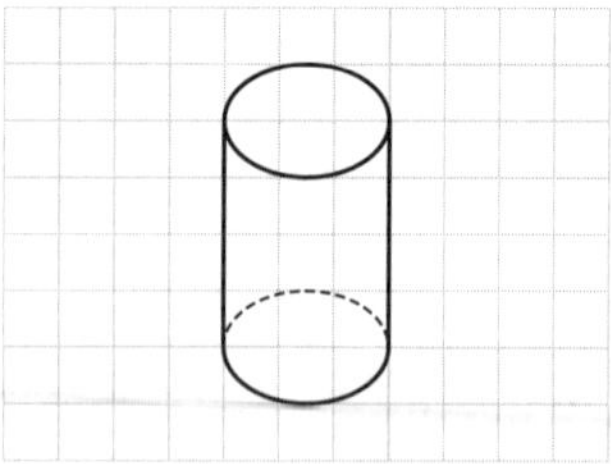

教科書252ページ

5 下のような三角柱㋐と円柱㋑の展開図(てんかいず)のかき方を考えましょう。

考え方 ㋐ 重なる辺の長さが等しくなるようにします。

㋑ 円柱の側面は、たての長さが円柱の高さと等しく、横の長さが底面の円周の長さと等しい長方形になります。底面の円周の長さは、3×3.14=9.42 より、9.42cm です。

答え ㋐

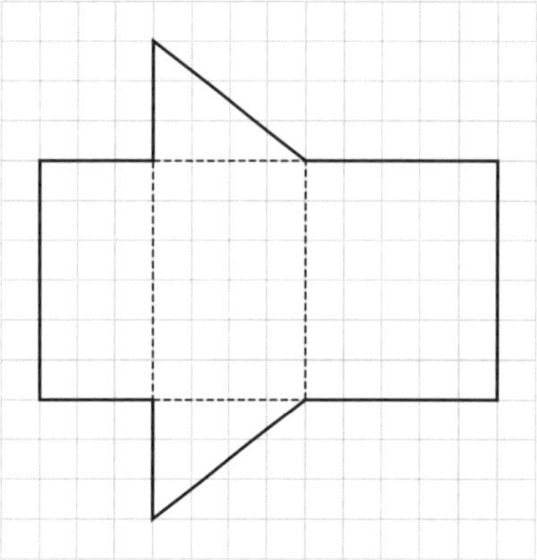

㋑

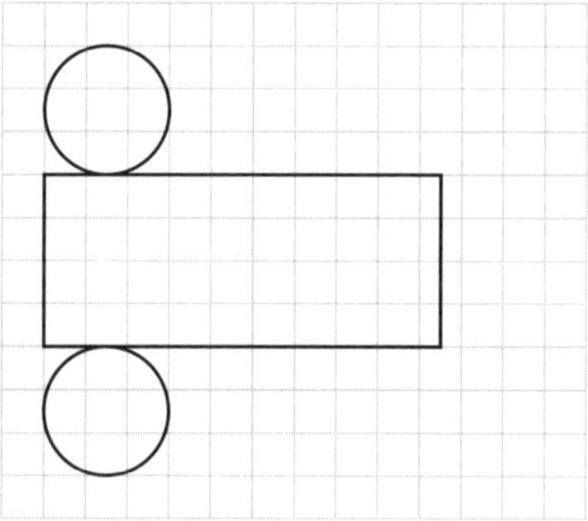

教科書252ページ

2 右のような三角柱と円柱の展開図をかきましょう。

考え方 〔三角柱〕 1つの面をかいてから、重なる辺の長さが等しくなるように、そのほかの面をかいていきます。

〔円柱〕 側面の長方形のたての長さは、円柱の高さと等しくなるので、5cm にします。また、横の長さは、底面の円周の長さと等しくなるので、
3×3.14=9.42 より、9.42cm にします。

答え　（例）

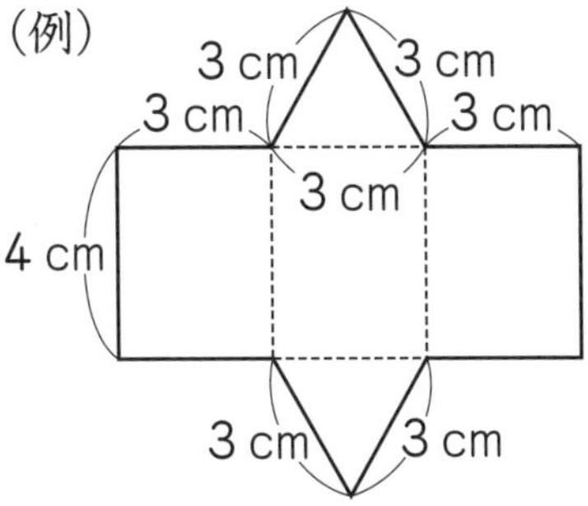

（例）

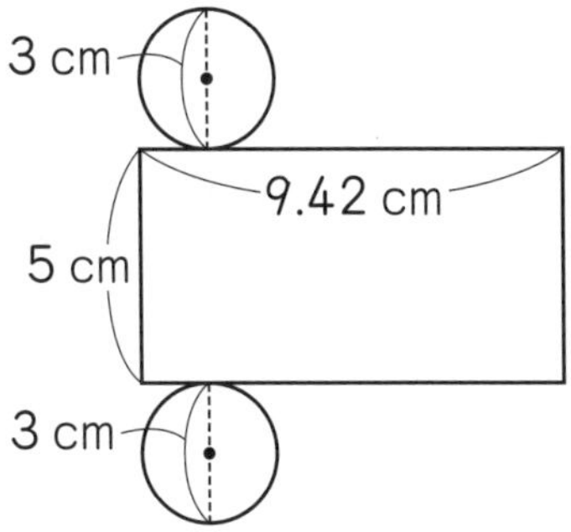

まとめ

教科書253ページ

1 次の立体の名前を書きましょう。

考え方　角柱や円柱には、どのような性質があるか確認しましょう。

答え　③、④　　②、⑤　　**底面**　　**側面**

角柱の性質
- 2 つの底面は **合同** な多角形
- 2 つの底面は **平行**
- 側面は **長方形** か **正方形**

円柱の性質
- 2 つの底面は合同な **円**
- 2 つの **底面** は平行
- **側面** は曲面

〔立体の名前〕　①　**三角柱**　②　**円柱**　③　**四角柱**
④　**五角柱**　⑤　**円柱**

教科書253ページ

もっとやってみよう

考え方 実際(じっさい)にトイレットペーパーのしんをななめの線にそって切り開いてみましょう。

答え **平行四辺形**

教科書254ページ

❶ 次の立体の底面は、どんな図形でしょうか。

考え方 角柱や円柱では、向きに関係なく、合同で平行な2つの面を底面といいます。

答え ① **七角形**　② **円**　③ **四角形**

教科書254ページ

❷ 六角柱には、底面と側面がそれぞれいくつあるでしょうか。

考え方 底面は合同で平行な2つの面です。また、側面の数は、1つの底面の辺の数と等しくなります。

答え 〔底面〕**2つ**　〔側面〕**6つ**

教科書254ページ

❸ 右のような円柱の展開図(てんかいず)をかきました。
① 辺ABの長さを求めましょう。
② 辺ADの長さを求めましょう。

考え方 ① 辺ABの長さは、円柱の高さに等しくなります。
② 辺ADの長さは、底面の円周の長さに等しくなります。円周の長さは、
直径×円周率(えんしゅうりつ)で求められます。底面の円周の長さは、
6×3.14＝18.84 より、18.84cmです。

答え ① **8cm**　② **18.84cm**

教科書254ページ

❹ 次のような立体の展開図をかきましょう。

考え方 ① 1つの面をかいてから、重なる辺の長さが等しくなるように、そのほかの面をかいていきます。
② 側面の長方形のたての長さは、円柱の高さと等しくなるので、6cmにします。
また、横の長さは、底面の円周の長さと等しくなるので、
4×3.14＝12.56 より、12.56cmにします。

答え (例)①

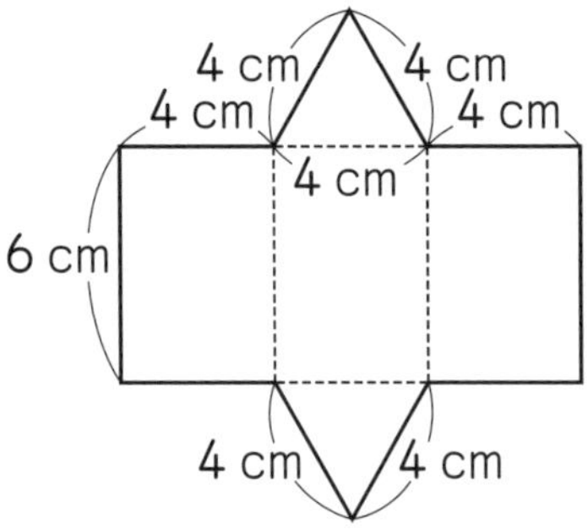

②

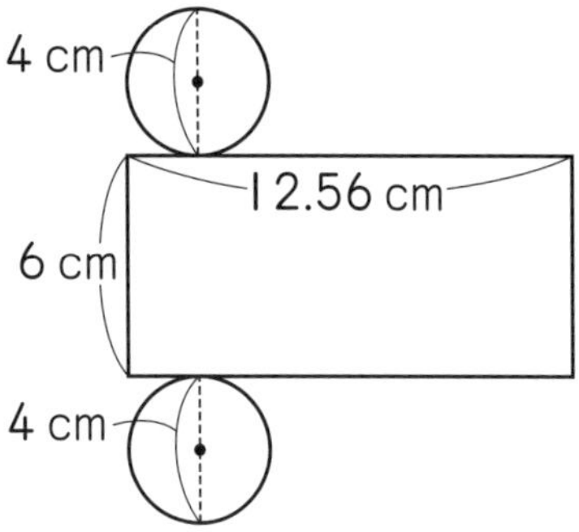

教科書255ページ

算数ワールド

考え方 **1** 図の四角形を、面積を変えずに三角形に変えると、面積を求めることができます。

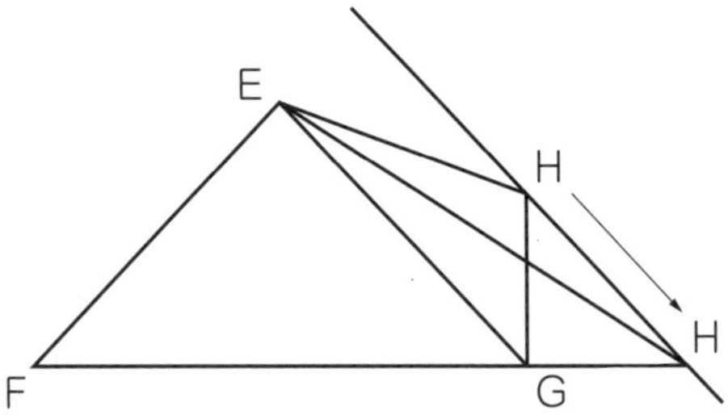

点Hを通って対角線EGに平行な直線をかいて、その直線の上で点Hを辺FGのえんちょう線上まで移動(いどう)させると、四角形EFGHと面積が等しい三角形がかけます。この三角形は底辺の長さが8cm、高さが3cmだから、

$8\times3\div2=12$

で、面積は12cm^2になります。

つまり、四角形EFGHの面積は12cm^2と求められます。

答え **1** (例) **点Hを通って対角線EGに平行な直線をかいて、点Hを辺FGのえんちょう線上まで移動させて、四角形と面積の等しい三角形をかいて面積を求めます。**

算数を使って考えよう

教科書256〜257ページ

1 ゆきさんは、「和食」がユネスコ無形文化遺産(むけいぶんかいさん)に登録されていることを知り、興味(きょうみ)をもちました。

1 上のグラフで、「肉料理」が好きな人の割合(わりあい)は約何％でしょうか。
㋐から㋓の中から、いちばん近いものを選びましょう。

2 2019年に中国(ちゅうごく)から来た旅行者の数を、がい数で求めましょう。

3 上の2つのグラフを見て、2004年から2019年までの15年間の外国人旅行者について、正しいとはいえないものを、下の㋐から㋓の中からすべて選びましょう。

考え方

1 グラフにめもりがかかれていませんが、円グラフ全体で100％なので、$\frac{1}{4}$で25％であることがわかります。「肉料理」のグラフは$\frac{1}{4}$くらいなので、25％に近いとわかります。

2 2019年の外国人旅行者の数は、左のグラフより約3200万人とわかります。その中で中国から来た旅行者の割合は、右のグラフより約30％とわかります。
$3200 \times 0.3 = 960$

3 ㋐　右の2004年のグラフより、韓国からの旅行者の割合がいちばん多く、その数がいちばん多いので正しいです。

㋑〔2004年〕　$600 \times 0.26 = 156$　〔2019年〕　$3200 \times 0.18 = 576$
から、2004年は約156万人、2019年は約576万人です。この15年間で韓国からの旅行者の数は増(ふ)えているので正しいとはいえません。

㋒〔2004年〕　$600 \times 0.1 = 60$
2004年は約60万人、2019年は約960万人なので、$960 \div 60 = 16$で、この15年間で中国からの旅行者の数は約16倍になったので正しいとはいえません。

㋓　2004年の外国人旅行者の数は、左のグラフより約600万人とわかります。
$3200 \div 600 = 5.33\cdots\cdots$より、この15年間で外国人旅行者の数は5倍以上になったので正しいです。

答え

1 ㋑

2 約960万人

3 ㋑、㋒

教科書258〜259ページ

2 れおさんは、ハンバーガーショップに来ました。
下のような2種類の割引券(わりびきけん)を持っていて、どちらを使おうか考えています。

1 れおさんが買おうとしているのは、400円のチーズバーガーセットです。
㋐、㋑のどちらの割引券を使うほうが安くなるでしょうか。
式や言葉を使って説明しましょう。

2 ドリンクは、20％増量(ぞうりょう)のキャンペーン中で、300mL入っています。
増量前のドリンクの量は何mLだったでしょうか。

3 れおさんは、㋐と㋑のどちらの割引券を使うほうが安くなるのか、金額(きんがく)のはんいを考えて、下のように説明しています。
はるさんとつばささんの意見も取り入れて、説明しなおしてみましょう。

4 れおさんのお母さんは、下のような割引券を持っていました。チーズバーガーセットにフライドポテトをつけると、ちょうど600円になります。
㋒の割引券を使うと何円になるでしょうか。

考え方

1 ㋐を使うと、400−50＝350、㋑を使うと、400×(1−0.1)＝360

2 「基準量(きじゅんりょう)」は増量前のドリンクの量、「比(ひ)かく量(りょう)」は増量後のドリンクの量です。
300÷1.2＝250

3 れおさんの考え方に、はるさんとつばささんの意見を取り入れてまとめましょう。

4 600×(1−0.15)＝510

答え

1 ㋐を使うと350円、㋑を使うと360円になるので、㋐の割引券を使うほうが安くなります。

2 250mL

3 割引前の、もとの金額を□円とします。㋑の割引券を使った場合、ひかれる金額は、□×0.1という式で表せます。この式の答えを50円とすると、□×0.1＝50

□＝50÷0.1
＝500

となり、□は500円と求められます。もとの金額が500円のとき、㋐と㋑のひかれる金額が同じになるので、どちらの割引券を使っても同じです。500円より高いときは㋑の割引券、500円より安いときは㋐の割引券を使うほうが安くなることがわかります。

4 510円

5年のまとめ

教科書260～261ページ

数と計算

考え方

❶ ① 35.426を、30と5と0.4と0.02と0.006に分けて考えます。

② 10が2個で20、0.001が3個で0.003です。

合わせると、20+0.003=20.003

③ 51.49を50と1と0.4と0.09に分けて考えます。

❷ 整数や小数を10倍、100倍すると、小数点はそれぞれ右へ1けた、2けた移ります。

また、整数や小数を$\frac{1}{10}$、$\frac{1}{100}$にすると、小数点はそれぞれ左へ1けた、2けた移ります。

❸ 一方の約数のうち、もう一方の数をわりきれる数が公約数です。

また、一方の倍数のうち、もう一方の数でわりきれる数が公倍数です。

❹ ① 分数の分母と分子に同じ数をかけても、分数の大きさは変わりません。

$$\frac{3}{7}=\frac{3\times2}{7\times2}=\frac{3\times3}{7\times3}$$

② 整数どうしのわり算の商を分数で表すときは、わる数を分母に、わられる数を分子にします。

③ 分数を整数のわり算の式で表すときは、分子を分母でわります。

❺ 小数のかけ算は、小数点がないものとして筆算をしてから、積の小数部分のけた数が、かけられる数とかける数の小数部分のけた数の和になるように小数点をうちます。小数のわり算は、わる数が整数になるように小数点を移し、わられる数の小数点も同じけた数だけ移してから筆算をします。商の小数点は、わられる数の移した小数点にそろえてうちます。

①
$$\begin{array}{r} 2.8 \\ \times 5.4 \\ \hline 112 \\ 140 \\ \hline 15.12 \end{array}$$

②
$$\begin{array}{r} 6.6 \\ \times 4.5 \\ \hline 330 \\ 264 \\ \hline 29.70 \end{array}$$

③
$$\begin{array}{r} 0.28 \\ \times 0.79 \\ \hline 252 \\ 196 \\ \hline 0.2212 \end{array}$$

④
$$\begin{array}{r} 4.2 \\ \times 2.64 \\ \hline 168 \\ 252 \\ 84 \\ \hline 11.088 \end{array}$$

⑤
```
         4.5
3.6)16.2
    144
     180
     180
       0
```

⑥
```
        0.125
1.2)0.15
      12
       30
       24
        60
        60
         0
```

⑦
```
           3.5
1.94)6.79
     582
      970
      970
        0
```

⑧
```
         140
0.05)7.00
     5
     20
     20
      0
```

6 ① $\frac{1}{5}+\frac{2}{7}=\frac{7}{35}+\frac{10}{35}=\frac{17}{35}$

② $\frac{5}{24}+\frac{3}{8}=\frac{5}{24}+\frac{9}{24}=\frac{\overset{7}{\cancel{14}}}{\underset{12}{\cancel{24}}}=\frac{7}{12}$

③ $1\frac{1}{6}+\frac{3}{4}=1\frac{2}{12}+\frac{9}{12}=1\frac{11}{12}$

④ $\frac{5}{8}-\frac{9}{20}=\frac{25}{40}-\frac{18}{40}=\frac{7}{40}$

⑤ $\frac{7}{12}-\frac{1}{3}=\frac{7}{12}-\frac{4}{12}=\frac{\overset{1}{\cancel{3}}}{\underset{4}{\cancel{12}}}=\frac{1}{4}$

⑥ $2\frac{1}{3}-\frac{5}{8}=2\frac{8}{24}-\frac{15}{24}=1\frac{32}{24}-\frac{15}{24}=1\frac{17}{24}$

⑦ $\frac{2}{5}=2\div5=0.4$　　$3.8+\frac{2}{5}=3.8+0.4=4.2$

または、

$3.8=\frac{\overset{19}{\cancel{38}}}{\underset{5}{\cancel{10}}}=\frac{19}{5}$　　$3.8+\frac{2}{5}=\frac{19}{5}+\frac{2}{5}=\frac{21}{5}\left(4\frac{1}{5}\right)$

⑧ $\frac{3}{4}=3\div4=0.75$　　$1.75-\frac{3}{4}=1.75-0.75=1$

または、

$1.75=\frac{\overset{7}{\cancel{175}}}{\underset{4}{\cancel{100}}}=\frac{7}{4}$　　$1.75-\frac{3}{4}=\frac{7}{4}-\frac{3}{4}=\frac{4}{4}=1$

7 ① $16.4\times5.5=90.2$

② $8.82\div0.7=12.6$

答え 1 ① 3、5、4、2、6
② 20.003
③ 5、1、4、9

2 ① 〔10倍した数〕 30.4 〔100倍した数〕 304
〔$\frac{1}{10}$にした数〕 0.304
② 〔100倍した数〕 80 〔$\frac{1}{100}$にした数〕 0.008

3 ① 〔公約数〕 1、2、3、6 〔公倍数〕 36
② 〔公約数〕 1、3、5、15 〔公倍数〕 30、60
③ 〔公約数〕 1、2 〔公倍数〕 20、40、60

4 ① 6、21 ② 6 ③ 9

5 ① 15.12 ② 29.7 ③ 0.2212 ④ 11.088
⑤ 4.5 ⑥ 0.125 ⑦ 3.5 ⑧ 140

6 ① $\frac{17}{35}$ ② $\frac{7}{12}$ ③ $1\frac{11}{12}\left(\frac{23}{12}\right)$ ④ $\frac{7}{40}$
⑤ $\frac{1}{4}$ ⑥ $1\frac{17}{24}\left(\frac{41}{24}\right)$ ⑦ $4.2\left(\frac{21}{5}\right)\left(4\frac{1}{5}\right)$ ⑧ 1

7 ① 90.2kg ② 12.6kg

教科書261～262ページ

図形

考え方 1 体積を求める公式にあてはめます。
① 14×7×7＝686 ② 1.5×1.5×1.5＝3.375
③ 2×3.5×0.5＝3.5

2 合同な三角形は、① 3つの辺の長さ、② 2つの辺の長さとその間の角の大きさ、③ 1つの辺の長さとその両はしの角の大きさ、のどれかがわかれば、かくことができます。

3 三角形の3つの角の大きさの和は180°、四角形の4つの角の大きさの和は360°です。
あ 180－(50＋65)＝65 い 180－(25＋35)＝120
う 180－120＝60 え 360－(130＋70＋90)＝70
お 180－70＝110 か 360－(80＋90×2)＝100

4 面積を求める公式にあてはめます。
① 9×6＝54 ② 12×7÷2＝42 ③ (12＋16)×8÷2＝112

❺ （円周）＝（直径）×（円周率）、（半径）＝（直径）÷2＝（円周）÷（円周率）÷2の式にあてはめます。

① 11×3.14＝34.54
② 2.5×2×3.14＝15.7
③ 314÷3.14÷2＝50

❻ 2つの底面が三角形、四角形、五角形、……になっている立体は、それぞれ三角柱、四角柱、五角柱、……です。また、底面が円になっている立体は円柱です。

展開図をかくときは、1つの面をかいてから、重なる辺の長さが等しくなるようにそのほかの面をかいていきます。

③ 側面の長方形のたての長さは、円柱の高さと等しくなるので、3cmにします。
また、横の長さは、底面の円周の長さと等しくなるので、
2.1×2×3.14＝13.188 より、13.188cmにします。

答え ❶ ① 686 cm^3　② 3.375 m^3　③ 3.5 m^3

❷ （例）① **調べた辺の1つに対応する辺をかいたあと、ほかの2つの辺の長さをコンパスでとります。頂点の位置が決まるので、残りの辺をかきます。**

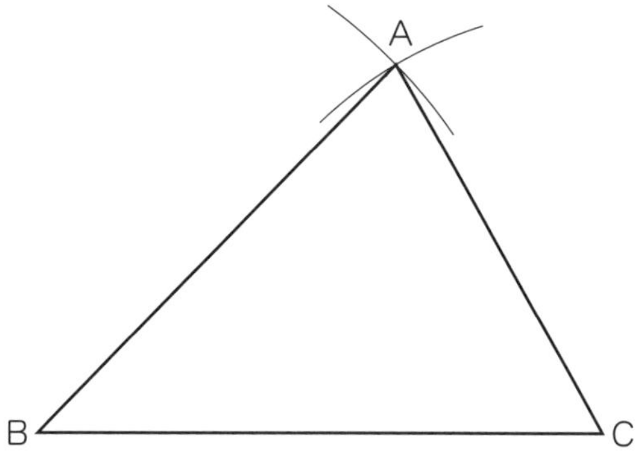

〔調べた辺や角〕 **辺BC、辺AB、辺AC**

（例）② **調べた辺の1つに対応する辺をかいたあと、調べた角の大きさを分度器でとって直線をかきます。もう1つの調べた辺の長さをコンパスでとると、頂点の位置が決まるので、残りの辺をかきます。**

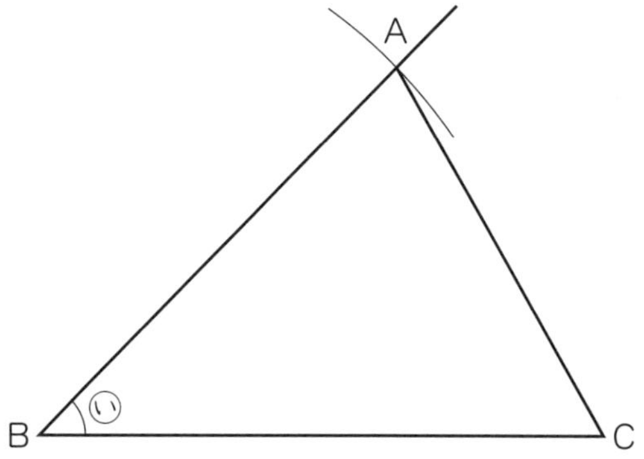

〔調べた辺や角〕 **辺BC、角㋑、辺AB**

（例）③　調べた辺の１つに対応する辺をかいたあと、その両はしの角の大きさを分度器でとって直線をかきます。２本の直線が交わったところが、残りの頂点の位置になります。

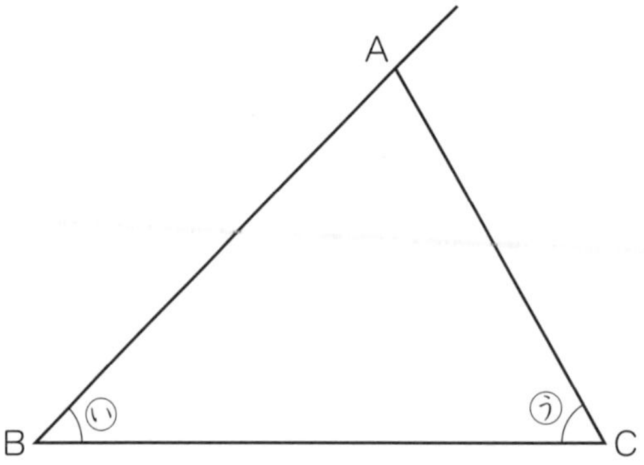

〔調べた辺や角〕　辺BC、角ⓘ、角ⓤ

3　㋐　65°　㋑　120°　㋒　60°
㋓　70°　㋔　110°　㋕　100°

4　①　54 cm^2　②　42 cm^2　③　112 cm^2

5　①　34.54 cm　②　15.7 m　③　50 cm

6　①　直方体（四角柱）

（例）

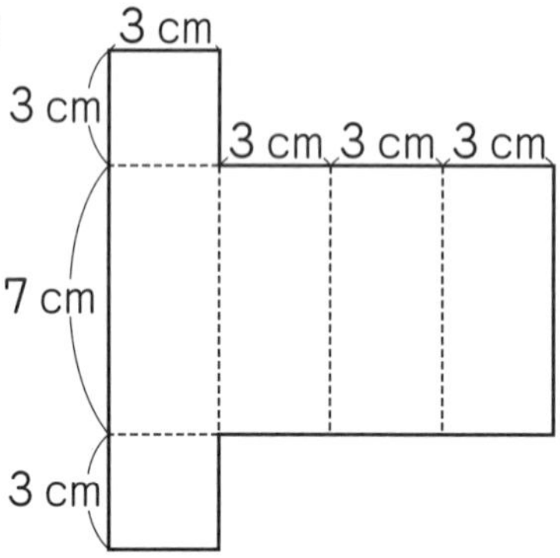

②　三角柱

（例）

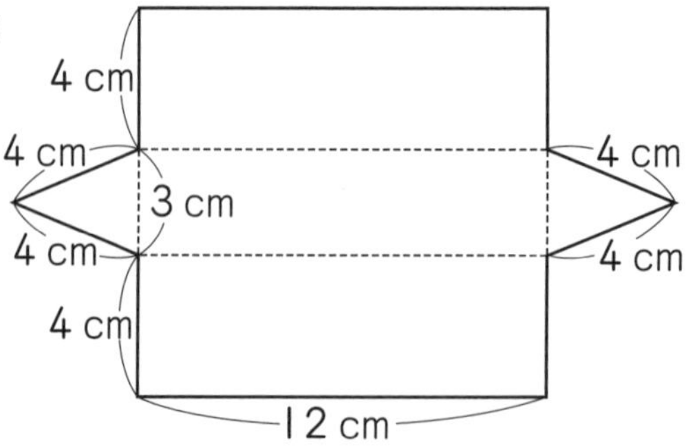

③　円柱

（例）

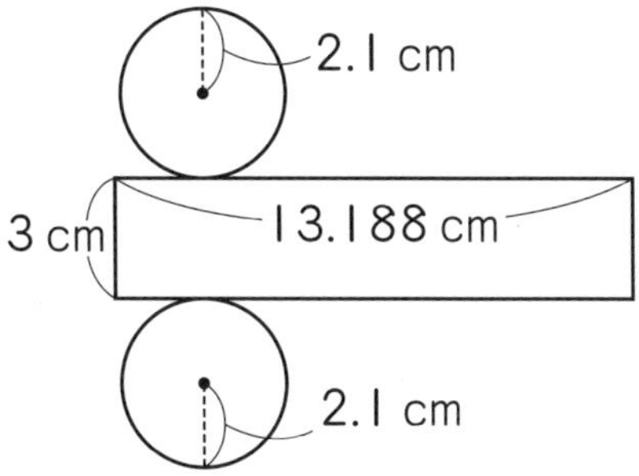

教科書262～263ページ

変化と関係

考え方 ❶ ①　表より、時間が2倍、3倍、…になると、水の深さも2倍、3倍、…になることがわかります。

②　水を1分入れたときの水の深さ6cmの○倍が△cmになっているので、

6×○＝△

③　水を1分入れたときの水の深さ6cmの8倍になるので、

6×8＝48

❷ 人口密度(じんこうみつど)は、1km² あたりの人口です。一の位までのがい数で求めるには、$\frac{1}{10}$の位まで計算して、$\frac{1}{10}$の位の数字を四捨五入(ししゃごにゅう)します。

盛岡(もりおか)市　289731÷886＝327.0……

米沢(よねざわ)市　81252÷549＝148

❸ 1km進むのにかかる時間(秒)を考えます。

60×30＝1800　　1800÷80＝22.5　より、電車は22.5秒かかり、自動車は50秒かかることがわかります。

❹ 先月より16％増加(ぞうか)したということは、先月の入場者数25000人の116％になっています。また、116％の割合を小数で表すと1.16です。

25000×1.16＝29000

答え ❶ ①　比例(ひれい)の関係にあるといえます。

②　6×○＝△

③　48cm

❷ 〔盛岡市〕 約327人　〔米沢市〕 148人

❸ (80kmの道のりを30分間で走る)電車

❹ 29000人

教科書263ページ

データの活用

考え方 ❶ (平均)＝(合計)÷(個数) の式で求められます。

(295＋330＋290＋335＋341)÷5＝318.2

❷ ① 帯グラフの１めもりは１％です。

② 40÷20＝2

③ 40−30＝10

150×0.4＝60　150×0.3＝45

答え ❶ 318.2cm

❷ ① 〔農地〕 40％　〔住宅地〕 30％　〔山林〕 20％

〔その他〕 10％

② 2倍

③ 10％　〔農地〕 60km^2　〔住宅地〕 45km^2

ステップアップ算数

教科書265ページ

1　整数と小数

考え方 **1** ①　86.389 を、80 と 6 と 0.3 と 0.08 と 0.009 に分けて考えます。

②　572.08 を、500 と 70 と 2 と 0.08 に分けて考えます。

③　3.547 を、3 と 0.5 と 0.04 と 0.007 に分けて考えます。

④　10 が 4 個(こ)で 40、1 が 8 個で 8、0.1 が 6 個で 0.6、0.001 が 5 個で 0.005 です。

あわせると、40＋8＋0.6＋0.005＝48.605

2 ①　いちばん小さい小数をつくるには、小数点の位置をできるだけ左にします。

□.□□□

次に、数の小さい順に左から数字をあてはめていきます。

1.145

②　5 にいちばん近い小数をつくりたいので、十の位や百の位ができないように、小数点の位置を決めます。

□.□□□

5 に近い小数には、5 より大きい小数と、5 より小さい小数があるので、両方の小数をつくってから、5 との差が小さい小数を選びます。

〔5 より大きく、5 にいちばん近い小数〕

一の位に 5 をあてはめます。

5.□□□

次に、5 との差が小さくなるように、数の小さい順に左から数字をあてはめていくと、

5.114

5 との差は、5.114－5＝0.114

〔5 より小さく、5 にいちばん近い小数〕

一の位に 4 をあてはめます。

4.□□□

次に、5 との差が小さくなるように、数の大きい順に左から数字をあてはめていくと、

4.951

5 との差は、5－4.951＝0.049

3 整数や小数を10倍、100倍、1000倍すると、小数点はそれぞれ右へ1けた、2けた、3けた移(うつ)ります。また、整数や小数を$\frac{1}{10}$、$\frac{1}{100}$、$\frac{1}{1000}$にすると、小数点はそれぞれ左へ1けた、2けた、3けた移ります。

答え **1** ① 8、6、3、8、9　② 100、10、1、0.1、0.01
③ 3、5、4、7　④ 48.605

2 ① 1.145　② 4.951

3 ① 〔10倍〕 863　〔100倍〕 8630　〔1000倍〕 86300
$\left(\frac{1}{10}\right)$ 8.63　$\left(\frac{1}{100}\right)$ 0.863　$\left(\frac{1}{1000}\right)$ 0.0863
② 〔10倍〕 203.4　〔100倍〕 2034　〔1000倍〕 20340
$\left(\frac{1}{10}\right)$ 2.034　$\left(\frac{1}{100}\right)$ 0.2034　$\left(\frac{1}{1000}\right)$ 0.02034
③ 〔10倍〕 5.9　〔100倍〕 59　〔1000倍〕 590
$\left(\frac{1}{10}\right)$ 0.059　$\left(\frac{1}{100}\right)$ 0.0059　$\left(\frac{1}{1000}\right)$ 0.00059

教科書265～266ページ

2 体積

考え方 **1** 1辺が1cmの立方体の体積は1cm^3です。

① 1cm^3の立方体が、1だんにつき、たて2個、横2個で、2だん積まれているので、
2×2×2＝8

② 1cm^3の立方体が、1だんめ、2だんめには、たて3個、横2個ずつ積まれていて、3だんめ、4だんめには、たて1個、横2個ずつ積まれているので、
3×2×2＋1×2×2＝12＋4＝16

③ 1cm^3の立方体が、1だんにつき、たて3個、横3個で、3だん積まれている形から、たてに2個、横に2個ずつを2だん分ひいた形とみて、
3×3×3−2×2×2＝27−8＝19

2 1cm^3の立方体をななめに半分にした大きさ(0.5cm^3)の立体を4個ならべた形なので、0.5cm^3の4倍の体積になります。

3 体積を求める公式にあてはめます。
① 2×15×3＝90　② 7×7×7＝343

4 1辺が6cmの立方体の体積は、$6 \times 6 \times 6 = 216$

$3 \times 9 \times \square = 216$

$\square = 216 \div 27$

$= 8$

5 体積の単位の関係は、$1\,m^3 = 1000000\,cm^3$ です。

6 $1\,m = 100\,cm$ なので、$50 \times 100 \times 50 = 250000$ より、$250000\,cm^3$

また、$1\,m^3 = 1000000\,cm^3$ なので、$250000\,cm^3 = 0.25\,m^3$

7 入れ物の内側いっぱいの体積を、容積(ようせき)といいます。内側はたて $10-2=8$、横 $14-2=12$、高さ $6-1=5$ の直方体なので、

$8 \times 12 \times 5 = 480$

8 体積の単位の関係は、$1\,L = 1000\,cm^3$、$1\,m^3 = 1000\,L$、$1\,mL = 1\,cm^3$ です。

9 ① 学校のプールは、およそたて25m、横12m〜15m、深さ1.2m〜1.5mと考えると、約$400\,m^3$です。

② 筆箱は、たて約20cm、横約10cm、高さ約3cmくらいと考えると、約$600\,cm^3$です。

10 ① たて7cm、横4cm、高さ10cmの直方体と、たて7cm、横5cm、高さ2cmの直方体を合わせた形とみて、

$7 \times 4 \times 10 + 7 \times 5 \times 2 = 280 + 70 = 350$

または、たて7cm、横9cm、高さ10cmの直方体から、たて7cm、横5cm、高さ8cmの直方体をひいた形とみて、

$7 \times 9 \times 10 - 7 \times 5 \times 8 = 630 - 280 = 350$

② たて4cm、横7cm、高さ3cmの直方体と、1辺が3cmの立方体を合わせた形とみて、

$4 \times 7 \times 3 + 3 \times 3 \times 3 = 84 + 27 = 111$

または、たて7cm、横7cm、高さ3cmの直方体から、たて3cm、横2cm、高さ3cmの直方体を2つひいた形とみて、

$7 \times 7 \times 3 - 3 \times 2 \times 3 \times 2 = 147 - 36 = 111$

答え

1 ① $8\,cm^3$ ② $16\,cm^3$ ③ $19\,cm^3$

2 $2\,cm^3$

3 ① $90\,cm^3$ ② $343\,cm^3$

4 8cm

5 ① 2000000 ② 35

6 $250000\,cm^3$、$0.25\,m^3$

7 $480\,cm^3$

8 ① 3000 ② 5 ③ 8000 ④ 9

9 ① m^3 ② cm^3

10 ① $350\,cm^3$ ② $111\,cm^3$

教科書267ページ

3　2つの量の変わり方

考え方　**1**　①　表を使って、たての長さが2倍、3倍、……になると、面積がどう変わるか、調べましょう。

②　一方の値が2倍、3倍、……になると、もう一方の値も2倍、3倍、……になるとき、この2つの量は比例(ひれい)の関係にあるといえます。

③　長方形の面積＝たて×横 の式にあてはめます。

2　1mの重さ12gにはり金の長さをかけると、はり金の重さが求められます。

答え　**1**　①　**面積も2倍、3倍、……になります。**

②　**いえます。**

③　**○×4＝△（4×○＝△）**

2

はり金の長さ　(m)	1	2	3	4	5	6	
はり金の重さ　(g)	12	24	36	48	60	72	

教科書267～268ページ

4　小数のかけ算

考え方　**1** **2**　(1mの重さ)×(はり金の長さ)＝(はり金の重さ) の式にあてはめます。

80×1.7＝136　　80×0.7＝56

3

```
①   2.6     ②   6.8     ③   0.8     ④   1.3
   ×3.4        ×8.9        ×7.3        ×0.9
   ────        ────        ────        ────
   104          612          24        1.17
   78          544          56
   ────        ────        ────
   8.84        60.52       5.84
```

4　かけられる数の $\frac{1}{10}$ の位の数は、1とかけると1の位が6になるので、6とわかります。

5

```
①   3.26     ②    2.79     ③   3.58     ④    0.58
   ×  1.8       ×   8.6       ×  0.3         ×0.39
   ─────        ──────       ─────         ─────
   2608           1674       1.074           522
   326           2232                        174
   ─────        ──────                     ──────
   5.868         23.994                     0.2262

⑤    2.43    ⑥    1.06     ⑦   8.66     ⑧    0.98
    ×5.37        ×0.99        ×  4.5        ×1.25
    ─────        ─────        ─────         ─────
    1701           954        4330           490
     729          954         3464           196
   1215          ─────        ─────          98
   ──────        1.0494       38.970        ──────
   13.0491                                  1.2250
```

6 ① (ある数)＋3.9＝9.75 なので、ある数を□として、たし算の式に表すと、

□＋3.9＝9.75

□＝9.75－3.9

＝5.85

② 5.85×3.9＝22.815

7 かける数が1より小さいときは、積はかけられる数より小さくなります。

8 ① 長方形の面積の公式、(たて)×(横) にあてはめます。

5.9×2.7＝15.93

② 正方形の面積の公式、(1辺)×(1辺) にあてはめます。

4.8×4.8＝23.04

③ 直方体の体積の公式、(たて)×(横)×(高さ) にあてはめます。

0.6×1.2×0.5＝0.36

9 ① (○×△)×□＝○×(△×□) を利用します。

9×0.8×0.5＝9×(0.8×0.5)＝9×0.4＝3.6

② ○×△＋□×△＝(○＋□)×△ を利用します。

1.4×1.3＋1.6×1.3＝(1.4＋1.6)×1.3＝3×1.3＝3.9

③ 10.4＝10＋0.4 と考えて、(○＋△)×□＝○×□＋△×□ を利用します。

10.4×2.5＝(10＋0.4)×2.5＝10×2.5＋0.4×2.5＝25＋1＝26

答え

1 136g

2 56g

3 ① 8.84 ② 60.52 ③ 5.84 ④ 1.17

4 (上から)6、4

5 ① 5.868 ② 23.994 ③ 1.074 ④ 0.2262
⑤ 13.0491 ⑥ 1.0494 ⑦ 38.97 ⑧ 1.225

6 ① 5.85 ② 22.815

7 ㋑、㋒、㋔

8 ① 15.93cm^2 ② 23.04m^2 ③ 0.36m^3

9 ① 3.6 ② 3.9 ③ 26

教科書268〜269ページ

5　合同と三角形、四角形

考え方

1　重ねたときにぴったり重なる頂点、辺、角は対応しているといえます。

2　①　3つの辺のうちの1つに対応する辺をかいたあと、ほかの2つの辺の長さをコンパスでとります。頂点の位置が決まるので、残りの辺をかきます。

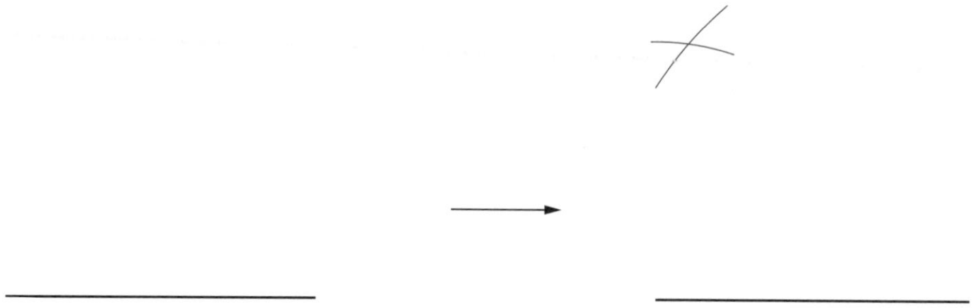

②　2つの辺のうちの1つに対応する辺をかいたあと、45°の角度を分度器でとって直線をかきます。もう1つの辺の長さをコンパスでとると、頂点の位置が決まるので、残りの辺をかきます。

③　5cmの長さの辺をかいたあと、その両はしに70°と35°の角度を分度器でとって直線をかきます。2本の直線が交わったところが、残りの頂点の位置になります。

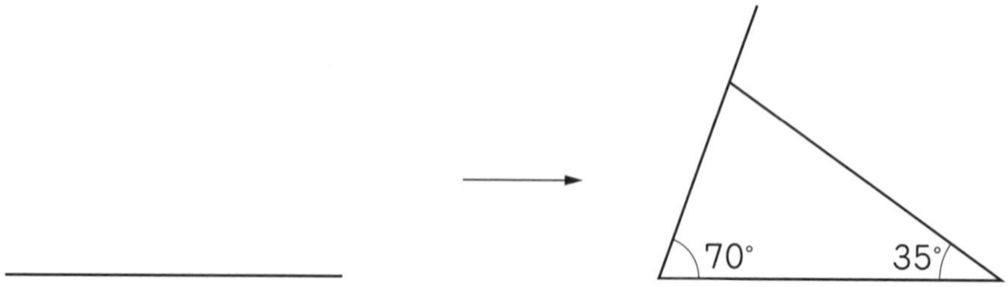

3　合同な三角形は、①3つの辺の長さ、②2つの辺の長さとその間の角の大きさ、③1つの辺の長さとその両はしの角の大きさ、のどれかがわかればかくことができます。

4 ① 三角形の 3 つの角の大きさの和は 180° なので、和が 180° になるものをさがします。

② 四角形の 4 つの角の大きさの和は 360° なので、和が 360° になるものをさがします。

5 ㋐は対角線で 2 つの三角形に分けています。㋑は 4 つの三角形のすべての角の大きさの和から、360° をひいています。㋒は 3 つの三角形のすべての角の大きさの和から、直線の角 180° をひいています。

6 三角形の 3 つの角の大きさの和は 180°、四角形の 4 つの角の大きさの和は 360° です。

㋐ $180-(60+45)=75$

㋑ ㋑の角度と 130° を合わせると 180° になっているので、
$180-130=50$

㋒ ㋑の角度が 50° と求められたので、$180-50\times2=80$

㋓ $360-(35+140+60)=125$

㋔ $(360-105\times2)\div2=75$

㋕ 平行四辺形の向かい合う角の大きさは等しいので、㋕の角度は 105° です。

7 ㋐ 正三角形の 3 つの角の大きさは等しいので、1 つの角の大きさは
$180\div3=60$ の式で、60° と求められます。

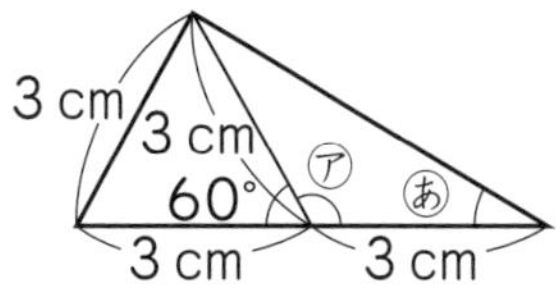

㋐の角度と 60° を合わせると 180° になっているので、$180-60=120$ より、㋐の角度は 120° と求められます。

また、二等辺三角形の 2 つの角の大きさは等しいので、
$(180-120)\div2=30$

㋑ $180-(65+50)=65$

㋒ 平行四辺形に対角線をかいてできる 2 つの三角形は合同です。

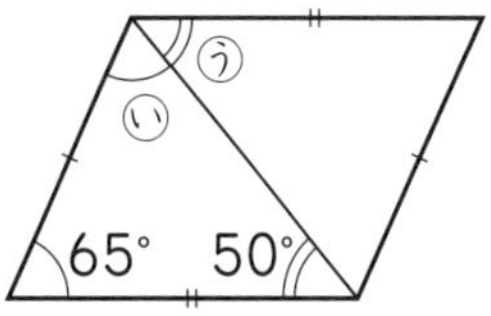

㋒に対応する角は 50° になっているので、㋒の角度も 50° です。

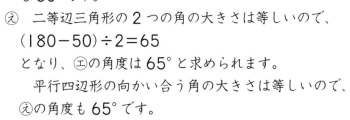

㋓ 二等辺三角形の 2 つの角の大きさは等しいので、
$(180-50)\div2=65$
となり、㋓の角度は 65° と求められます。

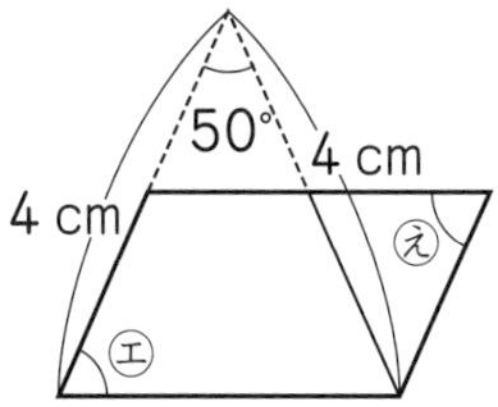

平行四辺形の向かい合う角の大きさは等しいので、㋓の角度も 65° です。

答え

1 頂点 A と頂点 D、頂点 B と頂点 E、頂点 C と頂点 F
辺 AB と辺 DE、辺 BC と辺 EF、辺 CA と辺 FD
角 A と角 D、角 B と角 E、角 C と角 F

2 ①

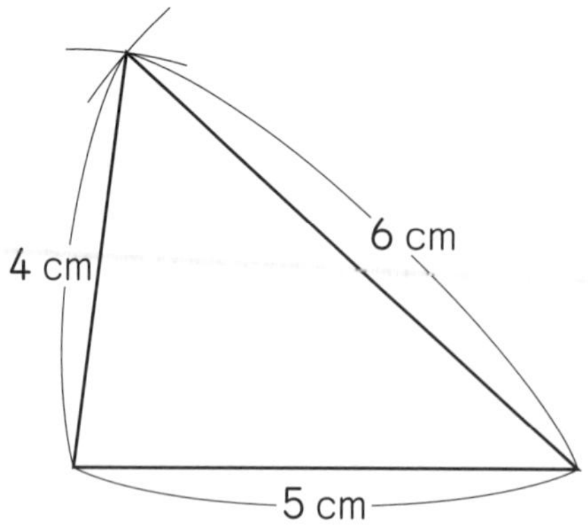

②

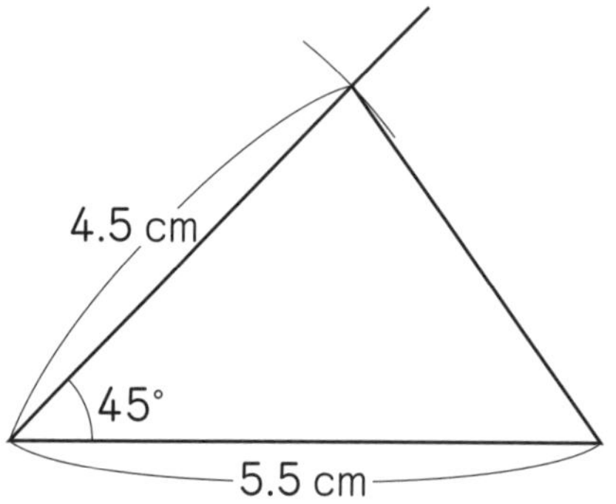

③

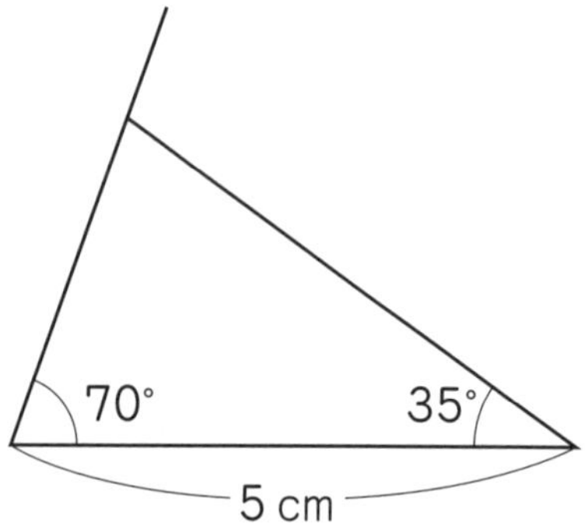

3 ㋓

4 ① ㋑　② ㋕

5 ① ㋐　② ㋒　③ ㋑

6 ㋐ 75°　㋑ 50°　㋒ 80°　㋓ 125°　㋔ 75°
㋕ 105°

7 ㋐ 30°　㋑ 65°　㋒ 50°　㋓ 65°

教科書270〜271ページ

6　小数のわり算

考え方　1　2　（テープ全体の長さ）÷（1個のかざりに使うテープの長さ）
＝（かざりの個数）

にあてはめて求めます。

72÷4.8＝15　　　18÷0.9＝20

3

①
```
       2
1,8)3,6
     36
      0
```
②
```
       3
2,6)7,8
     78
      0
```
③
```
      6.5
0,4)2,6
     24
      20
      20
       0
```
④
```
     18.8
0,5)9,4
     5
     44
     40
      40
      40
       0
```

4 商の $\frac{1}{10}$ の位の□は、95×□＝760 より、□＝8 とわかります。

わられる数の一の位の□は、1□1－95＝76 より、□＝7 とわかります。

5

①
```
       2.4
3,9)9,3.6
     78
     156
     156
       0
```
②
```
         0.4
13,5)5,4.0
       540
         0
```
③
```
      0.74
0,5)0,3.7
      35
       20
       20
        0
```
④
```
          4.3
2,26)9,71.8
      904
       678
       678
         0
```
⑤
```
          3.9
0,69)2,69.1
      207
       621
       621
         0
```
⑥
```
          0.25
0,98)0,24.5
       196
        490
        490
          0
```

6 ①（ある数）×4.5＝11.34 なので、ある数を□として、かけ算の式に表すと、

□×4.5＝11.34

□＝11.34÷4.5

＝2.52

② 2.52÷4.5＝0.56

7 ①

```
          2.5
3.44)8.60
     688
     1720
     1720
        0
```

②

```
           0.8
4.75)3.80.0
     3800
        0
```

③

```
        12.4
2.5)31.0
    25
     60
     50
     100
     100
       0
```

④

```
          14.4
1.25)18.00
     125
      550
      500
       500
       500
         0
```

8 ①　わられる数が $\frac{1}{10}$ になると、商も $\frac{1}{10}$ になります。

②　わる数が $\frac{1}{10}$ になると、商は 10 倍になります。

③　わられる数とわる数を、同じ数でわっても商は変わりません。

9 わる数が 1 より小さいときは、商はわられる数より大きくなります。

10 上から 2 けたのがい数で求めるには、上から 3 けたの位まで計算して、上から 3 けたの位の数字を四捨五入(ししゃごにゅう)します。

3.8÷6.2 の商は、一の位が 0 なので、$\frac{1}{1000}$ の位の数字を四捨五入します。

```
        0.612
6.2)3.8.0
    372
      80
      62
      180
      124
       56
```

11 7.5cm のテープの本数は整数なので、商を一の位まで求めて、あまりを出します。

あまりの小数点は、わられる数のもとの小数点にそろえてうちます。

85.4÷7.5＝11 あまり 2.9

12 5.4÷3.6＝1.5

13 きよしさんの家から学校までの道のりの 1.6 倍が、家から駅までの道のりであることから、

(家から学校までの道のり)×1.6＝(家から駅までの道のり)

と表すことができます。

家から学校までの道のりを□km として、かけ算の式に表すと、

□×1.6＝2.4

□＝2.4÷1.6

＝1.5

答え

1 15個

2 20個

3 ① 2　② 3　③ 6.5　④ 18.8

4 （上から） 8、7

5 ① 2.4　② 0.4　③ 0.74
④ 4.3　⑤ 3.9　⑥ 0.25

6 ① 2.52　② 0.56

7 ① 2.5　② 0.8　③ 12.4　④ 14.4

8 ① 0.14　② 14　③ 1.4

9 ㋑、㋔

10 約0.61kg

11 11本できて、2.9cmあまります。

12 1.5倍

13 1.5km

教科書271～272ページ

7 整数の見方

考え方 1 偶数(ぐうすう)と奇数(きすう)は、一の位の数字を見れば分けることができます。
一の位の数字が偶数なら、2でわりきれるので、その整数は偶数です。
また、一の位の数字が奇数なら、2でわりきれないで1あまるので、その整数は奇数です。

2 ① 26÷2＝13 なので
26＝2×[13]
② 67÷2＝33 あまり 1 なので
67＝2×[33]＋1
③ 82÷2＝41 なので
82＝[2×41]
④ 95÷2＝47 あまり 1 なので
95＝[2×47＋1]

3 一方の倍数のうち、もう一方の数でわりきれる数を見つけます。いちばん小さい公倍数が最小公倍数です。最小公倍数の倍数が公倍数になるので、最小公倍数を2倍、3倍して公倍数を求めます。

4 ① 70以下の4の倍数の数は、70を4ずつに分けることができる数と等しくなるので、70÷4＝17あまり2から、17個とわかります。

② 70以下の5の倍数の数は、70を5ずつに分けることができる数と等しくなるので、70÷5＝14から、14個とわかります。

③ 4と5の最小公倍数は20です。最小公倍数の倍数も公倍数になるので、20の倍数が何個あるかを考えます。

70以下の20の倍数の数は、70を20ずつに分けることができる数と等しくなるので、70÷20＝3あまり10から、3個とわかります。

5 ① 最小公倍数は30になります。

② 最小公倍数は24になります。

6 ① 黒の玉の番号を、左から順に数えていくと、7、14、21、……となっているので、黒の玉は7の倍数です。

② 105は7の倍数なので、黒の玉になります。

7 一方の約数のうち、もう一方の数をわりきれる数を見つけます。いちばん大きい公約数が最大公約数です。

8 3つの数に共通する約数を求めましょう。

答え

1 〔偶数〕 0、26、48、102、506、1024

〔奇数〕 9、15、33、67、231

2 ① 13　② 33

③ 2×41　④ 2×47＋1

3 ① 〔最小公倍数〕 6　〔公倍数〕 6、12、18

② 〔最小公倍数〕 30　〔公倍数〕 30、60、90

③ 〔最小公倍数〕 24　〔公倍数〕 24、48、72

4 ① 17個　② 14個　③ 3個

5 ① 30、60、90　② 24、48、72

6 ① 7の倍数　② 黒の玉

7 ① 〔最大公約数〕 4　〔公約数〕 1、2、4

② 〔最大公約数〕 5　〔公約数〕 1、5

③ 〔最大公約数〕 21　〔公約数〕 1、3、7、21

8 ① 1、2、4　② 1、2、3、6

教科書272～273ページ

8 分数の大きさとたし算、ひき算

考え方

1 分数の分母と分子に同じ数をかけても、分母と分子を同じ数でわっても、分数の大きさは変わりません。

2 ① $\frac{9\div3}{21\div3}=\frac{3}{7}$　② $\frac{7\div7}{35\div7}=\frac{1}{5}$　③ $\frac{28\div4}{44\div4}=\frac{7}{11}$

3 $\frac{4\times9}{3\times9}=\frac{36}{27}\left(1\frac{9}{27}\right)$

4 ① $\frac{3}{5}=\frac{3\times7}{5\times7}=\frac{21}{35}$　$\frac{4}{7}=\frac{4\times5}{7\times5}=\frac{20}{35}$

② $\frac{1}{10}=\frac{1\times3}{10\times3}=\frac{3}{30}$　$\frac{1}{15}=\frac{1\times2}{15\times2}=\frac{2}{30}$

③ 帯分数は、整数部分と分数部分に分けて考えます。

$\frac{3}{8}=\frac{3\times3}{8\times3}=\frac{9}{24}$　$\frac{5}{12}=\frac{5\times2}{12\times2}=\frac{10}{24}$

5 ① $\frac{1}{5}+\frac{1}{4}=\frac{4}{20}+\frac{5}{20}=\frac{9}{20}$　② $\frac{3}{8}+\frac{1}{2}=\frac{3}{8}+\frac{4}{8}=\frac{7}{8}$

③ $\frac{4}{3}+\frac{5}{6}=\frac{8}{6}+\frac{5}{6}=\frac{13}{6}$　④ $\frac{3}{4}+\frac{4}{9}=\frac{27}{36}+\frac{16}{36}=\frac{43}{36}$

6 $\frac{2}{7}+\frac{1}{2}=\frac{4}{14}+\frac{7}{14}=\frac{11}{14}$

7 ① $\frac{5}{12}+\frac{5}{6}=\frac{5}{12}+\frac{10}{12}=\frac{\overset{5}{\cancel{15}}}{\underset{4}{\cancel{12}}}=\frac{5}{4}$

② $\frac{7}{15}+\frac{7}{12}=\frac{28}{60}+\frac{35}{60}=\frac{\overset{21}{\cancel{63}}}{\underset{20}{\cancel{60}}}=\frac{21}{20}$

③ $2\frac{3}{4}+\frac{3}{8}=2\frac{6}{8}+\frac{3}{8}=2\frac{9}{8}=3\frac{1}{8}$

④ $1\frac{3}{10}+3\frac{8}{15}=1\frac{9}{30}+3\frac{16}{30}=4\frac{\overset{5}{\cancel{25}}}{\underset{6}{\cancel{30}}}=4\frac{5}{6}$

8 帯分数の整数部分にいちばん大きい5、分数の分母にいちばん小さい3が入ります。

$5\frac{4}{6}+\frac{7}{3}=5\frac{2}{3}+\frac{7}{3}=5\frac{9}{3}=8$

9 ① $\frac{6}{7}-\frac{1}{2}=\frac{12}{14}-\frac{7}{14}=\frac{5}{14}$　② $\frac{8}{9}-\frac{5}{6}=\frac{16}{18}-\frac{15}{18}=\frac{1}{18}$

③ $\frac{4}{3}-\frac{1}{12}=\frac{16}{12}-\frac{1}{12}=\frac{\overset{5}{\cancel{15}}}{\underset{4}{\cancel{12}}}=\frac{5}{4}$　④ $\frac{8}{5}-\frac{3}{2}=\frac{16}{10}-\frac{15}{10}=\frac{1}{10}$

10 $\frac{9}{10}-\frac{2}{5}=\frac{9}{10}-\frac{4}{10}=\frac{\overset{1}{\cancel{5}}}{\underset{2}{\cancel{10}}}=\frac{1}{2}$

11 ① $1\frac{5}{6}-1\frac{3}{8}=1\frac{20}{24}-1\frac{9}{24}=\frac{11}{24}$

② $1\frac{1}{4}-\frac{11}{12}=1\frac{3}{12}-\frac{11}{12}=\frac{15}{12}-\frac{11}{12}=\frac{\cancel{4}^{1}}{\cancel{12}_{3}}=\frac{1}{3}$

③ $\frac{1}{2}-\frac{1}{6}+\frac{3}{4}=\frac{6}{12}-\frac{2}{12}+\frac{9}{12}=\frac{13}{12}$

④ $\frac{4}{3}-\frac{4}{15}-\frac{3}{5}=\frac{20}{15}-\frac{4}{15}-\frac{9}{15}=\frac{7}{15}$

12 ひかれる数を大きく、ひく数を小さくします。ひかれる数の整数部分にいちばん大きい5、ひく数の分数の分母に次に大きい4が入ります。

$5\frac{2}{3}-\frac{1}{4}=5\frac{8}{12}-\frac{3}{12}=5\frac{5}{12}$

答え

1 （例） $\frac{1}{3}$、$\frac{4}{12}$、$\frac{6}{18}$

2 ① $\frac{3}{7}$ ② $\frac{1}{5}$ ③ $\frac{7}{11}$

3 $\frac{36}{27}\left(1\frac{9}{27}\right)$

4 ① $\left(\frac{21}{35}、\frac{20}{35}\right)$ ② $\left(\frac{3}{30}、\frac{2}{30}\right)$

③ $\left(1\frac{9}{24}\left(\frac{33}{24}\right)、1\frac{10}{24}\left(\frac{34}{24}\right)\right)$

5 ① $\frac{9}{20}$ ② $\frac{7}{8}$ ③ $\frac{13}{6}\left(2\frac{1}{6}\right)$ ④ $\frac{43}{36}\left(1\frac{7}{36}\right)$

6 $\frac{11}{14}$L

7 ① $\frac{5}{4}\left(1\frac{1}{4}\right)$ ② $\frac{21}{20}\left(1\frac{1}{20}\right)$ ③ $3\frac{1}{8}\left(\frac{25}{8}\right)$

④ $4\frac{5}{6}\left(\frac{29}{6}\right)$

8 $\boxed{5}\frac{\boxed{4}}{6}+\frac{7}{\boxed{3}}$ 〔答え〕 8

9 ① $\frac{5}{14}$ ② $\frac{1}{18}$ ③ $\frac{5}{4}\left(1\frac{1}{4}\right)$ ④ $\frac{1}{10}$

10 $\frac{1}{2}$m

11 ① $\frac{11}{24}$ ② $\frac{1}{3}$ ③ $\frac{13}{12}\left(1\frac{1}{12}\right)$ ④ $\frac{7}{15}$

12 $\boxed{5}\dfrac{2}{\boxed{3}}-\dfrac{1}{\boxed{4}}$　〔答え〕 $5\dfrac{5}{12}\left(\dfrac{65}{12}\right)$

教科書273～274ページ

9　平均

考え方　**1** (平均)＝(合計)÷(個数) の式で求められます。

(16＋21＋19＋25＋14)÷5＝19

2 ひろきさんの平均点が82点だったから、4回分のテストの点数の合計を、(全体の合計)＝(平均)×(個数) の式で求めると、

82×4＝328

ひろきさんの平均点が82点になるときの3回めのテストの点数を□点として、たし算の式に表すと、

85＋79＋□＋80＝328

244＋□＝328

□＝328－244

＝84

3 4か月間の平均を求めるので、6月の0さつもふくめて計算します。

(4＋3＋0＋3)÷4＝2.5

4 とびぬけて小さなCの重さをふくめないで平均を求めます。

(58＋57＋59)÷3＝58

答え　**1** 19個

2 84点

3 2.5さつ

4 58g

教科書274～275ページ

10　単位量あたりの大きさ

考え方　**1** 単位量あたりの大きさで比べます。

〔あのエレベーター〕 8÷12＝0.666……　　1 m^2 あたり約0.67人

または、12÷8＝1.5　　1人あたり1.5 m^2

〔いのエレベーター〕 21÷30＝0.7　　1 m^2 あたり0.7人

または、30÷21＝1.428……　　1人あたり約1.43 m^2

2 人口密度は、1 km^2 あたりの人口です。一の位までのがい数で求めるには、$\frac{1}{10}$ の位まで計算して、$\frac{1}{10}$ の位の数字を四捨五入します。

59491÷305＝195.0……

3 〔A 市〕 49×1220＝59780　〔B 市〕 3415×17＝58055

4 〔5 さつで 320 円のノート〕 320÷5＝64　1 さつあたり 64 円

〔4 さつで 260 円のノート〕 260÷4＝65　1 さつあたり 65 円

5 ① 4L で 60km 走るので、1L あたりに走るきょりは 60÷4＝15

② ガソリンの量が 1L の 7 倍になるので、走るきょりも 1L のきょりの 7 倍になります。

15×7＝105

6 1L のガソリンで走るきょりで比べます。

〔自動車㋐〕 555÷30＝18.5　1L のガソリンで 18.5km 走る

〔自動車㋑〕 518÷20＝25.9　1L のガソリンで 25.9km 走る

25.9÷18.5＝1.4

7 1 分間に走る道のりで比べます。

〔りかさん〕 2÷8＝0.25

〔だいちさん〕 1.4÷6＝0.233……

〔あやさん〕 1.4÷8＝0.175

8 「速さ＝道のり÷時間」の式にあてはめます。

〔時速〕 756÷3＝252

〔分速〕 252÷60＝4.2

〔秒速〕 4.2÷60＝0.07

9 〔時速〕 13.5÷1.5＝9

〔分速〕 9km＝9000m、9000÷60＝150

〔秒速〕 150÷60＝2.5

10 〔分速〕 1×60＝60

〔時速〕 60×60＝3600

11 音の速さ秒速 0.34km を時速にして比べます。

0.34×60×60＝1224

12 「道のり＝速さ×時間」の式にあてはめます。

① 160×3＝480　② 160×10＝1600　1600m＝1.6km

13 「時間＝道のり÷速さ」の式にあてはめます。

① 300÷25＝12　② 2km＝2000m　2000÷25＝80

答え

1 ㋑

2 約 195 人

3 A 市

4 5 さつで 320 円のノート

5 ① 15km　② 105km

6 1.4 倍

7 りかさん

8 時速 252km、分速 4.2km、秒速 0.07km

9 時速 9km、分速 150m、秒速 2.5m

10 分速 60m、時速 3600m

11 時速 1250km のジェット機

12 ① 480m　② 1.6km

13 ① 12 秒　② 80 秒

教科書275〜276ページ

11　わり算と分数

考え方 **1** 整数どうしのわり算の商を分数で表すときは、わる数を分母に、わられる数を分子にします。約分できるときは約分します。

分数をわり算で表すときは、分子÷分母の式で表します。

2 帯分数を仮分数になおして考えます。

3 分数を小数で表すときは、分子を分母でわります。

④ 分数部分を小数で表して、$\frac{2}{5}=2\div5=0.4$、$3\frac{2}{5}=3.4$

または、仮分数になおして、$3\frac{2}{5}=\frac{17}{5}=17\div5=3.4$

4 $0.1=\frac{1}{10}$、$0.01=\frac{1}{100}$、$0.001=\frac{1}{1000}$ を利用して、$\frac{1}{10}$、$\frac{1}{100}$、$\frac{1}{1000}$ の何個分になるかを考えます。また、整数は、分母が 1 の分数で表すことができます。

5 小数か同じ分母の分数にそろえれば比べられます。同じ分母の分数にするには通分しなければならないので、小数にそろえたほうが比べやすくなります。

① $\frac{9}{7}=9\div7=1.285$……

② 分数部分を小数で表して、$\frac{1}{3}=1\div3=0.333$……、$2\frac{1}{3}=2.333$……

または、仮分数になおして、$2\frac{1}{3}=\frac{7}{3}=7\div3=2.333$……

③ $\frac{9}{11}=9\div11=0.818$……

6 「塩の重さの何倍か」を聞いているときは、塩の重さ3kgをわる数にしたわり算の商を求めます。

$11 \div 3 = \frac{11}{3}$

また、「米の重さの何倍か」を聞いているときは、米の重さ11kgをわる数にしたわり算の商を求めます。

$3 \div 11 = \frac{3}{11}$

7 何倍かを表す数が1より小さくなるのは、長いほうを1とみたときです。

$4 \div 5 = \frac{4}{5}(0.8)$

答え

1 ① $\frac{1}{8}$　② $\frac{2}{9}\left(\frac{4}{18}\right)$　③ $\frac{8}{3}\left(\frac{24}{9}\right)$

④ $13 \div 5$　⑤ $9 \div 7$

2 ① $7 \div 6$　② $11 \div 4$　③ $18 \div 5$

3 ① 1.75　② 1.2　③ 0.875　④ 3.4　⑤ 0.01

4 ① $\frac{7}{10}$　② $\frac{9}{2}\left(4\frac{1}{2}\right)$　③ $\frac{169}{100}\left(1\frac{69}{100}\right)$

④ $\frac{1}{8}$　⑤ $\frac{17}{1}$

5 ① $>$　② $<$　③ $<$

6 〔塩の重さの何倍か〕 $\frac{11}{3}\left(3\frac{2}{3}\right)$ 倍　〔米の重さの何倍か〕 $\frac{3}{11}$ 倍

7 青のテープを1とみたとき、$\frac{4}{5}$ 倍、0.8倍

教科書276〜277ページ

12 割合

考え方

1 (割合(わりあい))＝(比かく量)÷(基準量) の式にあてはめます。

(比かく量)は入った数、(基準量)はシュート数です。

$2 \div 8 = 0.25$

2 ① (比かく量)は子どもの人数、(基準量)は参加者全体の人数です。

$30 \div 80 = 0.375$

② (比かく量)は子どもの人数、(基準量)は大人の人数です。

$30 \div 50 = 0.6$

3 小数で表された割合を100倍すると、百分率で表された割合になります。
(比かく量)はたんぱく質の量の3g、(基準量)は牛乳の量の100gです。
(比かく量)÷(基準量)×100の式にあてはめて、
3÷100×100＝3

4 小数や整数で表された割合を100倍すると、百分率で表された割合になります。
百分率で表された割合を$\frac{1}{100}$にすると、小数で表された割合になります。

5 あ 500×1.2＝600　い 2000×0.4＝800
う 1000×0.4＝400

6 (比かく量)はたかしさんが正解した問題数、(基準量)は全問題数の20問です。
また、70%を小数で表すと0.7です。
(比かく量)＝(基準量)×(割合) の式にあてはめて、
20×0.7＝14

7 〔6年生の人数〕 50×0.2＝10
〔6年生の打楽器の人数〕 10×0.4＝4

8 (比かく量)はサッカークラブの5年生6人、(基準量)はサッカークラブ全員の人数です。また24%を小数で表すと0.24です。
(基準量)＝(比かく量)÷(割合) の式にあてはめて、
6÷0.24＝25

9 〔全体の人数〕 72÷0.6＝120
〔大人の人数〕 120－72＝48

10 定価2400円の品物の20%引きのねだんを求めるには、2400円から2400円の20%をひく方法と、2400円の80%を求める方法があります。
2400円から2400円の20%をひく式は、
2400－2400×0.2＝2400－480＝1920
2400円の 100－20＝80(%) を求める式は、
2400×(1－0.2)＝2400×0.8＝1920

11 図書館の先週の来館者を□人として、20%増えた今週の来館者が2208人になると考えます。
□×(1＋0.2)＝2208
□＝2208÷1.2
＝1840

答え
1 0.25
2 ① 0.375　② 0.6
3 3%
4 ① 47%　② 500%　③ 0.13
④ 2.8　⑤ 0.769

5 ㋐、㋑
6 14問
7 4人
8 25人
9 48人
10 1920円
11 1840人

教科書277～279ページ

13　割合とグラフ

考え方

1 ①　円グラフと帯グラフを見比べ、対応する部分を見つけましょう。

②　グラフからよみとると、住宅地は町の面積の42％です。

③　グラフからよみとると、農地は町の面積の20％なので、85×0.2＝17

2 ①　円グラフに表すときは、割合の大きい順に右回りに区切っていき、「その他」は最後にかきます。

②　㋐　200×0.87＝174　　㋑　200×0.05＝10
　　㋒　200×0.04＝8　　㋓　200×0.03＝6

3 「物語」　126÷300×100＝42　　「科学」　96÷300×100＝32
「図かん」　45÷300×100＝15　　「その他」　33÷300×100＝11

帯グラフや円グラフに表すときは、割合の大きい順に区切ってかき、「その他」は最後にかきます。

4 ①　グラフから、めもりの数をよみとります。

②　409×0.29＝118.61

5 ①　〔2010年〕　静岡41％、鹿児島23％、三重8％、京都5％
〔2020年〕　静岡29％、鹿児島32％、三重8％、京都6％
なので、産出額の割合が増えているのは鹿児島、京都

②　741×0.08＝59.28　　409×0.08＝32.72
産出額は減っています。

答え

1 ①　商業地　②　42％　③　17km²

2 ①　㋐　水分　㋑　しぼう
②　㋐　174g　㋑　10g　㋒　8g　㋓　6g

3　本の種類別のさっ数と割合

	さっ数(さつ)	割合(%)
物　語	126	42
科　学	96	32
図かん	45	15
その他	33	11
合　計	300	100

本の種類別の割合（合計300さつ）

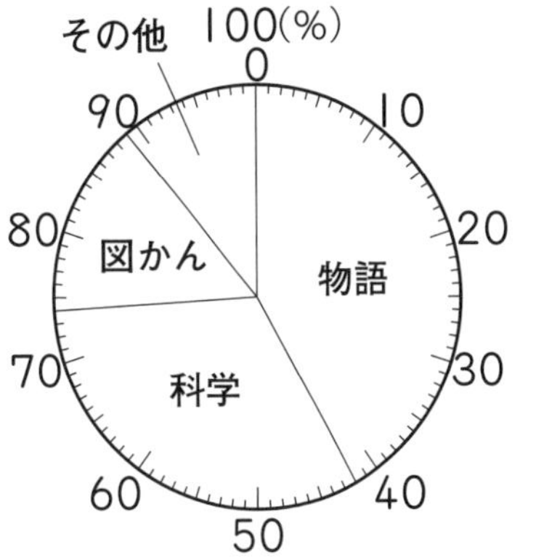

本の種類別の割合（合計300さつ）

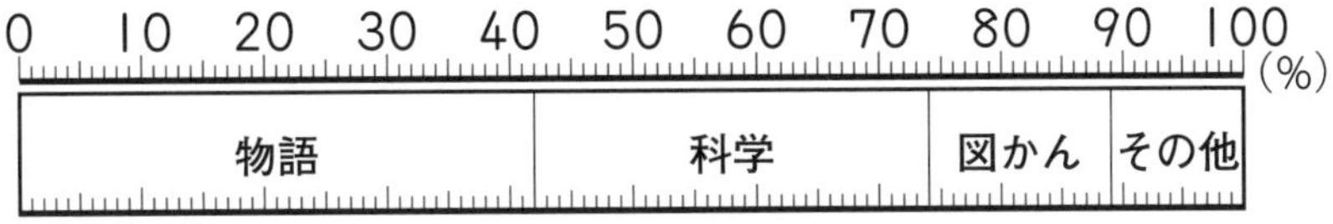

4　① 〔2010年〕 **41%**　〔2020年〕 **29%**

② **約119億円**

5　① **鹿児島、京都**

② **正しいとはいえません。**

〔理由〕 **割合は変わっていませんが、全体の産出額が減っているので、2010年は約59億円、2020年は約33億円になっていて、減っているからです。**

教科書279～281ページ

14　四角形や三角形の面積

考え方　**1**　底辺とそれに平行な辺との間に垂直(すいちょく)にかいた直線の長さが高さなので、CEが高さです。

3.2×3＝9.6

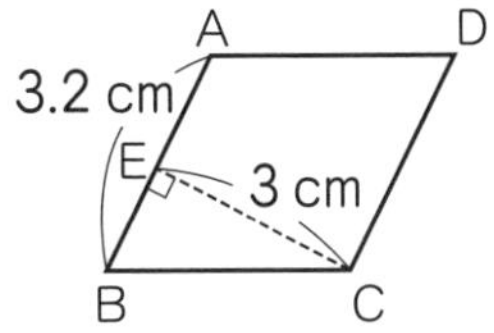

2　(平行四辺形の面積)＝(底辺)×(高さ) の公式にあてはめます。

① 16×10＝160　② 15×9＝135　③ 7×9＝63

3　底辺を□mとすると、

□×10＝30

□＝30÷10

＝3

4 底辺と向かい合った頂点から底辺に垂直にかいた直線の長さが高さなので、CD が高さです。

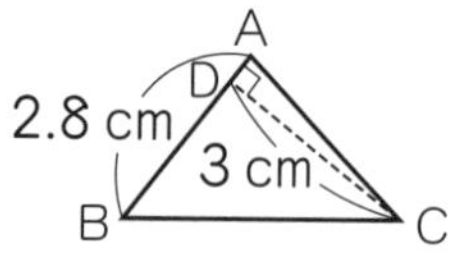

2.8×3÷2＝4.2

5 (三角形の面積)＝(底辺)×(高さ)÷2 の公式にあてはめます。

① 6×5÷2＝15　② 12×5÷2＝30　③ 7×13÷2＝45.5

6 底辺を□m とすると、

□×10÷2＝30
□×5＝30
□＝30÷5
＝6

7 (台形の面積)＝(上底＋下底)×(高さ)÷2 の公式にあてはめます。

① (3.1＋7)×4÷2＝20.2　② (3.5＋5.9)×3.2÷2＝15.04

8 (ひし形の面積)＝(一方の対角線)×(もう一方の対角線)÷2 の公式にあてはめます。

① 9×12÷2＝54　② 6×(4×2)÷2＝24

9 対角線で分けた2つの三角形の面積を合わせると、四角形の面積を求めることができます。それぞれの三角形の底辺と高さにあたる長さをはかって、三角形の面積の公式にあてはめます。

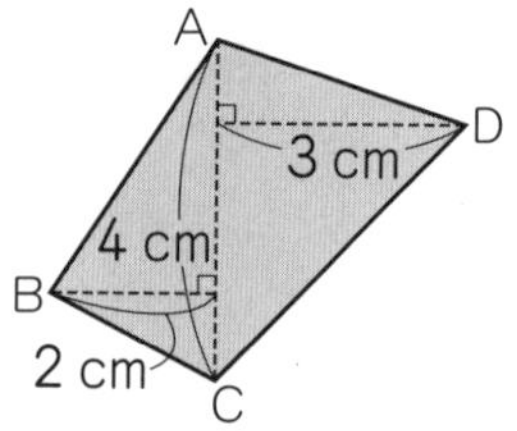

4×3÷2＋4×2÷2＝6＋4＝10

10 ① 色がついた部分を合わせると、底辺 13cm、高さ 9cm の平行四辺形の底辺と高さをそれぞれ 3cm ずつ短くした形になるので、

(13－3)×(9－3)＝10×6＝60

② 底辺 10cm、高さ 8cm の三角形から、底辺 10cm、高さ 2cm の三角形をひいた形とみて、

10×8÷2－10×2÷2＝40－10＝30

または、底辺 6cm、高さ 7cm の三角形と、底辺 6cm、高さ 3cm の三角形を合わせた形とみて、

6×7÷2＋6×3÷2＝21＋9＝30

③ 底辺 6cm、高さ 2cm の三角形と、底辺 6cm、高さ 5.5cm の三角形を合わせた形とみて、

6×2÷2＋6×5.5÷2＝6＋16.5＝22.5

答え

1 〔高さ〕 3cm 〔面積〕 $9.6cm^2$

2 ① $160cm^2$ ② $135cm^2$ ③ $63m^2$

3 3m

4 〔高さ〕 3cm 〔面積〕 $4.2cm^2$

5 ① $15cm^2$ ② $30cm^2$ ③ $45.5m^2$

6 6m

7 ① $20.2cm^2$ ② $15.04m^2$

8 ① $54cm^2$ ② $24cm^2$

9 $10cm^2$（$9.5cm^2$ 以上 $10.5cm^2$ 以下は正答とする。）

10 ① $60cm^2$ ② $30cm^2$ ③ $22.5cm^2$

教科書281～282ページ

15 正多角形と円

考え方

1 正多角形は、辺の長さがすべて等しく、角の大きさもすべて等しい多角形です。

2 正六角形は正三角形6個に分けられるので、2×6＝12

3 ㋐ 円の中心の周りの角を10等分したときの角度が㋐の角度になっているので、
360÷10＝36

㋑ 三角形の3つの角の大きさの和は180°です。また、下の図の10個の三角形はすべて合同な二等辺三角形になっているので、
(180－36)÷2＝72

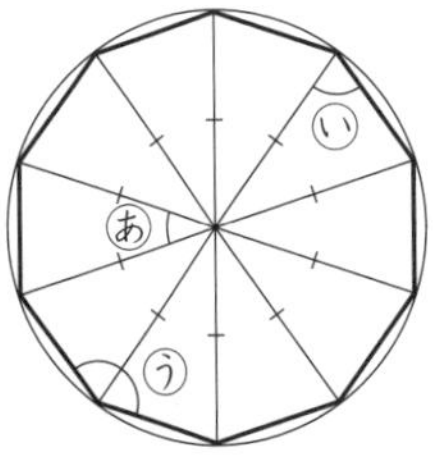

㋒ ㋑と大きさの等しい角を2つ合わせた角になっているので、72×2＝144

㋓ 六角形は対角線で4つの三角形に分けることができるので、六角形の角の大きさの和は、180×4＝720 と求められます。

正多角形の角の大きさはすべて等しいので、720°を6等分したときの角度を求めると、720÷6＝120

㋔ 八角形は対角線で6つの三角形に分けることができるので、八角形の角の大きさの和は、180×6＝1080 と求められます。

正多角形の角の大きさはすべて等しいので、1080°を8等分したときの角度を求めると、1080÷8＝135

4 ① (円周)＝(直径)×(円周率) の式にあてはめます。

10×3.14＝31.4

② 直径 9cm の円の円周の半分と、直径の長さ 9cm を合わせた長さが周りの長さになります。

9×3.14÷2＋9＝14.13＋9＝23.13

5 ① 円の $\frac{1}{4}$ の形になります。

② 半径 4m の円の円周の $\frac{1}{4}$ の長さが、しゃ断機(だんき)の先がえがく線の長さになります。 4×2×3.14÷4＝6.28

6 (直径)＝(円周)÷(円周率) の式にあてはめて、40÷3.14＝12.73………

7 図形の周りの長さは、正方形の 1 辺の長さを直径とした円の円周になっています。

31.4÷3.14＝10

答え

1 あ、正方形(正四角形)　う、正八角形

2 12 個

3 あ 36°　い 72°　う 144°　え 120°　お 135°

4 ① 31.4m　② 23.13cm

5 ①

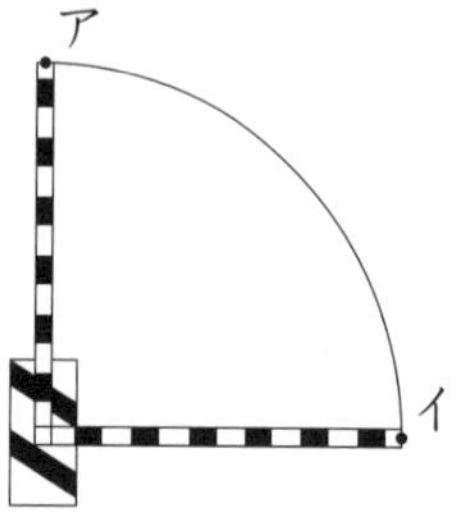

② 6.28m

6 約 12.7cm

7 10cm

教科書282～283ページ

16 角柱と円柱

考え方 **1** 角柱の 2 つの底面は合同で平行な多角形になっていて、側面は長方形か正方形になっています。

また、円柱の 2 つの底面は合同で平行な円になっていて、側面は曲面になっています。

2 ① 角柱の２つの底面は平行なので、面㋐と面㋒は平行です。

② 面㋐と面㋒が平行なので、面㋐と面㋒をつなぐ面は、すべて面㋐に垂直な面になります。

③④ 角柱の側面は長方形か正方形なので、側面になっているそれぞれの四角形の向かい合う辺は平行です。

⑤ 角柱の側面は長方形か正方形なので、側面になっているそれぞれの四角形の４つの角はすべて直角です。

3 ① １つの面をかいてから、重なる辺の長さが等しくなるように、そのほかの面をかいていきます。

② 側面の長方形のたての長さは、円柱の高さと等しくなるので、4cm にします。

また、横の長さは、底面の円周の長さと等しくなるので、

$5\times3.14=15.7$ より、15.7cm にします。

4 組み立てたときに底面になる２つの三角形が合同になっているか、重なる辺の長さが等しくなっているかを調べます。

㋐、㋓ ２つの三角形が合同で、重なる辺の長さがすべて等しいので、組み立てると三角柱になります。

㋑、㋒ ２つの三角形が合同ではないので、組み立てても三角柱になりません。

答え

1 〔角柱にあてはまる性質〕 ㋑、㋒、㋓

〔円柱にあてはまる性質〕 ㋐、㋒、㋔

2 ① **面㋒**　② **面㋑、面㋓、面㋔**　③ **辺 DE、辺 EF、辺 FD**

④ **辺 AB**　⑤ **辺 CA、辺 CB、辺 FD、辺 FE**

3 ①(例)

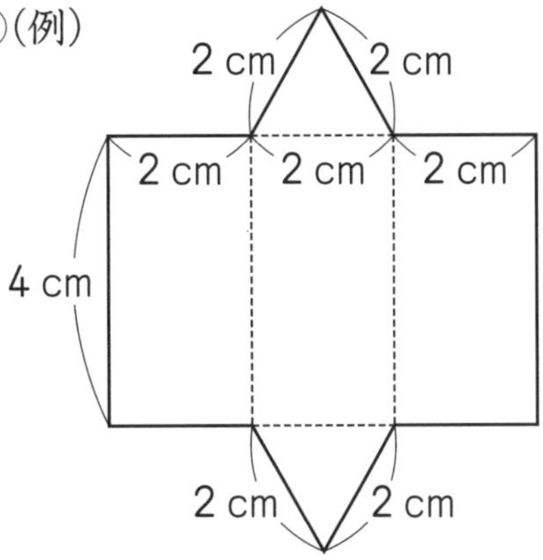

②2 つの辺の長さが 4cm と 15.7cm の長方形

(例)

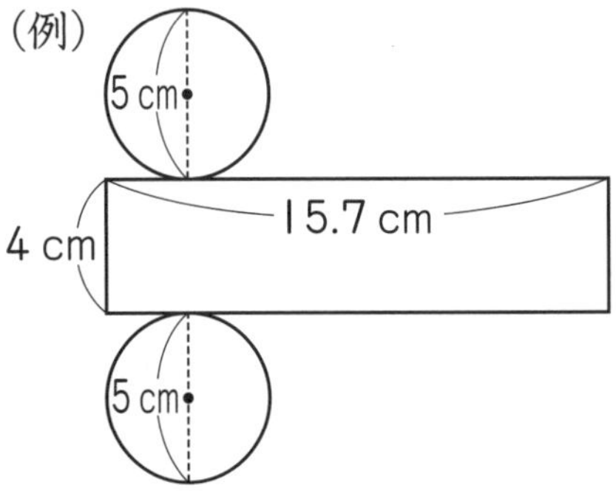

4 ㋐、㋓

広がる算数

教科書289ページ

コンピューターは数で動く？

考え方　１行ずつ確認(かくにん)していきます。

〔上の図〕１行めは、「1110111」なので、「白白白黒白白白」とわかります。

〔下の図〕２行めは、「白白黒黒黒白白」なので、「1100011」とわかります。

答え　〔上の図〕

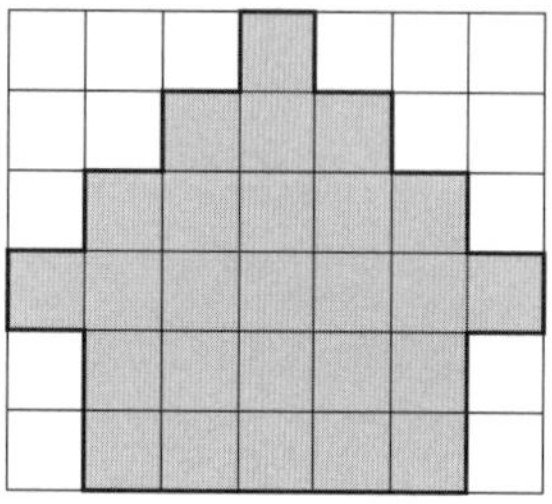

〔下の図〕

1	1	1	1	1	1	1
1	1	0	0	0	1	1
1	1	1	1	0	1	1
1	1	0	0	0	1	1
1	1	1	1	0	1	1
1	1	0	0	0	1	1

教科書291ページ

不思議な整数　素数って何？

考え方　教科書①～⑤の順で、素数(そすう)でないものを消していきます。

答え

1	②	③	4	⑤	6	⑦	8	9	10
⑪	12	⑬	14	15	16	⑰	18	⑲	20
21	22	㉓	24	25	26	27	28	㉙	30
㉛	32	33	34	35	36	㊲	38	39	40
㊶	42	㊸	44	45	46	㊼	48	49	50

教科書292ページ

かみなりの音はどうしておくれて聞こえるの？

考え方　かみなりまでのきょりは、音が10秒間に進むきょりなので、１秒間に音が進むきょりの10倍で求められます。

答え　〔式〕340×10＝3400　　〔答え〕約3.4km

教科書294ページ

面積の公式はつながっている？

考え方 〔台形の面積〕 台形の面積＝(上底＋下底)×高さ÷2 の公式にあてはめます。

〔点Aと重なるときの図形〕 点Aと点Dが重なったとき、上底は0になります。

答え 3、8、4、22、0、8、4、16、0

3 2 1 0 9 8 7 6 5 4
* * D C B A